Introduction to
Digital Medical Engineering

의료디지털공학개론

류근택 · 임효순 공저

머리말

최근 들어 의료공학에 대한 관심이 증가하면서 대학에서 의료공학을 전공하는 의공학도는 증가하고 있는데 의료공학 관련 책들은 기존의 타 공학에서 개발된 교재를 사용되고 있는데 의료공학을 공부하는 의공 전공자에게 조금이나 도움이 되고자 현장과 수업에 필요한 디지털 기본 이론과 이를 활용한 응용 분야에 대하여 기술하였다. 의료공학은 의학과 공학기술을 상호 접목시켜 효율적인 질병의 진단, 치료, 예방 및 재활 등을 목적으로 하는 기술집약적인 학문이다. 의료공학에서 디지털 기술과 컴퓨터의 발전은 의료기술의 발전을 가져왔으며 이에 대한 관심과 연구가 지속적으로 진행되고 있다. 따라서 의료 디지털공학은 관련분야에서 종사하시는 분들 뿐 만 아니라 의료공학을 하는 분들은 필수적으로 이해하고 있어야 할 학문 분야 중의 하나라고 할 수 있다.

이 책의 구성은 제1장에서는 의료공학의 발전사에 대하여 기술하고, 제2장에서는 의료디지털공학의 개념에 대하여 설명하였다. 제3장은 의료용 컴퓨터에서 필요한 수체계와 디지털 코드에 대하여 기술하였으며, 제4장은 디지털 시스템의 기본연산인 논리연산과 게이트에 대하여 기술하였다. 제5장은 논리연산을 대수적으로 체계화한 부울 대수에 대하여 기술하고, 제6장에서는 의료 디지털 시스템의 간략화를 위한 논리함수의 간략화에 대하여, 제7장과 제8장에서는 조합논리회로와 순서논리회로에 대하여 기술하였다. 그리고 제9장에서는 아날로그 생체신호를 디지털 생체신호로 변화하거나 디지털신호를 아날로그 신호로 변환하는 방법에 대하여, 제10장에서 모든 분야에서 활용되고 있는 의료용 컴퓨터에 대한 기본개념에 대하여 기술하고, 제11장에서 생체 신호 계측방법에 대하여 마지막으로 제12장에서는 의료 디지털 공학을 기반으로 한 의료 시스템의 종류와 그 특징에 대하여 설명하였다. 그리고 마지막으로 부록 1~3에는 의공기사 · 의공산업기사 · 의료전자기능사 등 자격증을 준비하는 수험생들에게 도움이 되도록 기술문제를 수록하였다.

끝으로 이 책이 의료 디지털 공학을 공부하고자 하는 독자 여러분들께 많은 도움이 되길 바라며, 본 교재를 출간하기까지 많은 수고를 아끼지 않으신 도서출판 신화의 직원 여러분들께 진심으로 감사드린다.

대표 저자 씀

차 례

Chapter 01 의료 공학의 발전

(Development of medical digital systems)

오늘날 과학기술 발전은 어느 특정 분야의 학문만의 결과가 아닌 여러 분야의 학문을 유기적으로 이루어낸 종합적인 학문이다.

의공학이란 의학자체를 적극적으로 발전시킬 것을 목적으로 하는 학문으로서 현재 의학이 공학의 진보에 따라 발전하고 있다. 현대의 의공학은 인체 내부를 세밀하게 진단하고 치료하는 기구를 다루게 되는 학문의 특성상 대부분 의공학적인 방법과 수단이 동원되는 경우가 많다. 의용전자공학은 전자 및 컴퓨터 기술을 기반으로 하는 심전도와 같은 진단 시스템에서부터 초음파, CT, MRI 등 첨단 영상 의료기기까지 다양한 의료기기를 개발하여 병원 등 의학 분야에 활발하게 이용하고 있다. 전자공학이 의학 분야로 응용되는 학문분야를 나타낸다. 실제로 병원에서 사용되고 있는 각종 의료기기의 소규모 또는 대규모는 각종 디지털 전자회로에 의해 작동되고 있음이 이를 보여준다.

1.1 의용 전자공학의 시작

전기의 발전은 인류발전의 모체가 되었고, 또한 현대사회에서 전기가 미치는 영향은 그 범위를 헤아릴 수 없다. 우리 일상생활에서 유용하게 쓰이는 전자 제품은 전기적 에너지를 바탕으로 하여 전자를 응용해서 사용하는 것이다. 의용전자공학을 통해 전기 · 전자를 명확하게 이해할 수 있으며 전기 · 전자에 대한 실습으로 의공학의 깊이 있는 지식을 알게 될 것이다.

생체전기에 대한 연구는 1750년대 생리학교수였던 Johann Sulzer에 의해서 전기와 생물학의 만남으로 생체 이해의 근간이 되는 사건으로 큰 업적으로 평가 받고 있다. 그는 아연과 구리 같은 서로 다른 금속 사이에 혀를 놓으면 짜릿한 신맛이 발생하는 것을 우연히 발견하였다. 다음으로 주목할 만한 발견을 한 사람은 이탈리아의 Luigi Galvani였다. Galvani는 전기에 지대한 관심을 가져서 다양한 실험을 통하여 근육과 신경의 활동에 대한 상관관계를 밝히고자 하였다. Galvani의 실험이 가지는 가장 중요한 의의는 생체 내부에 전기 즉, 생체전기가 존재한다는 사실을 처음으로 밝혔다는 사실이다.

볼타(Volta)는 두 종류 이상의 전해질내부에 담겨 두 개의 금속전극으로 이루어진 볼타전지를 발명함으로써 전기회로에 안정적으로 전기를 공급시키는 에너지원을 처음으로 제공하게 되어 지대한 공헌을 하였다.

에인트호벤(Einthoven)은 1903년 심장에서 발생되는 생체전기인 심전도(ECG)를 반조형현 검류계를 이용하여 기록하는데 성공하였다. 그림 1-1은 에인트호벤 자신이 발명한 심전도 장치를 이용하여 수족을 물통에 담그고 이 심전도를 측정하고 있는 모습이다.

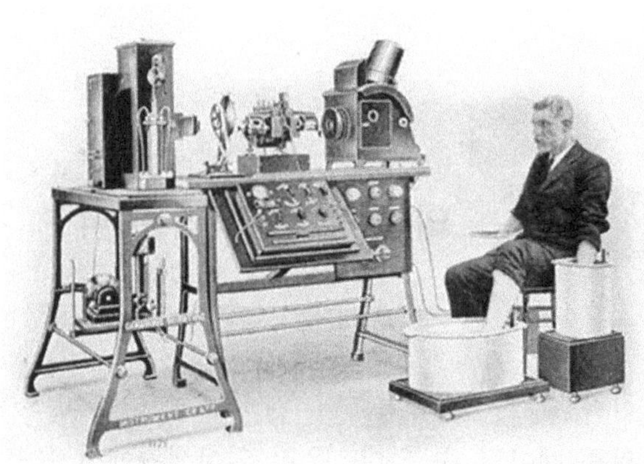

그림 1-1. 에인트호벤 자신이 발명한 심전도 장치를 이용하여 수족을 물통에 담그고 이 심전도를 측정하고 있는 모습

1.2 의료 전자공학의 발전

생체전기 중에서 생체신호는 수 밀리에서 수 마이크로미터 볼트 크기로 매우 미약하기 때문에 생체신호를 증폭하지 않으면 관찰이 어렵다. 매우 미약한 신호를 눈으로 확인하며 분석하기 위해서는 다양한 의료 시스템이 개발되기 까지 필요한 의료 기술의 발전 단계를 이해 할 수 있어야 한다.

1906년 드 포레스트(De Forest)가 3극 진공관을 발명 후 드디어 신호증폭이 가능하게 됨에 따라 전자공학의 발전을 위한 계기가 마련되었으며, 이를 이용하여 1924년 독일의 한스 버그(Hans Berger)는 뇌전도장치를 개발 하는데 성공하였다. 생체전기는 지금까지 심장병의 진단, 근육 상태의 진단과 뇌의 상태, 간질 등 실로 효과적으로 많은 분야에서 진단과 치료에 응용되고 있다.

1950년대에 와서 Hodgkin과 Huxley 등에 의해서 신경전류에 대한 구체적 모델링과 실험이 행해졌고, 이로 인해 신경전류의 전달방식과 특성이 상당이 많이 밝혀졌다.

다른 분야에서도 많은 진보가 있었는데 1927년 미국의 드링커(Drinker)는 최초의 인공호흡기(respirator)를 발명하여 자발호흡이 불가능한 환자들을 보조하는 전기를 마련하였고, 1928년 W. T. 보비(Bovie)는 스파크 갭을 이용한 전기 수술기를 발명함으로써 그 당시까지 금속 매스를 이용하여 물리적 힘을 가하여 수술하던 수술 방법을 근본적으로 진보시키는 계기를 마련하였다. 또한 1936년 J. Laurence는 감마선 등 방사선을 이용하여 갑상선, 임파선, 간조직 등의 인체의 연조직 내부에 발생하는 암을 효과적으로 진단하고 치료하는 핵의학 분야의 기초를 마련하였다.

사람의 심장은 내부의 전도계통에 의해 일정한 전기-기계적 리듬으로 수축과 이완을 반복하는데, 심박동이 불균일한 부정맥환자들의 경우 치료가 불가능하였으나 1952년 미국의 P.M. Zoll이 체내부에 이식하는 심박 조율기(pacemaker)를 발명함으로써 심장병 치료의 신기원을 열게 되었다. 또한 말기 당뇨병에 의한 혹은 선천성 신부전증 환자의 경우 신장에서 노폐물을 걸러 내지 못하기 때문에 생명유지가 어려웠다. 그러나 1951년 미국의 홀프(Kolff)가 최초로 체외에서 혈액을 투석하는 인공 신장기를 발명함으로써 신장 질환 치료에 신기원을 이루었다.

효과적으로 질병을 치료하기 위해서는 인체 내부를 관찰하는 것이 필요한데, 1950년대 초반까지는 청진기, 혈압계 그리고 심전도기 등의 생체신호의 관찰에 의존할 수밖에 없었다.

1913년 X-선관을 발명한 이후에 2차원 영상 진단을 위한 X-선 촬영이 의료 진단에 널리 이용되게 되었다. 이 X-선 영상장치는 주로 뼈나 폐 등을 관찰하는 데는 매우 유용하였으나 간, 신장, 전립선 유방 조직 등 연조직을 관찰하는 데는 한계가 있었다.

1947년 벨연구소에서 바딘, 브라텐, 쇼클리에 의해 트랜지스터를 보급시켰으며 반도체 사용으로 전자시대를 개척하였다. 증폭 및 신호처리가 진공관에 비해 저전력을 소비할 뿐만 아니라 매우 작은 부피로 구현이 가능하게 되었으며 의료전자공학의 발전이 가속화 될 수 있는 터전이 마련되게 되었다.

초음파를 이용한 영상장치는 1957년 허리(Howry)에 의해 발명되어 X선 장치를 이용한 영상 진단의 부족한 점을 보완할 수 있는 장치로서 연조직을 잘 관찰할 수 있게 하였다. 이러한 시스템은 트랜지스터를 이용하지 않고서는 병원에 사용될 수 있는 정도로 축소시켜 만들어 지기가 불가능했을 것이다. 허리에 의해 개발된 초음파 영상진단기를 그림 1-2에 보였다.

X-선 장치는 3차원의 피사체를 2차원으로 투사된 결과를 얻을 수 있으나 단면을 볼수 없다는 단점이 있다. 이러한 단점을 개선할 수 있는 의료기로는 1970년에 하운스필드(Hounsfield)에 의해 개발된 CT이며 자기공명을 이용하여 인체의 내부를 단층영상 혹은 3차원 영상으로 촬영하는 장치가 1970년에 개발 되었는데 이것이 자기공명영상(MRI)장치이다.

자기공명영상(MRI)은 X선 CT에 비해서 방사선 피폭의 영향을 피할 수 있을 뿐만 아니라 X선 CT로 정확히 관찰할 수 없는 다양한 부위를 효과적으로 진단할 수 있는 장점이 있다. 또한 1972년 개발된 PET(positron emission tomography)는 뇌와 신경의 활동 관찰 및 암을 진단하는데 매우 중요한 의료영상장치이다.

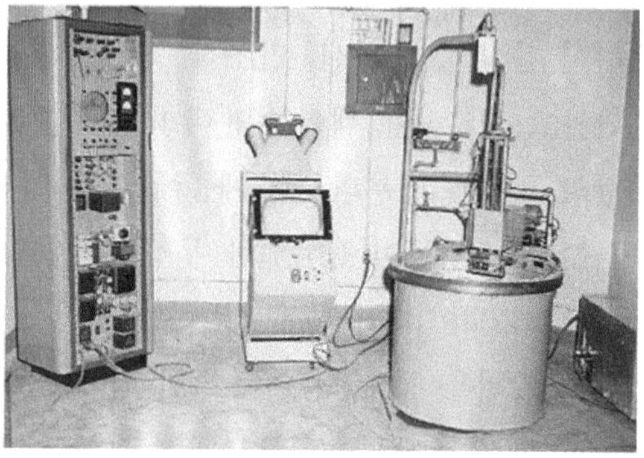

그림 1-2. 1957년 개발한 초음파 영상 진단기

표 1-1. 의공학의 역사의 주요 사건들

18세기	Fahrenheit(파렌하이트 : 네덜란드)	온도계의 발명
1819년	Laennec(라이넥 : 프랑스)	청진기의 발명
19세기 중반	Helmholz(헬름홀쯔 : 독일)	검안경 발명
1895년	Roentgen(랜트겐 : 독일)	X선 발견(1901년 제1회 노벨 의학상 수상)
1895년	Einthoven (에인트호벤 : 네덜란드)	심전도(ECG) 개발(1924년 제19회 노벨 의학상 수상)
1910년	Gullstrand(스웨덴)	안과공학이론의 개척(제11회 노벨 의학상 수상)
1928년	Berger(베르거 : 독일)	뇌파계(EEG) 개발
1929년	Bovie(보비 : 미국)	전기수술기 개발
1938년	Wiles	최초의 total hip 이식
1944년	Kolff(홀프 : 독일)	인공신장기 개발
1956년	Defibrillator(디피버레이터)	심장세동제거기 최초임상 이용
1956년	Cournand(코우난드 : 미국) Forssmann(포르만 : 독일)	심장카테터 적용(제47회 노벨의학상 수상)
1957년	Houry(허리)	초음파의 임상적 응용
1958년	Anger(앤저)	감마선 카메라 개발
1958년		국제의용생체공학회(IFMBE) 발족
1960년		심장박동 조절기를 신체에 이식
1960년	Star. Edward	인공판막 개발
1961년	Bekesay(헝가리)	내이 외우각 내 자극현상 발견
1963년	Huxley(영국) Hodgikin(영국)	신경막 전위측정(영국) (제54회 노벨 의학상 수상)
1972년	Hounsfield(하운필드 : 영국) Cormark(미국)	X선 CT개발(1979년 제70회 노벨 의학상 수상)
1982년	Kolff(콜프 : 미국)	인공심장 최초이식
1982년		MRI의 임상적 응용

1.3 의공학의 특성

의공학은 공학과 의학의 여러 분야가 조합, 응용되는 학문이기 때문에 일반 공학 분야와는 다른 특성을 갖고 있다.

(1) 생체 시스템은 이 물질에 대한 방어기전(defense mechanism 디펜스 메카니즘)이 있다.

- 생체는 이물질이 들어왔을 때 거부하는 특성이 있다.
- 인공장기, 인공관절, 인공혈관 등을 개발할 때 생체에 적합한 재료에 대한 선행 연구가 매우 중요하다.

(2) 측정해야 하는 대상이 생체의 내부라는 특성이 있다.

- 의공학에서 관심을 갖고 측정하려는 대부분은 생체 내부의 현상이다.
- 생체 내부의 현상을 측정하기 위해서는 침습적인(invasive : 인베이시브) 방법과 비침습적인(noninvasive : 논인베이시브) 방법이 있다.
  - 침습적인 방법 : 직접 측정하는 것이 가장 정확하지만 의공학에서는 신체에 고통을 최소화할 수 있는 간접적인 방법으로 측정할 수 있는 방법을 제시한다.
  - 비침습적인 방법 : 외부 전극을 통해 얻어진 신호로 생체 내부의 심장상태를 진단하는 방법이 있다.

(3) 다양한 변화요인을 가지고 있는 생체 시스템의 특성이 있다.

- 심혈관계, 호흡계, 신경계 등을 독립적으로 분석하는 것은 어느 정도까지는 가능하다.
- 생체 내의 변화에 대해서는 종합적인 분석이 필요하고 외부의 입력특성도 고려한다.
- 생체 시스템은 서로 분리되어 기능하지 않고 유기적으로 연결되어 있기 때문에 사소한 변화도 여러 가지 인과관계가 성립된다.
- 변화의 원인을 완전하게 파악하는 것은 어려움이 있다.

(4) 정형화되지 않은 고유의 가변성을 갖고 있는 인체 시스템이다.

- 의공학에서 다루는 생체 시스템은 시간이 지남에 따라 특성이 수시로 변화하는 시변 시스템에 해당된다.
  - 심장의 심박수나 혈압을 시간 간격에 따라 반속 측정할 때 측정치에 차이가 발생하는 것을 발견할 수 있다.
  - 시간에 따라 변하는 특성 때문에 측정치 분석을 위해서는 통계학적 분석이나 신호처리방법들의 후속적인 분석방법이 사용된다.
- 공학에서 시스템은 시간에 따라 특성이 변화하는 시변 시스템과 시간이 지나도 특성이 변하지 않는 시불변 시스템으로 구분된다.

(5) 생체를 대상으로 하기 때문에 고도의 안정성과 신뢰성이 요구된다.

- 안정성은 전기적인 안전뿐만 아니라 기계적인 안전과 화학적 안전 등 다각도의 안전성이 고려되어야 한다.
- 안전성과 더불어 고도의 신뢰성도 요구된다.
- 정확한 동작과 정밀한 결과가 곧 인간의 생명과 직결되어 있기 때문이다.
- 생체접촉이 필요한 의료장비의 경우 다른 장비보다 더욱 높은 신뢰성과 안정성이 요구된다.

(6) 생체에서 발생하는 신호의 특성을 고려해야 한다.

- 생체에서 발생하는 신호는 그 신호의 크기가 매우 작다.
- 생체신호의 특성 때문에 원하는 주파수 대역의 신호를 얻기 위한 필터나 작은 진폭을 증폭하기 위한 증폭기를 설계하기도 한다.

(7) 계측한 데이터의 다양한 분석이 필요하다.(생체신호의 수치화와 정보화가 어렵다)

- 생체로부터 계측한 신호는 가변적 특성이 있기 때문이다.
- 반복적으로 신호를 특정하여 통계적인 방법을 사용 분석한다.
- 생체 내에서의 정보처리 특성을 고려한 신경회로망 이론, 퍼지이론, 비선형 역학 이론 등을 사용하여 분석한다.

1.4 의공학의 연구 분야

최근 의공학의 눈부신 발전은 디지털 기술의 발전의 결과로 볼 수 있으며 진단과 치료에 대표적으로 사용되는 의료기기가 발전되어온 역사를 간단히 짚어보았다. 인류는 오래 살고자하는 욕구가 의료 기술을 발전하게 하였으며 많은 학문 중에서 의학과 생물학 및 의공학과의 발전에 따라 이들 3가지 학문의 융합이 끊임없이 일어날 것은 자명하다. 그러므로 미래에는 유전공학의 발전과 인간유전자의 해독, 그리고 신경계와 의료정보공학 접목, 고도로 집적화된 저전력 고속 고기능의 회로 칩들의 개발로 인하여 우리가 지금까지 상상할 수도 없던 의용생체공학의 시대가 펼쳐질 것으로 예견된다. 의공학도들이 의공학을 어떻게 접근하느냐에 따라 실로 다양한 학문분야가 존재한다. 의료공학에서 디지털공학 활용에 따른 응용분야 중 미래에 어떠한 분야가 있는지를 살펴보자.

(1) 생체계측공학

의공학은 그 범위가 넓으며 의료용 진단 시스템의 상당부분이 이 카테고리에 속한다. 생체자신으로부터 발생되는 전기적 또는 물리적 현상을 계측하는 것과 생체로부터 얻어지는 표본을 이용해서 계측하는 것으로 나누어진다. 생체 자신으로부터 발생되는 신호에는 심전도, 뇌전도, 근전도, 신경전도 등의 전기적 신호와 심음, 혈압, 체온, 안압 등의 물리적 신호 외에도 초음파, X선, 감마선, 전자파 등을 이용하여 인체를 스캐닝하여 의료영상을 획득하는 장치를 설계 및 제작하는 분야도 생체계측공학의 범주에 속한다.

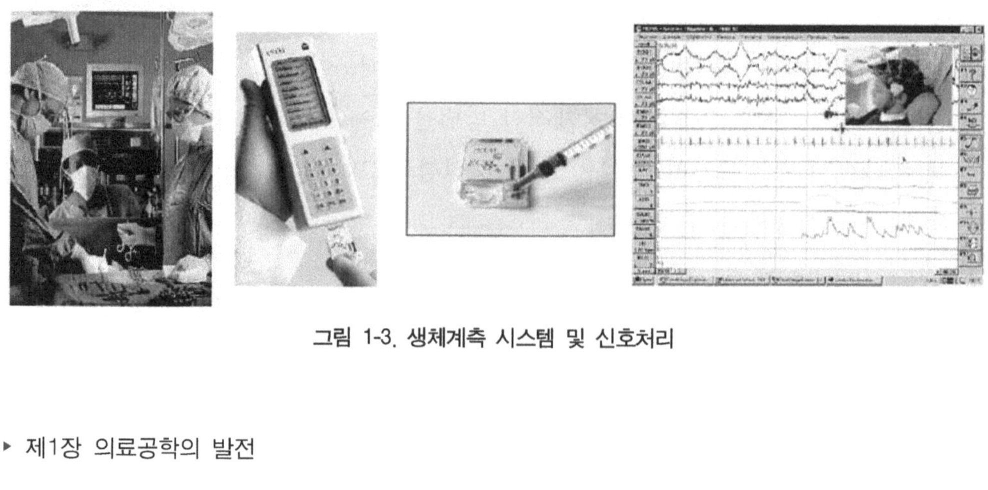

그림 1-3. 생체계측 시스템 및 신호처리

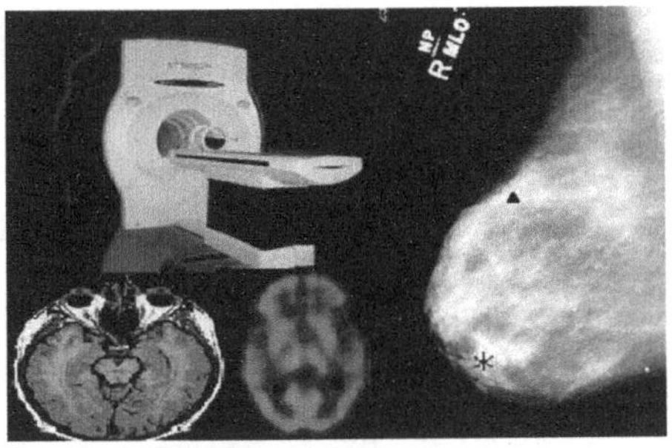

그림 1-4. 의료영상 시스템 및 영상처리

(2) 생체역학

인체는 신경계, 순환계, 호흡계, 내분비계, 감각기관 등 여러 가지 계통(system)들과 기관(organ)들이 각종 생체정보를 생성하고 있다. 생체의 이와 같은 기관들이 어떠한 기전에 의해서 작동하며 각종 생체정보를 발생하는지를 해명하기 위해 모델 혹은 시뮬레이션을 이용하면 편리 할 때가 많다. 생체와 가장 유사한 모델 혹은 시뮬레이션을 하게 되면 생체내의 병리적 현상 예견과 진단치료에 유용함은 물론 생체자체 이해에도 큰 도움이 된다.

(3) 의료정보공학

먼저 생체계측으로부터 얻어지는 데이터나 정보에 의학적 논리를 적용해서 전자적으로 이것을 처리하여 진단, 치료 및 의학 연구에 응용하는 분야가 있다. 이에는 의용신호처리, 의용영상처리 등이 있다.

또한 의공학에서 발달한 의료정보처리공학을 의학적인 면에서의 문제를 해결하기 위해 응용하는 것 등이 있다. 이에는 의용진단 알고리즘 개발, 데이터 마이닝에 의한 진료정보 분석 및 예방 의학적 측면에서 전염병 예측 등의 분야가 있다. 인터넷 등의 대단위통신망을 이용한 원격 진단시스템 등에서도 응용이 될 수 있다. 환자에 대한 정보가나 예전의 치료에 관한 자료가 필요할 때 이전에는 자료들을 일일이 다 찾아 정리를 함으로써 상당히 번거롭고 시간도 많이 걸렸다. 이런 문제점을 해결해 줄 수 있는 것이 바로 컴퓨터이다. 컴퓨터 시스템과 네트워크의 발달로 더 많은 정보를 더 빨리 많은 사람들에게 전달할 수 있게 되었다. 그리고 이런 것에 의해 정보들이 모여서 하나의 임상실험자료의 형태로 활용됨으로써 부가적인 임상실험을 요구하지 않을 뿐만 아니라 치료대상의 상세한 정보들로부터 정확한 판단을 할 수 있다.

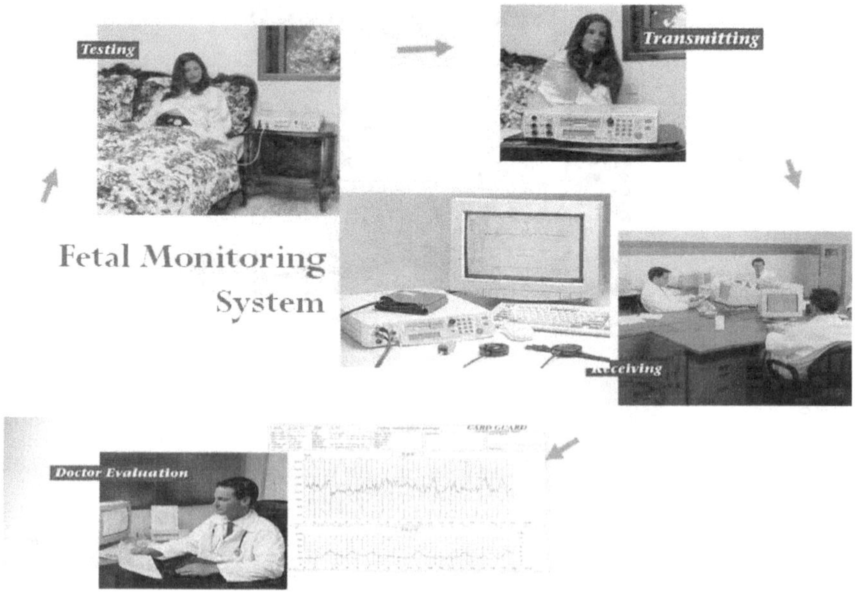

그림 1-5. 유헬스케어 시스템

(4) 재활공학

현대 산업사회는 많은 공해와 사고로 인하여 기형아와 신체장애자를 증가시키고 있다. 재활공학은 생체의 외부기관 혹은 내부기관의 일부가 불완전하게 되었을 경우 인공기관을 설계 및 제작하여 정상적인 활동을 보조하거나 일상생활을 가능하게 하는 학문분야이다. 이에는 인공장기, 의족, 의수, 인공관절 등이 있으며, 세계적으로 큰 시장을 형성하고 있는 분야이다.

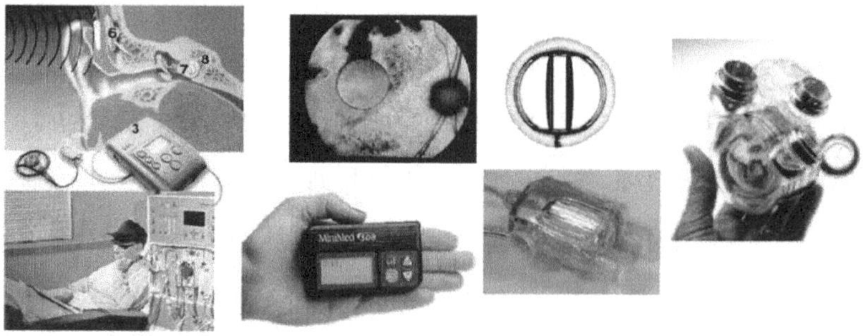

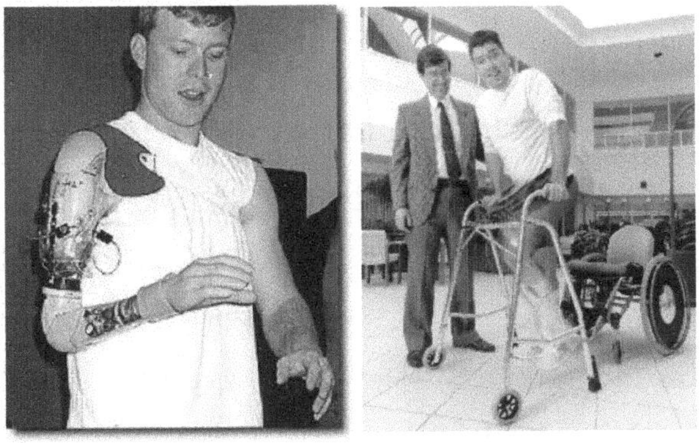

그림 1-6. 인공장기 및 재활 보조기구

1.5 의료기술의 발전 방향

지난 몇 세기 동안 디지털 기술을 바탕으로 의료기술은 급속하게 발전하고 있으며 질병의 사전 진단을 통한 치료를 더욱더 효율적으로 받을 수 있게 되어 삶의 질이 획기적으로 향상되었다. 컴퓨터가 발명된 이래로 사람들은 정보의 홍수 속에 살고 있으며, 기존에 있던 의료기는 컴퓨터를 이용하여 더욱 발전된 형태로 개선되었다.

의료정보에서 다루어야 하는 정보의 양이 기하급수적으로 증가하고, 이와 더불어 컴퓨터 공학에서 소프트웨어, 하드웨어 모두가 비약적인 발전을 이루게 되자 의료에서 컴퓨터의 사용이 점차 늘어나게 되었다. 의료행위에는 수많은 정보처리와 교류가 뒷받침되어 있다. 환자에 대한 정보를 얻어내 기록하고, 다른 전문가와 상담하고, 관련 문헌을 읽고, 진단을 내리고, 치료방침을 정하는 하나하나가 모두 이에 해당한다. 의료에서 컴퓨터는 병원의 재정과 관련된 부서, 의료기록정리, 도서관, 임상병리, 방사선과, 연구소 등지에서 사용되어 진다. 이러한 의료에 있어 컴퓨터의 이용은 크게 세 부분으로 나눌 수 있다. 우선 의사가 진단을 내리는데 도움을 줄 수 있는 여러 가지 자료를 제공하고, 단순한 자료 제공뿐만 아니라 기존의 진료과정에서 의사가 담당하던 진단이나 처방에 관한 판단을 대행해 주기도 한다. 또한 인터넷을 이용한 원격 진료도 의료분야에서 눈에 띄는 컴퓨터 사용의 예라고 볼 수 있다. 따라서 컴퓨터를 활용한 미래의 의료기술

전망에 대하여 살펴보고자 한다.

X선을 이용한 촬영은 단순한 평면 영상만을 보여 주었기 때문에 정확한 진단을 하는데 여러 가지 문제를 가지고 있다. 디지털 기술의 급속한 발전으로 의공학자들은 인체내부의 해부학적 영상을 단층 및 3차원적으로 얻을 수 있을 뿐만 아니라, 초음파를 이용한 초음파 영상 진단, 동위원소를 이용한 감마 카메라, PET, PET-CT들의 영상진단, 자기공명영상을 이용한 MRI, 영상진단 등 인체 생리학적 기능을 관찰하면서 진단까지도 가능한 디지털 기술의 의료 영상 시스템을 사용할 수 있게 되었다. 그리고 적외선을 이용한 혈액내 산소포화도를 측정할 수 있는 산소포화도기 등과 같이 굳이 고도의 기술 없이 간단하면서도 소형으로 고통 없이 원하는 진단을 할 수 있는 디지털 의료기가 개발되어 사용되는 등 이제는 대부분의 진단에 디지털의 기술이 이용되고 있지만 뇌의 분야에는 한계가 존재한다. 뇌와 같은 경우 활용 상태 확인이라든지 작용기전의 확대 등은 아직도 불가능하다. 따라서 미래에는 MRI, CT, PET 등의 기술적, 기능적 발달 뿐 만아니라 이 기술들의 융합기기의 개발을 통해 뇌의 기능적 영상을 얻을 수 있는 기기가 개발 활용될 것이다. 급속하게 발전하는 컴퓨터는 의료영상장비의 발전에 큰 도움을 주었다. 작고 빠른 마이크로프로세서를 탑재한 장비들이 등장해 빠른 연산을 수행할 수 있게 되었다. NMR 또는 MRI, CAT스캐너 등과 같이 정밀한 영상 장치가 부착된 의료 영상 시스템이 제공하는 정밀한 사진은 전문의가 신속하고 정확하게 병을 진단할 수 있게 해준다. 이들 기기는 실시간으로 환자의 내부 상태를 살펴보게 되고 그 자료들이 정리되어 나오게 됨으로써 치료 및 연구를 하는데 있어서 큰 보탬이 되었다.

우리가 흔히 병원에 가서 받는 정밀진찰에는 X-ray, CT, MRI, 초음파, 내시경 등이 있다. 그중 MIR의 원리는 인체를 구성하는 물질의 자기적 성질을 추정하여 컴퓨터를 통하여 다시 재구성, 영상화하는 기술이다.

과거에는 예방적 의료 개념보다는 치료적 의료 개념이 더욱 강했기 때문에 질병이 발생한 후에서야 비로써 의료서비스가 시작되어 치료시기를 놓치는 경우가 많았고, 피검자가 반드시 의료기관을 방문해야만 하는 불편함이 따랐다. 이러한 치료적인 의료개념의 단점을 극복하고 환자에게 보다 편리한 의료서비스를 제공하기 위해 발전한 개념이 바로 유비쿼터스 건강 관리 시스템이다.

유비쿼터스 건강관리 시스템은 간단한 피검사자로 언제, 어디서든 본인이 원할 때 유·무선 네트워크로 연결된 건강관리 시스템에 접속하여 본인의 상태를 확인하고 이상이 있을 경우 관련된 의료기관에 정보가 전달되어 질병 발생 전에 신속하고 적절하게 조치될 수 있도록 하는 시스템으로써 기반기술로는 생체정보센서기술, 생체정보 모니터링기술, 데이터기록 및 분석기술, 피드백기술 등이 사용된다.

마지막으로 진단기술과 치료기술 그리고 생활과 재활기술 영역에서 활용되는 기술을 정리하였다.

(1) 진단기술

현장자가진단(point of care)기술, 마이크로머시닝(MEMS)기술, 비침습/최소침습적 모니터링(Non-invasive/Minimal invasive Monitoring)기술, 유비쿼터스(Ubquitos) 및 이동통신(Mobile communication)기술 등의 다양한 기술접목을 통하여 새로운 진료 및 분석 기술이 개발되어 지고 있으며 원격 및 재택진료, 일상생활 중의 계측을 통한 진단, 전문가 시스템에 의한 생체 신호의 실시간 측정 및 분석, 그리고 응급의료체계의 확립 등으로 발전할 수 있다.

(2) 치료기술

지능형 의료기기의 개발을 통해 의료의 안전성과 신뢰성을 비약적으로 향상시킨다. 햅틱장비(Haptic device)와 마이크로 로봇이 가상현실을 사용하여 상호결합 함으로서 인간-기계 인터페이싱(interfacing)이 구현된 최소침습적 미세 수술 시스템(Minimal Invasive Micro Surgery System)의 구축과 마이크로가공기술(MEMS)과 동물세포 배양(Animal Cell Culturing) 기술 등의 적극적인 도입을 통해 생체 적합성이 확보된 체외 및 체내 이식성 인공장기의 개발이 되어지고 있다. 그리고 이동통신 및 실시간 모니터링을 기반으로 재택의료와 응급의료 체계의 통합화로 발전할 수 있으리라 본다.

(3) 생활 및 재활의료기술

지능형 홈케어/재활보조장치의 개발을 통해 장애인 및 고령 노인들의 가사생활 보조 시스템으로 활용되어지고 적극적인 개념의 홈 오토메이션 시스템 구축을 통하여 가정 내에서의 원격진료 및 치매 환자들의 생활보조 등을 위한 토털 자동화 솔루션 개발이 요구되고 생체전기(Bioelectronics) 기술에 근거한 생체신호 인식 및 조절기술을 이용한 운동, 감각기능 회복 및 조절기술 개발로 발전할 수 있다. 또한 토털 정보 시스템의 구축을 통해 개인의 병력 등을 신분증 내에 저장하는 개인의료정보 축적 시스템을 구축하여 생활의 편의성을 제공할 수 있으리라 본다.

(4) 의공학 기술의 전문가

의공학전문가가 되기 위해서는 해부학, 생리학 등 기초의학과 의료분야에 대한 지식을 기본적으로 갖추고 아날로그 및 디지털 회로이론, 신호와 시스템, 생체신호처리, 의료영상처리 기술을 위한 의료전자공학 분야에 대한 지식을 쌓아야 한다. 관련자격증으로는 의료전자기능사, 의공산업기사, 의공기사가 있으며 관련학과로는 의공학과, 의료공학과, 의용생체공학 등이 있다.

의공학전문가가 진출할 수 있는 분야는 대학병원 및 종합병원 의공학과 의공기사 및 연구원, 의료기기 개발 및 제조회사 연구원, 스포츠의학 분야, 보건의료 관련 연구소 등 다양한 의료분야 기관이다. 최근에는 IT, BT, NT의 융합으로 의료분야도 새로운 영역이 계속 생겨나면서 하드웨어 및 소프트웨어 개발회사, 유헬스케어 사업 등 진출 분야가 넓어지고 있다.

Book Cafe

■ 의공학 전문가의 미래전망

우리나라는 인구구조의 변화로 고령화 사회로 넘어가고 있으며 의료기술의 발전으로 병을 치료하는 것에서 사전에 예방하는 것으로 의료의 패러다임이 바뀌고 있다. 이런 인구구조와 기술의 변화로 의료수요는 미래사회로 갈수록 증가할 것이다. 이런 시대적 흐름에 따라 첨단 의료기기산업도 미래 신성장산업으로 각광을 받고 있으며 정부뿐만 아니라 대기업들도 첨단의료기기 개발과 유헬스케어 사업 등에 적극적인 자세를 보이고 있으므로 의공학전문가의 전망은 매우 밝다고 할 수 있다.

요약(SUMMARY)

01. 의료공학 역사는 다음과 같이 정리할 수 있다.

Electrocardiogram (EKG); Einthoven, Willem

Electroencephalogram (EEG) Hans Berger

X-rays Wilhelm Conrad Roentgen

artificial heart(인공심장) Willem J. Kolff (미국)

computer assisted tomography(CT) Hounsfield(영국)

computer assisted tomography(CT) Cormack(미국)

18세기	Fahrenheit(네덜란드)	온도계 발명
1819년	Laennec(프랑스)	청진기 발명(stethoscope)
19세기 중반	Helmholz(독일)	검안경 발명(ophthalmoscope)
1895년	Roentgen(독일)	X선 발견 (1901년 제1회 노벨 물리학상 수상)
1903년	Gullstrand(네덜란드)	심전계(ECG)개발 (1924년 제19회 노벨 의학상 수상)
1960년	Chardack	Pacemaker를 최초로 사람에게 이식
1960년	Star, Edward	임상적 이용 가능한 인공판막의 개발
1961년	Bakesey(헝가리)	내이 와우각내 자극 현상 발견 (제51회 노벨 의학상 수상)
1963년	Huxley(영국) Hodgikin(영국)	신경막 전위의 측정에 관한 연구 (제54회 노벨 의학상 수상)
1972년	Hounsfield(영국) Cormack(미국)	X선 CT 개발 (제70회 노벨 의학상 수상)
1982년	Kolff(미국)	인공심장을 사람에게 최초로 이식
1982년		MRI의 임상적 응용

02. 의공학의 관련 직종 분야

- Biomedical Engineer(BE) : 의료기기 개발
- Clinical Engineer(CE) : 병원
- Clinical Research Engineer(CRE) : 병원, 시험기관
- Biomedical Equipment Technician(BMET) : 병원, 회사

03. 의공학의 특성

- 고유의 가변적 특성 - 피드백, 상호영향
- 고도의 안전성 요구 - 인체에 사용
- 측정 대상이 대부분 신체 내부이므로 고통이 없어야 함
- 측정되는 신호의 진폭이 작고 낮은 주파수 특성
- 생체 시스템의 이물질에 대한 거부반응 고려
- 생체 시스템의 변화에 대한 요인을 정확하게 파악하기 어려움
- 측정 데이터의 수치화, 정보화가 어려움

04. 진단기술은 현장자가진단(point of care)기술, 마이크로머시닝(MEMS)기술, 비침습/최소침습적 모니터링(Non-invasive/Minimal invasive Monitoring) 기술이 있으며 유비쿼터스(Ubquitos) 및 이동통신(Mobile communication) 기술 등의 다양한 기술접목을 통하여 새로운 진료 및 분석 기술을 개발하고 있으며 원격 및 재택진료, 일상생활 중의 계측을 통한 진단, 전문가 시스템에 의한 생체 신호의 실시간 측정 및 분석, 그리고 응급의료체계의 확립 등이 있다.

치료기술에는 지능형 의료기기의 개발을 통해 의료의 안전성과 신뢰성을 비약적으로 향상시킨다. 햅틱장비(Haptic device)와 마이크로 로봇의 가상현실을 사용하여 상호결합 함으로서 인간-기계 인터페이싱(interfacing)이 구현된 최소 침습적 미세수술 시스템(Minimal Invasive Micro Surgery System)의 구축 그리고 마이크로가공기술(MEMS)과 동물세포 배양(Animal Cell Culturing) 기술 등의 적극적인 도입을 통해 생체 적합성이 확보된 체외 및 체내 이식성 인공장기를 개발할 수 있다. 이동통신 및 실시간 모니터링을 기반으로 재택의료와 응급의료 체계의 통합화가 추진

되고 있다.

생활 및 재활의료기술에서는 지능형 홈케어/재활보조장치의 개발을 통해 장애인 및 고령 노인들의 가사생활 보조 시스템으로 활동되어질 수 있으며 적극적인 개념의 홈 오토메이션 시스템 구축을 통하여 가정 내에서의 원격진료 및 치매 환자들의 생활보조 등을 위한 토털 자동화 솔루션이 개발되고 있다. 생체전기(Bioelectronics) 기술에 근거한 생체신호 인식 및 조절기술을 이용한 운동, 감각기능 회복 및 조절기술 개발 그리고 토털 정보 시스템의 구축을 통해 개인의 병력 등을 신분증 내에 저장하는 개인의료정보 축적 시스템이 구축되는데 활용되어지고 있다.

연습문제

01. 의공학이란 무엇을 의미하는 것인지 기술하시오.

02. 의료 전자공학의 발전사에 대하여 기술하라.

03. X-ray를 발견한 사람은 누구인가?

04. 심전도(ECG)를 개발한 사람은 누구인가?

05. 뇌전도(EEG)를 개발한 사람은 누구인가?

06. 의공학이 일반 공학 분야와 다른 특성에 대하여 기술하라.

07. 의공학의 연구 분야에 대하여 정리하고 그 특성을 설명하라.

08. 의료 기술의 발전방향에 대하여 조사하고 각각의 특징에 대하여 기술하라.

09. 의공학에서 디지털 기술이 어떻게 발전하여 나갈 방향을 제시하고, 그 결과를 예측하여 설명하라.

10. 의공 전문가는 어떤 일을 하는 사람으로 생각하는지 기술하시오.

Chapter 02 의료 디지털 공학의 개요

(Development of medical digital systems)

인류가 지구상에 출현한 이래로 선사시대 그리고 역사를 기술할 수 있는 시대를 거치면서 실로 경이로운 문명의 진보를 이루어 왔다. 그중에서도 사람들로 하여금 더 편리하고 빠르고 풍부하게 만들어준 각종 도구를 만드는 기술의 발달과, 사람들의 질병의 시달림으로부터 벗어나기 위한 의료기술의 발달은 신이 인류에게 준 또 하나의 커다란 축복이라 할만하다. 이러한 기술의 발전에 대한 지식을 집대성한 학문이 공학이고, 사람의 질병을 치료하고 생명을 구하는 학문이 의학이라면 이 두 학문을 합하여 의료적으로 더욱더 효과적으로 대처하는 학문이 의공학(biomedical engineering)이다. 이와 같이 최첨단 생체계측 및 의료정보관리 시스템은 컴퓨터를 기반하고 있기 때문 의료용 디지털공학과 그에 관련된 이론을 필수적으로 공부하여야 한다.

2.1 아날로그 신호와 디지털 신호

아날로그 신호는 자연계에서 일어나는 물리적인 양은 시간에 따라 연속적으로 변화한다. 온도, 습도, 소리, 빛 등은 시간에 따라 연속적인 값을 갖는다. 디지털 신호는 분명히 구별되는 두 레벨의 신호값 만을 갖는다.

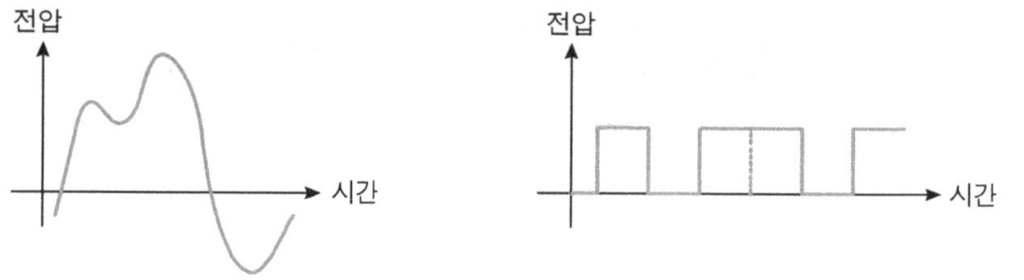

(a) 아날로그 신호 (b) 디지털 신호

그림 2-1. 아날로그 신호와 디지털 신호

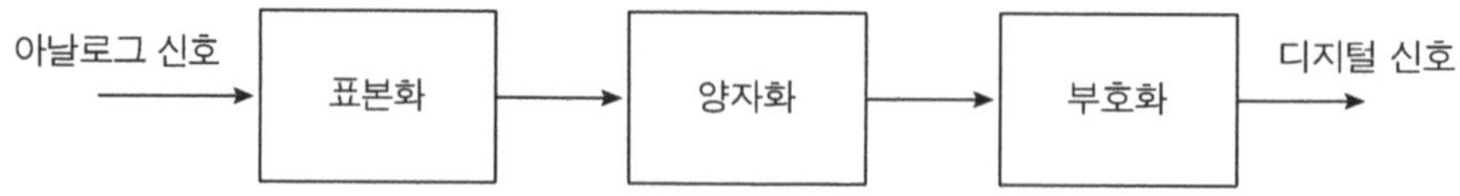

그림 2-2. 아날로그 - 디지털 변환 과정

(1) 표본화(sampling)

샤논(Shannon)의 표본화 정리(sampling theorem)는 신호의 최고 주파수를 2배 이상의 빈도로 샘플링하면 샘플링 된 데이터로부터 본래 데이터를 재현 한다. 사람의 음성인 경우 1초 동안에 8000번 샘플링이 필요하다.(2×4[KHz]=8[KHz])

(2) 양자화(quantization)

펄스의 진폭의 크기를 디지털 양으로 변환하며 이 과정에서 불가피한 양자화 잡음이 발생하는데 이를 양자화 잡음이라 한다. 양자화 잡음은 미리 정한 신호레벨의 수를 늘리거나 줄일 수 있으나, 데이터의 양이 많아지는 단점이 있다.

(3) 부호화(Coding)

부호화는 양자화한 값을 2진 디지털 부호로 변환한다. 일반적으로 전화 음성에서는 8[bit]로 부호화한다.

디지털 시스템의 장점은 내 · 외부 잡음에 강하고 설계하기가 용이하며 프로그래밍으로 전체 시스템을 제어할 수 있어서 규격이나 사양의 변경에 쉽게 대응할 수 있어서 기능 구현의 유연성을 높일 수 있고 개발기간을 단축시킬 수 있다. 또한 디지털 시스템에서는 정보를 저장하거나 가공하기가 용이하고 정보처리의 정확성과 정밀도를 높일 수 있으며 아날로그 시스템으로는 다루기 어려운 비선형 처리나 다중화 처리

등도 가능하다. 전체 시스템 구성을 소형화하고 가격이 저렴하다.

디지털 시스템의 많은 장점으로 인해 기존 아날로그 시스템이나 새로운 시스템의 대부분은 디지털 시스템으로 구성된다는 것이다.

예제 01 아날로그 신호와 디지털 신호를 그림으로 표현하라.

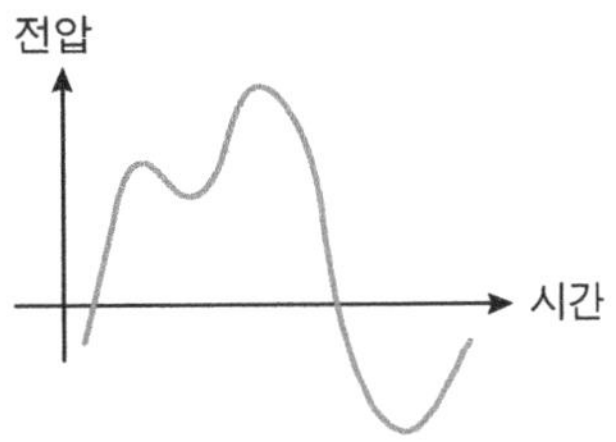

〈아날로그 신호〉

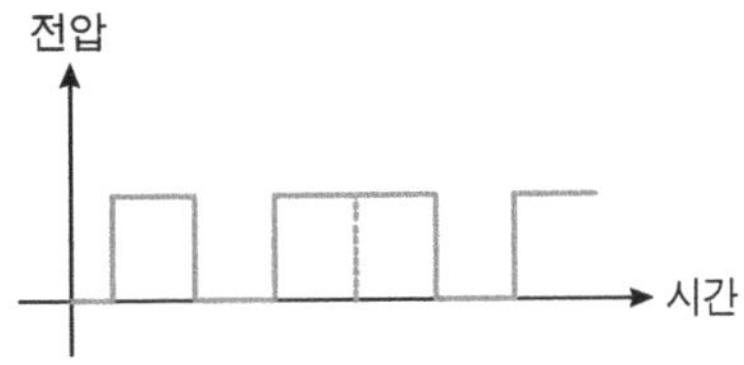

〈디지털 신호〉

➔해설
- ■ 아날로그신호 : 시간에 대하여 연속적인 물리량을 갖는 신호로 전압, 전류, 심전도 등이 있다.
- ■ 디지털 신호 : 이산신호로 시간에 대하여 불연속적인 물리량을 갖는 신호이며 0과 1의 레벨로 표된 신호이다.

2.2 아날로그와 디지털 시스템

생체신호 계측 시스템 및 의료정보기기들은 수많은 전자회로들이 체계적으로 결합된 시스템으로 이들을 구성하는 회로가 아날로그 회로인지 또는 디지털 회로인지에 따라 생체 아날로그 시스템과 생체 디지털 시스템으로 분류할 수 있다.

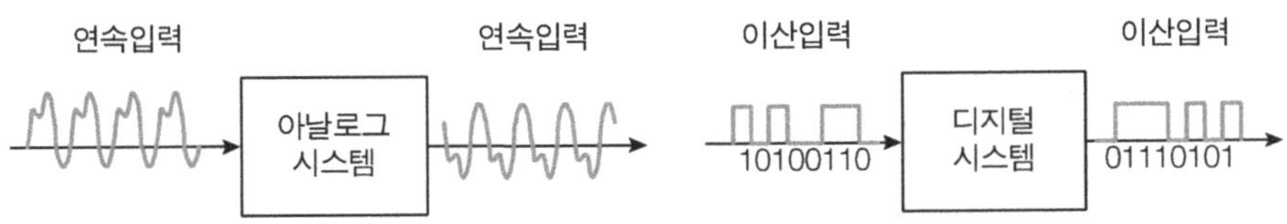

그림 2-3. 아날로그와 디지털 시스템

생체 아날로그 회로는 아날로그 신호, 즉 시간에 따라 연속적으로 변화하는 전류 또는 전압을 다루는 회로이다. 즉, 생체 아날로그 시스템(biomedical analog system)은 아날로그 형태로 표현되는 물리적 양을 다루는 장치들을 포함하는 시스템으로 체온을 측정하는 수은 온도계, 생체(심장, 근육, 뇌 등)에 발생하는 활동전위를 증폭하는 증폭장치, 각종 센서에서 계측된 신호 등이 이에 속한다. 반면에 생체 디지털 회로는 디지털 생체 정보를 다루는 회로이다. 디지털이란 어떤 정보가 비연속적인 값에 의해 표현되는 것을 의미한다. 생체 디지털 회로는 아날로그 회로와 같이 전류 또는 전압이 연속적인 변화에 반응하지 않고 신호의 변화가 각 숫자에 대응하는 값에 도달 할 때에만 반응한다. 즉, 생체 디지털 시스템(biomedical digital system)은 디지털 형태로 표현되는 정보를 다루기 위해 설계된 장치들의 조합으로 심전도, 근전도, 뇌전도, 의료영상장치, 의료정보시스템 등이 있다.

그림 2-4. 아날로그와 디지털 시계

예제 02 디지털 시스템의 장점을 기술하라.

➔해설
- 디지털 시스템은 내 · 외부 잡음에 강함.
- 디지털 시스템은 설계하기가 용이.
- 디지털 시스템은 프로그래밍으로 전체 시스템을 제어할 수 있어서 규격이나 사양의 변경에 쉽게 대응할 수 있어서 기능 구현의 유연성을 높일 수 있고 개발기간을 단축시킬 수 있음.
- 디지털 시스템에서는 정보를 저장하거나 가공하기가 용이.
- 디지털 시스템에서는 정보처리의 정확성과 정밀도를 높일 수 있으며, 아날로그시스템으로는 다루기 어려운 비선형 처리나 다중화 처리 등도 가능.
- 디지털 시스템은 전체 시스템 구성을 소형화, 저가격화로 할 수 있음.

2.3 생체 전기 신호

생체전기 신호란 생체에서 발생되는 전기적, 물리적, 화학적인 신호를 통틀어 지칭한다. 생체계측공학에서는 전기적인 신호의 측정치와 센서를 이용해 측정되는 물리적 및 화학적 신호에 해당하는 전기신호를 다루게 된다. 일반적으로 생체가 발산하는 전기적 신호를 생체전위(biopotential)라고 하는데 이는 신경, 근육, 선(腺 ; glandular) 조직의 구성성분인 흥분성 세포(excitable cell)들의 전기화학적인 작용에 의해서 발생한다. 일반적으로 안정 상태에서는 세포내부의 전위는 세포 외부와 약 −50∼100[mV]의 전위차를 가진다. 이를 안정막 전위(resting porential) 또는 휴지전위라고 부른다. 세포에서의 안정막 전위의 발생원인은 세포 내부와 외부에 존재하는 여러 종류의 전기를 띤 이온들과 세포막의 특정 이온에 대한 선택적 투과도(selective permeability) 때문이다. 체외에서 측정되는 생체신호는 안정막전위 상태로는 나타나는 것이 아니라 세포막이 흥분 및 이완에 의한 활동전위(action potential)가 외부로 전파되어 나타나는 것이다. 즉, 흥분성 세포에 적정 자극이 인가되면 활동전위가 발생하게 되고 이 전위는 신경을 따라 전달되어진다.

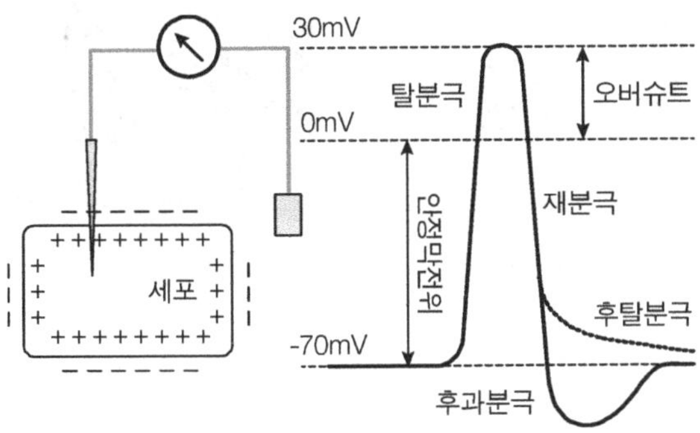

그림 2-5. 활동전압곡선

이 평형전위 또는 안정막전위는 세포가 안정된 상태에서의 세포 내외부의 전위차를 형성하고 있으므로 이 상태를 분극(polarization)이라하며 자극에 의해 분극 상태가 바뀐 것을 탈분극(depolarization)이라 한다. 여기서 세포막을 자극하는 것은 전기적, 기계적, 화학적, 광학적 자극을 포함하며 막 혹은 수용기 막의 종류에 따라 각종 자극에 감응하는 정도가 다르다.

(1) 심전도(ECG)

심전도는 심장의 전기적 활동을 체표면에서 기록한 것을 의미한다. 심장은 인체의 순환기계에서 혈액의 순환을 일으키는 기계적 펌프 기능을 수행하며, 심실에서 수축을 하여 혈액을 박출한다. 이를 위해 심장은 심실 전체에 동기화된 전기신호를 제공하여 심실 내 심근이 동시에 수축을 일으키는 구조와 기능을 갖추고 있다. 따라서 심실전체의 심근세포는 비교적 동일한 시간에 활동전위를 일으키며, 심장 표면 또는 피부에서 심장의 전기적 활동을 기록할 수 있다.

피부에서 전극을 이용하여 심장의 전기적 활동을 기록하면 특징적인 파형을 관찰할 수 있으며, 파형이 발생하는 순서에 따라 P, Q, R, S, T파로 분류한다.

이러한 일련의 전기적 파형은 심장의 주기와 일치하므로 심전도를 기록하여 심장의 박동빈도 및 심장의 전기적 활동을 분석할 수 있다.

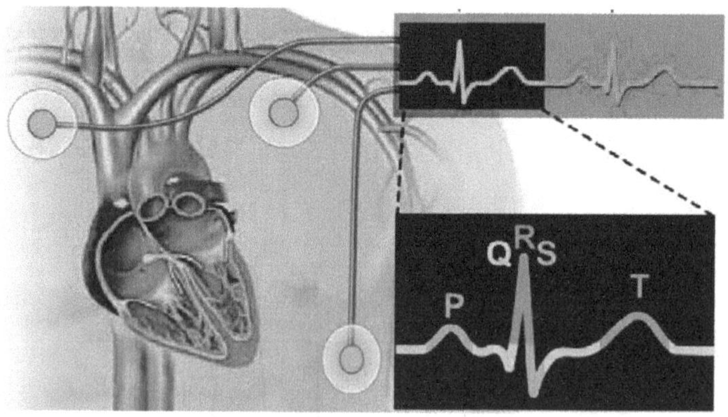

그림 2-6. 심전도 신호의 발생과 파형

(2) 뇌전도 EEG 측정

뇌전도는 뇌 신경세포의 전기적 활동을 두피에서 측정한 것을 의미한다. 뇌는 약 140억 개의 신경세포로 구성되어 있으며, 모든 신경세포가 동일한 기능을 수행하는 것이 아니므로 두피의 부위에 따라 뇌전도의 파형이 다르고 뇌의 활동 상황에 따라서도 파형이 다르게 측정된다.

일반적으로 신경세포의 활동양상이 동기화되어 있으면 진폭이 큰 파형을 측정할 수 있으며, 다양한 자극에 따라 개별 활동이 강한 경우에는 빠르게 변하는 낮은 진폭의 뇌전도가 측정된다. 눈을 뜨고 있는 각성상태와 눈을 감고 명상을 하는 경우에는 확연히 다른 뇌전도를 관찰할 수 있다. 또한 수면 중에는 수면의 단계에 따라 특징적인 뇌전도의 변화를 관찰할 수 있다. 간질이 있는 경우에는 뇌의 특정 부위에서 흥분성이 증가하여 주변으로 파급되는 현상이 있으므로 진폭이 매우 큰 특징적인 파형을 관찰할 수 있다. 뇌파의 파형크기, 주파수, 위상변화와 특정한 전기적 패턴 등의 발생유무에 근거하여 질환유무를 진단할 수 있다.

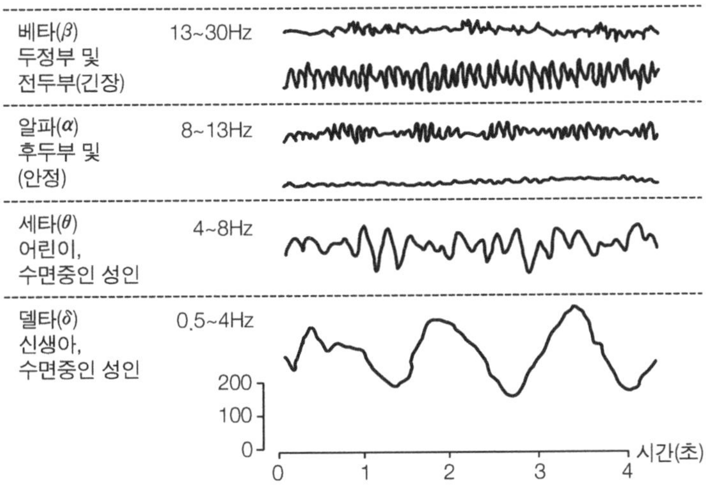

그림 2-7. 뇌파 신호의 종류

(3) 근전도(EMG : Electromyogram)

근전도는 근육의 움직임에 따라 발생하는 전기적 신호를 기록한 그래프를 의미한다. 인체 골격근은 신경의 지배를 받아 수축을 한다. 빠른 수축을 위하여 구조와 기능이 필요하며 심장과는 다르게 수축력의 조절이 필요하다. 따라서 골격근은 운동단위로 조절이 되고 있으며 활동중인 운동단위의 숫자 및 운동신경의 임펄스 발화율에 의하여 근수축력이 조절된다.

근육 내 또는 피부 표면에서 전기적 신호를 기록하면 근육의 수축과 관련되어 있는 전기신호를 기록할 수 있으며 근수축의 시간적 정보 및 운동단위의 활동양상을 분석할 수 있다. 아래 그림은 근전도 측정의 일례로 팔 근육에 전극을 부착한 후 쥐는 힘에 따라 측정된 근전도를 나타낸다. 근전도 측정 시 측정 근육에 힘을 많이 가하면 운동단위의 발화율이 증가하여 근전도 파형이 크게 기록된다.

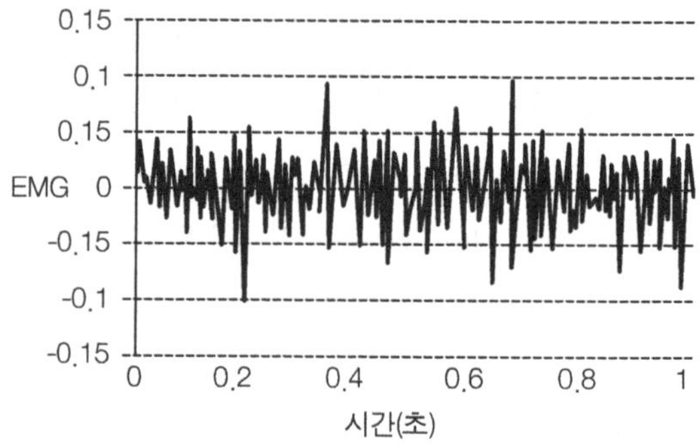

그림 2-8. 근전도

2.4 아날로그 회로와 디지털 회로의 상호 연결

생체계측 시스템은 기본적으로 아날로그 시스템과 디지털 시스템 그리고 신호 변환부로 구성되는 하이브리드 형태의 시스템이다. 그림 2-9는 하이브리드 형태의 기본 구성을 나타낸 것이다. 아날로그 시스템은 입력된 신호와 아날로그 신호처리 그리고 출력으로 구성되며 디지털 시스템 역시 디지털 신호와 디지털 신호처리 그리고 출력으로 구성된다. 또한 신호변환 부는 아날로그신호를 디지털신호(ADC)로 디지털신호를 아날로그신호로 변화(DAC)하는 과정으로 구성할 수 있다.

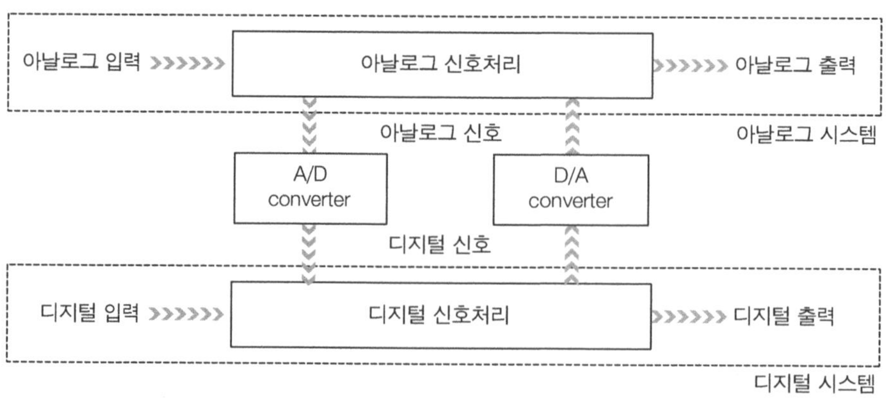

그림 2-9. 아날로그 및 디지털 시스템 상호 연결

2.5 생체 계측 시스템의 구성

생체신호의 계측을 위한 시스템의 구성은 크게 생체계측 대상, 아날로그신호처리, 디지털신호처리부로 나눌 수 있으며 자세한 설명은 다음과 같다.

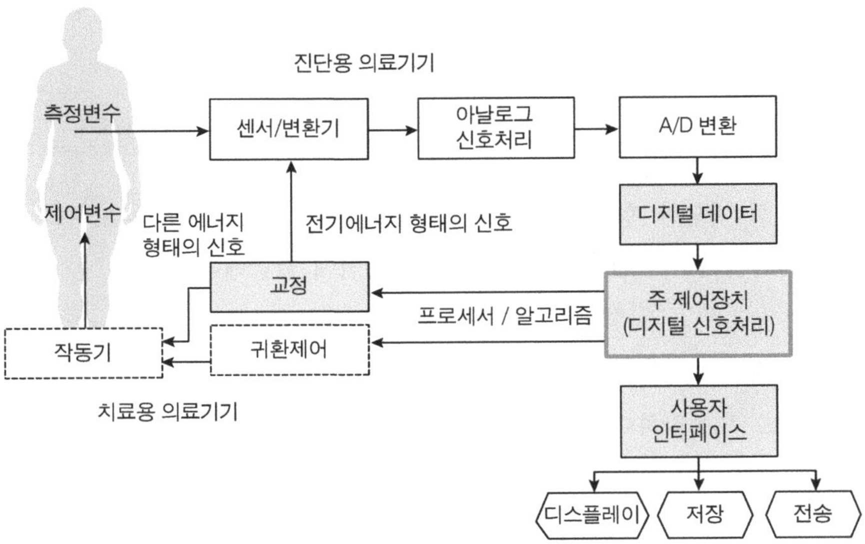

그림 2-10. 생체계측 시스템의 구성

(1) 측정대상(measurand)

생체로부터 측정하고자 하는 물리화학적인 양, 성질 또는 조건(생체변수, 신호) 측정 대상의 접근 방법이 중요한 관건이다.

(2) 센서(sensor)와 변환기(transducer)

물리화학적인 측정량을 전기적 출력으로 변환하는 장치로 전기변수 혹은 신호는 가장 취급하기 용이하다. 변환기(transducer)는 한 종류의 에너지를 다른 종류의 에너지로 변환하는 장치이다.

(3) 신호처리(signal processing)

센서의 전기적 출력을 필요에 따라 적절하게 처리하는 과정으로 증폭 혹은 감쇄과정을 통하여 신호의 크기를 조정한다. 여파기(필터, filter)를 통하여 신호의 주파수성분을 선택하여 잡음제거 등에 활용하게 된다.

(4) 저장(data storage) 및 통신(data transmission)

통상 컴퓨터(마이크로프로세서) 기반으로 동작하고 컴퓨터 데이터의 형태로 수치, 신호 및 처리결과를 향 후 사용목적으로 저장하고 타 계측기기 혹은 원거리 사용자를 위하여 통신 포트(port) 및 선로를 확보하게 된다.

(5) 출력표시(output display)

사용자가 해석 가능한 형태로 계측 및 분석결과를 제시 : 프린터, 모니터, 챠트 등 인간공학적 지침에 적합해야 하고 관습적 사용법에 합당해야 한다.

(6) 시스템 제어(control and feedback)

컴퓨터 기반으로 동작하여 시스템 상태 확인 및 정상적 동작을 제어하고 필요한 경우 생체 자체를 자극하거나 제어한다.

(7) 기타

교정신호(Calibration signal)를 기준신호로 제공하여 정확한 척도를 확보하고 시스템 동작을 위한 에너지 공급 등을 담당하게 된다.

요약(SUMMARY)

01. 아날로그 신호는 자연계에서 일어나는 물리적인 양이 시간에 따라 연속적으로 변화한다. 생체신호, 온도, 습도, 소리, 등은 시간에 따라 연속적인 값을 갖는다. 디지털 신호는 분명히 구별되는 두 레벨의 신호값 만을 갖는다.

02. 생체 아날로그 회로는 아날로그 신호, 즉 시간에 따라 연속적으로 변화하는 전류 또는 전압을 다루는 회로이다. 생체 디지털 회로는 아날로그 회로와 같이 전류 또는 전압이 연속적인 변화에 반응하지 않고 신호의 변화가 각 숫자에 대응하는 값에 도달 할 때에만 반응한다.

03. 생체 아날로그 시스템(biomedical analog system)은 아날로그 형태로 표현되는 물리적 양을 다루는 장치들을 포함하는 시스템으로 체온을 측정하는 수은 온도계, 생체(심장, 근육, 뇌 등)에 발생하는 활동전위를 증폭하는 증폭장치, 각종 센서에서 계측된 신호 등이 이에 속한다. 생체 디지털 시스템(biomedical digital system)은 디지털 형태로 표현되는 정보를 다루기 위해 설계된 장치들의 조합으로 심전도, 근전도, 뇌전도, 의료영상장치, 의료정보시스템 등이 있다.

04. 생체전기 신호란 생체에서 발생되는 전기적, 물리적, 화학적인 신호를 통틀어 지칭한다. 생체계측공학에서는 전기적인 신호의 측정치와 센서를 이용해 측정되는 물리적 및 화학적 신호에 해당하는 전기신호를 다루게 된다.

05. 생체계측 시스템은 기본적으로 아날로그 시스템과 디지털 시스템 그리고 신호 변환부로 구성되는 하이브리드 형태의 시스템이다. 아날로그 시스템은 입력된 신호와 아날로그 신호처리 그리고 출력으로 구성되며 디지털 시스템 역시 디지털 신호와

디지털 신호처리 그리고 출력으로 구성된다.

06. 측정대상(measurand)은 인체로부터 측정하고자 하는 물리화학적인 양, 성질 또는 조건 측정대상에의 접근 방법이 중요한 관건이다.

07. 센서(sensor)와 변환기(transducer)은 물리화학적인 측정량을 전기적 출력으로 변환하는 장치로 전기변수 혹은 신호는 가장 취급하기 용이하다. 변환기(transducer)는 한 종류의 에너지를 다른 종류의 에너지로 변환하는 장치이다.

08. 신호처리(signal processing)는 센서의 전기적 출력을 필요에 따라 적절하게 처리하는 과정으로 증폭 혹은 감쇄과정을 통하여 신호의 크기를 조정한다. 여파기(필터, filter)를 통하여 신호의 주파수성분을 선택하여 잡음제거 등에 활용하게 된다.

09. 저장(data storage) 및 통신(data transmission)은 마이크로 컴퓨터(마이크로프로세서) 기반으로 동작하고 컴퓨터 데이터의 형태로 수치, 신호 및 처리결과를 향 후 사용목적으로 저장하여 타 계측기기 혹은 원거리 사용자를 위하여 통신 포트(port) 및 선로를 확보하게 된다.

10. 출력표시(output display)는 사용자가 해석 가능한 형태로 계측 및 분석결과를 제시하여 결과를 프린터, 모니터, 챠트 등 인간공학적 지침에 적합하게 시각화하는 과정이다.

연습문제

01. 아날로그 양의 3가지 예를 들어라

02. 컴퓨터 시스템은 왜 아날로그 양 대신에 디지털 양을 취급하는가?

03. 디지털 회로는 아날로그 회로에 비하여 어떤 장점이 있는가?

04. 아날로그 회로와 디지털 회로의 상호 연결방법에 대하여 설명하라.

05. 생체전기신호 발생 원리에 대하여 설명하라.

06. 생체계측 시스템의 구성에 대하여 설명하라.

07. 심전도 신호 발생 원리에 대하여 설명하라.

08. 생체 아날로그 신호와 디지털 신호를 비교 설명하라.

09. 뇌전도 활용 분야에 대하여 논하라.

10. 디지털 시스템은 이산적 데이터 (discrete data)를 사용하는 이유에 대하여 설명하라.

Chapter 03 수 체계와 디지털 코드
(Number Systems and Digital Code)

3.1 개요

인간은 일상생활에서 10진수를 이용하고 있고 그것에 익숙해져 있다. 인간의 생활에 있어서 시간이나 각도와 같이 12진수나 60진수도 존재하지만, 가장 많이 사용되고 있는 것이 10진수이다. 그러나 디지털 기기에는 표 3.1에 표시된 수의 체계와 같이 2진수, 8진수, 16진수가 자주 사용되고 있다. 이는 전자회로를 이용해 수를 표현하는 경우 0, 1의 2개의 값을 사용하는 것이 가장 쉽게 실현할 수 있기 때문이고, 이것을 3항 혹은 4항으로 모은 8진수 · 16진수가 표현하기 쉽기 때문이다.

컴퓨터 내부에서 모든 자료는 전기적 또는 자기적인 신호로 코드(code)화된 2진수 체계를 사용하여 표현된다. 2진수(binary) 기호인 0과 1만을 이용하여 자료가 처리되거나 기억되는 것이다. 2진수의 기호 0이나 1을 비트(bit)라 하며 BInary와 Digit가 합성된 용어이다.

컴퓨터가 자료를 처리할 때 2진수를 사용하는 것은, 전구가 점멸(turn on/turn off : 1/0) 하듯 컴퓨터 내부의 전자 소자들이 스위칭(switching) 작동을 하기에 가장 효율적이고 능률적으로 처리할 수 있는 수 체계이기 때문이다. 전자 소자들은 트랜지스터와 다이오드를 기본으로 한 논리회로 반도체들이 주로 사용되며 이들은 전자 스위치 작동, 즉 고속의 개폐 작동을 함으로써 전압의 (+), (-)로 논리 판단을 하게 된다.

3.2 수의 표현

수 체계는 물건의 수를 나타내기 위한 기호로 사용하는 부호이다. 일반적으로 임의의 수를 표현하는데 사용하는 서로 다른 숫자(digit)의 개수를 그 진수의 기수(base 또는 radix)라 한다. 10진수는 0, 1, 2, 3, 4, 5, 6, 7, 8, 9라는 10개의 기호를 사용하므로 10진수의 기수는 10이다. 2진수의 경우는 0과 1의 두 개의 기호를 사용하므로 2진수의 기수는 2이다. 일반적으로 R진법으로 표시되는 수 N은

$$N_a = a_{n-1}R^{n-1} + \cdots + a_1R^1 + a_0R^0 + a_{-1}R^{-1} + \cdots + a_{-m}R^{-m}$$

이다. 여기서 $a_i < R$ 이며, R은 기수이고 a_i는 각 자리에서의 임의의 숫자를 표시한다. 이들 진법체계는 표 3-1과 같다.

표 3-1. 수 체계(number systems)

기 수	진 법	시스템에 이용된 기본 디지트
2	2진(binary)	0,1
3	3진(ternary)	0,1,2
8	8진(octal)	0,1,2,3,4,5,6,7
10	10진(decimal)	0,1,2,3,4,5,6,7,8,9
16	16진(hexadecimal)	0,1,2,3,4,5,6,7,8,9,A,B,C,D,E,F

3.2.1 2진수(binary number)

디지털 시스템에서 다루는 디지털 신호는 두 가지의 전압, 즉 높은 전압과 낮은 전압을 "1"과 "0"으로 나타낸다. 보통 2진수의 각 자리를 비트(bit)라 한다. 2진수로 나타낸 수에서 가장 왼쪽의 비트(가장 큰 가중치)는 최상위 비트로 MSB(Most Significant Bit), 가장 오른쪽의 비트(가장 작은 가중치)는 최하위 비트로 LSB(Least Significant Bit)라고 한다.

(1) 10진수 - 2진수 변환

정수의 10진수를 2진수로 변환할 때에는 주어진 10진수를 정수 부분과 소수 부분으로 나누어 처리해야 한다. 정수 부분은 주어진 10진수를 2로 계속 나누면서 몫과 나머지를 구한 다음 그 몫을 다시 2로 나누어 새로운 몫과 나머지를 얻는다. 몫이 0이 되었을 때까지의 나머지를 거꾸로 배열하면 원하는 2진수를 얻을 수 있다. 즉, 2진 값의 첫 번째 나머지가 LSB이고 마지막 나머지가 MSB이다.

예제 01 10진수 12_{10}를 2진수로 변환하라.

➔해설

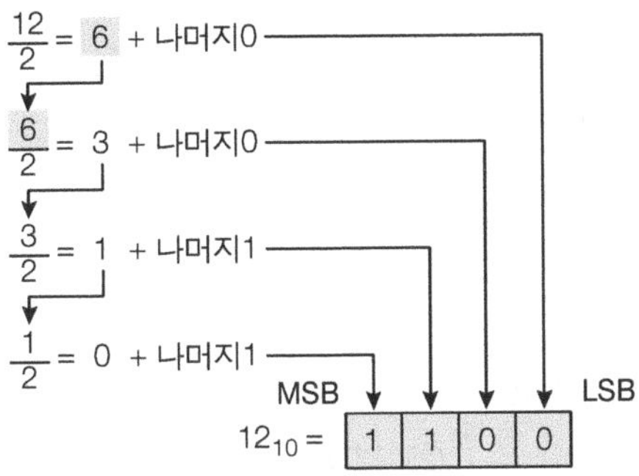

주어진 10진 소수부를 2진수로 변환할 때에는 10진 소수에 2를 곱해 나가면서 정수 부분을 그 순서대로 취하면 된다. 2를 곱한 후 정수 부분이 생기면 이 부분을 제거한 후 곱하기를 계속한다. 이 과정은 소수부가 0이 될 때까지 반복한다.

예제 02 10진수 소수 0.1875_{10}를 2진수로 변환하라.

➔해설

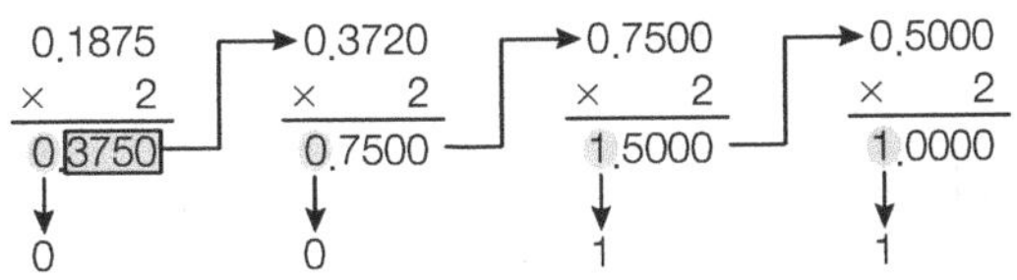

따라서 $0.1875_{10}=0.0011_2$

(2) 2진수 - 10진수 변환

2진수는 LSB로부터 상대적인 위치에 따라 자리 값을 갖고 있다. 2진수를 10진수로 변환할 때에는 2진수의 각 자리에 대응하는 자리 값(weight)을 더함으로써 해당하는 10진수를 얻을 수 있다. 2진수에서 자리 값은 다음 그림 3-1과 같다.

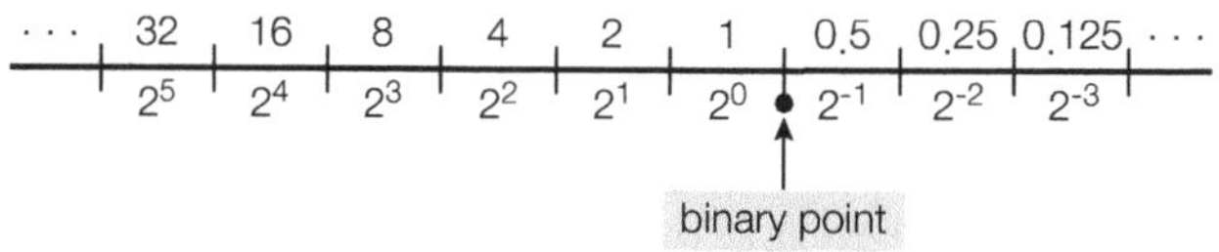

그림 3-1. 2진수에서 자리값

예제 03 2진수 10111을 10진수로 변환하라.

➔ **해설**

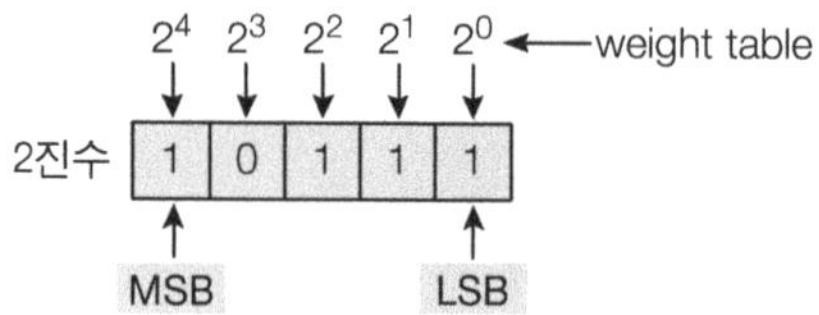

$$1011_2 = 1\times2^4 + 0\times2^3 + 1\times2^2 + 1\times2^1 + 1\times2^0$$
$$= 16+0+4+2+1$$
$$= 23_{10}$$

예제 04 다음 2진수을 10진수로 변환하라.

① 110101 ② 1101.101

➔ **해설** ① $110101_2 = 1\times2^5 + 1\times2^4 + 0\times2^3 + 1\times2^2 + 0\times2^1 + 1\times2^0$
$$= 32+16+0+4+0+1$$
$$= 53_{10}$$

② $1101.101_2 = 1\times2^3 + 1\times2^2 + 0\times2^1 + 1\times2^0 + 1\times2^{-1} + 0\times2^{-2} + 1\times2^{-3}$
$$= 8+4+0+1+0.5+0+0.125$$
$$= 13.625_{10}$$

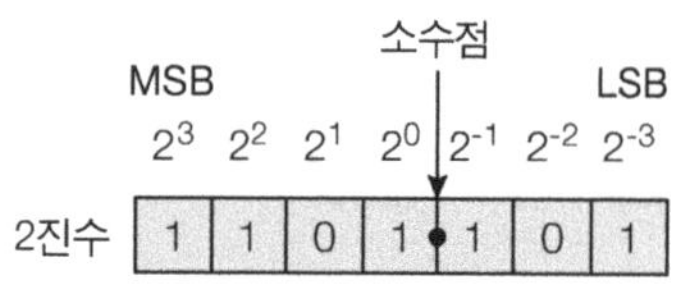

3.2.2 8진수(octal number)

과거의 컴퓨터 시스템에서는 2진 정보를 표현하기 위해서 8진수를 사용하기도 하였다. 8진수는 0, 1, 2, 3, 4, 5, 6, 7의 서로 다른 8개의 숫자를 사용한다. 8진수의 기수는 8이다. 그림 3-2는 8진수에서 각각의 자리 값은 다음과 같다.

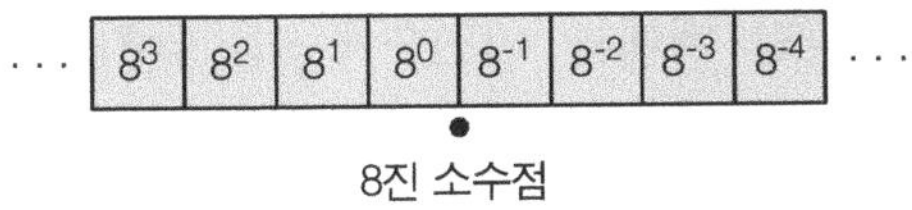

그림 3-2. 8진수에서 자리값

예제 05 10진수 0에서 37까지를 8진수로 바꾸어라.

➔해설

Decimal	Octal	Decimal	Octal	Decimal	Octal
00	00	13	15	26	32
01	01	14	16	27	33
02	02	15	17	28	34
03	03	16	20	29	35
04	04	17	21	30	36
05	05	18	22	31	37
06	06	19	23	32	40
07	07	20	24	33	41
08	10	21	25	34	42
09	11	22	26	35	43
10	12	23	27	36	44
11	13	24	30	37	45
12	14	25	31		

(1) 10진수 - 8진수 변환

임의의 10진 정수를 8진수로 변환할 때에는 10진수를 8로 나누어 나머지를 구하고, 그 몫을 다시 8로 나누어 나머지를 구하는 과정을 몫이 0이 될 때까지 되풀이 한다.

예제 06 10진수 254를 8진수로 변환하라.

➔해설

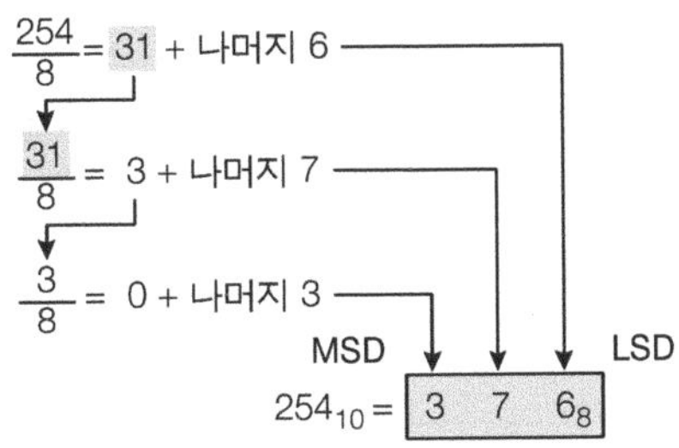

10진 소수를 8진수로 변환할 때에는 10진수에 8을 곱하여 정수부를 취한다음 다시 소수부에 8을 곱하는 과정을 소수부가 0이 될 때까지 반복한다.

예제 07 10진수 0.1875를 8진수로 변환하라.

➔ **해설**

```
  0.1875        ┌─→ 0.5
×      8        │   ×  8
  1.[5000]──────┘   4.00
  ↓                 ↓
  1                 4
```

따라서 $0.1875_{10} = 0.14_8$

(2) 8진수 - 10진수 변환

8진수를 10진수로의 변환은 8진수 각각의 자릿수에 부과되는 자리 값을 곱해줌으로써 얻을 수 있다.

예제 08 8진수 142.23을 10진수로 변환하라.

➔ **해설**

$$142.23_8 = 1\times8^2 + 4\times8^1 + 2\times8^0 + 2\times8^{-1} + 3\times8^{-2}$$
$$= 1\times64 + 4\times8 + 2\times1 + 2\times\frac{1}{8} + 3\times\frac{1}{64}$$
$$= 98.296875_{10}$$

(3) 8진수 - 2진수 변환

8진수를 2진수로 변환하는 것은 다른 진법 변환보다 훨씬 간편하다. 8진에서 가장 큰 숫자는 7이고 이것에 대응되는 2진수는 3[bit]로 표현될 수 있는 가장 큰 수인 111이다. 따라서 8진수에서 2진수로의 변환은 8진수 각각의 자릿수를 3[bit]의 2진수로 변환하면 된다. 표 3-2는 8진-2진 등가 표현을 나타낸 것이다.

표 3-2. 8진-2진 등가

8진 디지트	등가 2진 표현	8진 디지트	등가 2진 표현
0	000	4	100
1	001	5	101
2	010	6	110
3	011	7	111

예제 09 다음 8진수를 2진수로 변환하라.

① 5631 ② 154.63

➔해설 ① 5631

5	6	3	1
↓	↓	↓	↓
101	110	011	001

② 154.63

1	5	4	·	6	3	8진수(octal number)
001	010	100	·	110	011	3-디지트 2진표현

$154.63_{10} = 1101100.110011_2$

(4) 2진수 - 8진수 변환

2진수에서 8진수로 변환하려면 소수점을 중심으로 왼쪽과 오른쪽으로 각각 3[bit]씩 차례로 묶은 다음 각 묶음에 대응되는 8진 숫자를 할당하면 된다. 만일 소수점이 없으면 맨 우측에서부터 좌측으로 세어 3자리씩 끊어 변환 한다. 그러나 정수부에서 2진수가 3개씩 묶여지지 않을 때는 최상위 비트의 왼쪽에 1개 또는 2개의 '0'을 추가시켜 해결한다.

예제 10 2진수 111100001101010을 8진수로 변환하라.

➔해설

111	100	001	101	010	2진수
↓	↓	↓	↓	↓	
7	4	1	5	2_8	8진수

3.2.3 16진수(hexadecimal number)

16진수는 0, 1, 2, 3, 4, 5, 6, 7, 8, 9, A, B, C, D, E, F의 16개 숫자를 사용한다. 16진수의 기수는 16이다. 여기서 마지막 6개의 알파벳 기호는 10진수의 10, 11, 12, 13, 14, 15에 해당되는 수이다. 즉, 문자 'A'는 10진수 10을 나타내고 'B'는 10진수 11을 나타낸다.

예제 11 10진수 0에서 65,535까지를 16진수로 바꾸어라.

➔해설

Decimal	Hexadecimal	Decimal	Hexadecimal
0	0	23	17
1	1	24	18
2	2	25	19
3	3	26	1A
4	4	27	1B
5	5	28	1C
6	6	29	1D
7	7	30	1E
8	8	31	1F
9	9	·	·
10	A	·	·
11	B	254	FE
12	C	255	FF
13	D	256	100
14	E	·	·
15	F	511	1FF
16	10	512	200
17	11	·	·
18	12	4,095	FFF
19	13	4,096	1000
20	14	·	·
21	15	65,535	FFFF
22	16		

(1) 10진수 - 16진수 변환

10진 정수를 16진수로 변환할 때에는 10진수를 16으로 나누어 몫과 나머지를 구한 다음 그 몫을 다시 16으로 나누어 새로운 몫과 나머지를 얻는다. 이 과정을 몫이 0이 될 때까지 반복한다. 10진 소수를 16진수로 변환할 때에는 10진수에 16을 곱하여 정수부를 취한 다음 다시 소수부에 16을 곱하는 과정을 소수부가 0이 될 때까지 반복한다.

예제 12 10진수 249를 16진수로 변환하라.

➔해설

$\frac{249}{16} = 15$ + 나머지 9

$\frac{15}{16} = 0$ + 나머지 15(=F)

$249_{10} = F9_{16}$

(2) 16진수 - 10진수 변환

16진수를 10진수로의 변환은 16진수 각각의 자릿수에 부과되는 자리 값을 곱해줌으로써 얻을 수 있다.

예제 13 16진수 1FF.48을 10진수로 변환하라.

➔해설

$$\begin{aligned}1FF.48_{16} &= 1\times16^2 + F\times16^1 + F\times16^0 + 4\times16^{-1} + 8\times16^{-2}\\ &= 1\times256 + 15\times16 + 15\times1 + 4\times\frac{1}{16} + 8\times\frac{1}{256}\\ &= 511.28125_{10}\end{aligned}$$

(3) 16진수 - 2진수 변환

16진수를 2진수로 변환하는 것은 비교적 간단하다. 16진에서 가장 큰 숫자는 F이고 이것에 대응되는 2진수는 4[bit]로 표현될 수 있는 가장 큰 수인 1111이다. 따라서 16진수에서 2진수로의 변환은 16진수 각각의 자릿수를 4[bit]의 2진수로 변환하면 된다.

예제 14 16진수 $B9_{16}$을 2진수로 변환하라.

➔해설

B → 1011

9 → 1001

1011 1001 = 10111001_2

(4) 2진수 - 16진수 변환

2진수를 16진수로 변환하는 것은 위에서 설명한 것의 반대 과정이다. 2진수에서 16진수로 변환하려면 소수점을 중심으로 왼쪽과 오른쪽으로 각각 4[bit]씩 차례로 묶은 다음 각 묶음에 대응되는 16진 숫자를 할당하면 된다. 만일 소수점이 없으면 맨 우측에서부터 좌측으로 세어 4자리씩 끊어 변환한다. 따라서 큰 2진수를 표현하는 데는 16진수가 유용하게 사용된다.

예제 15 2진수 10101111010111_2을 16진수로 변환하라.

➔해설 [0 0]1 0 1 0 1 1 1 1 0 1 0 1 1 1 2진수

2 B D 7_{16} 16진수

$= 2BD7_{16}$

3.3 보수와 감산

3.3.1 보수(compliment)

보수는 빼셈을 쉽게하고, 디지털 시스템의 논리작용을 용이하게 한다. r진수의 보수는 $(r-1)$의 보수[$(r-1)$' complement]와 r의 보수[r's complement]로 나뉜다. 2진수에서는 1의 보수와 2의 보수가 있고, 10진수에서는 9의 보수와 10의 보수가 있다. 베이스가 R, 정수부분이 n자리, 소수부분이 m자리수인 수 A의 보수는 "R의 보수"와 "$(R-1)$의 보수" 2종류가 있다. 먼저 R의 보수를 구하는 식을 정리하면

$$R\text{의 보수} \rightarrow \begin{cases} R^n - |A|, & A \neq 0 \\ 0 & , A = 0 \end{cases}$$

이고, $(R-1)$의 보수는

$$(R-1)\text{의 보수} \rightarrow R^n - R^{-m} - |A|$$

로 표현할 수 있다.

예제 16 10진수 $(52520)_{10}$의 10의 보수와 9의 보수를 구하라.

➔해설 10의 보수 : $10^5 - 52520 = 47480$

9의 보수 : $(10^5 - 1 - 52520) = 9999 - 52520 = 47479$

예제 17 2진수 $(101100)_2$의 2의 보수와 1의 보수를 구하라.

➔해설 2의 보수 : $2^6-101100 \Rightarrow 1000000-101100=010100$

1의 보수 : $(2^6-1)-101100 \Rightarrow 111111-101100=010011$

(1) 1의 보수와 2의 보수

2진법 수의 보수에는 1의 보수와 2의 보수가 있다. 1의 보수는 주어진 2진수에서 0은 1로, 1은 0으로 바꾸어 놓는 것을 말하며, 2의 보수는 1의 보수를 구한 다음 가장 낮은 자리(LSB)에 1을 더한 것이다.

예제 18 2진수 1010_2의 1의 보수와 2의 보수를 구하라.

➔해설 1의 보수는 2진수 각 자리의 0과 1을 바꾸어 주면 된다.

$$\begin{array}{cccc} 1 & 0 & 1 & 0_2 \\ \downarrow & \downarrow & \downarrow & \downarrow \\ 0 & 1 & 0 & 1 \end{array} = 1010_2\text{의 1의 보수}$$

2의 보수는 1의 보수에 1을 더하면 되므로

2의 보수=1의 보수+1=0101+1=0110

3.3.2 감산

(1) 2의 보수를 이용한 감산

2의 보수를 이용하여 두 양수를 $X-Y$을 할 때 그 과정은 다음과 같다.

- 피감수 X에 감수 Y의 2의 보수를 더한다.
- end-carry가 있으면 무시한다.
- end-carry가 없으면 위 1의 결과를 2의 보수로 취하고 앞에 (-)부호를 붙인다.

예제 19 $X=1010100$, $Y=1000100$일 때 2의 보수를 이용한 감산 $(X-Y)$을 구하라.

➔해설 보수를 이용한 감산의 경우 만약 피감수와 감수의 자리수가 맞지 않는 경우에는 그 자리수를 서로 같게 만든 후 보수를 구해 감산을 수행하여야 한다. 감수 Y의 2의 보수는 0111100이므로

```
                 1010100   피감수
               + 0111100   감수 Y의 2의 보수
end-carry ─┐→ 1 0010000   end-carry 무시
                 0010000
```

따라서 1010100－1000100＝10000이다.

예제 20 $X=1000100$, $Y=1010100$일 때 2의 보수를 이용한 감산 $(X-Y)$을 구하라.

➔해설 감수 Y의 2의 보수는 0101100이므로

```
  1000100   피감수
+ 0101100   감수 Y의 2의 보수
  1110000   end-carry가 없으므로 다시 2의 보수를
- 0010000   취하고 (-)부호를 붙인다.
```

따라서 end-carry가 없으면 1110000의 2의 보수를 취한 값에 (－)를 붙인다. 즉 －10000이다.

(2) 1의 보수를 이용한 감산

1의 보수를 이용하여 두 양수를 $X-Y$를 할 때 그 과정은 다음과 같다.

- 피감수 X에 감수 Y의 1의 보수를 더한다.
- end-carry가 있으면 최하위 숫자에 더한다.
- end-carry가 없으면 위 1의 결과를 1의 보수로 취하고 앞에 (－)부호를 붙인다.

예제 21 $X=1010100$, $Y=1000100$일 때 1의 보수를 이용한 감산 $(X-Y)$을 구하라.

➔해설 1의 보수를 이용한 감산은 피감수 1010100에 감수 1000100의 1의 보수를 더한다. 이 때 end-carry가 있으면 최하위 숫자에 더해 주고 end-carry가 없으면 결과에 1의 보수로 취하고 앞에 (－)부호를 붙인다.

```
                 1010100   피감수
               + 0111011   감수 Y의 1의 보수
end-carry ─┐→ 1 0001111   end-carry 발생
                └──────→1   end-around-carry
                 0010000
```

따라서 1010100－1000100＝0010000이다.

예제 22 $X = 1000100$, $Y = 1010100$일 때 1의 보수를 이용한 감산$(X - Y)$을 구하라.

해설 피감수보다 감수가 더 큰 경우에는 end-carry가 발생하지 않는다.

```
   1000100   피감수
+  0101011   감수 Y의 1의 보수
   1101111   end-carry가 없으므로 다시 1의 보수를
  - 10000    취하고 (-)부호를 붙인다.
```

따라서 end-carry가 없으면 1의 보수를 취한 값에 (-)를 붙인다.

3.4 부호가 있는 수의 표현

일반적으로 의료 디지털 시스템에서 부호(+)(-)가 있는 정수를 표현할 때 부호비트(sign bit)라고 하는 비트를 사용한다. 수가 양수이면 부호 비트는 0, 크기는 이진수로 표현되고 음수이면 부호 비트는 1, 크기는 다음 3가지 표현 방법을 사용한다.

- 부호와 절대값(signed-magnitude)
- 부호화된 1의 보수(signed-1's complement)
- 부호화된 2의 보수(signed-2's complement)

3.4.1 부호와 절대값(signed-magnitude)

부호와 절대값에서 음수는 2진수로 표현된 절대값 앞에 음수를 표시하는 부호 비트 1을 붙여 나타낸다. 이 방법은 어느 양수가 있을 때 그것과 절대값이 같은 음수로의 변환은 부호만 0에서 1로 바꿔주면 되므로 매우 편리하다. 이와 같이 부호와 절대값 표현법은 가장 간단하나 계산기나 컴퓨터에서 통상적으로 사용되지는 않는데 이는 회로의 구현이 다른 수 표현 체계보다 더 복잡하기 때문이다.

표 3-3. 4[bit]로 표현되는 각 표시법의 비교

10진수	부호 절대값	1의 보수	2의 보수
−8			1000
−7	1111	1000	1001
−6	1110	1001	1010
−5	1101	1010	1011
−4	1100	1011	1100
−3	1011	1100	1101
−2	1010	1101	1110
−1	1001	1110	1111
0	0000 (+0)	0000 (+0)	0000
	1000 (−0)	1111 (−0)	
+1	0001	0001	0001
+2	0010	0010	0010
+3	0011	0011	0011
+4	0100	0100	0100
+5	0101	0101	0101
+6	0110	0110	0110
+7	0111	0111	0111

예제 23 8[bit] 부호와 절대값에 의해 +53과 −53을 표현하라.

➔해설 전체 8[bit] 중 1개는 부호 비트를 그리고 7개는 크기 비트로 구성된다. 크기 비트 53을 2진수로 바꾸면 $(53)_{10} = (0110101)_2$ 이다. 부호 비트는 0이 양수를 나타내고, 1이 음수를 나타낸다. 그러므로 +53은 00110101이고 −53은 10110101로 나타낼 수 있다.

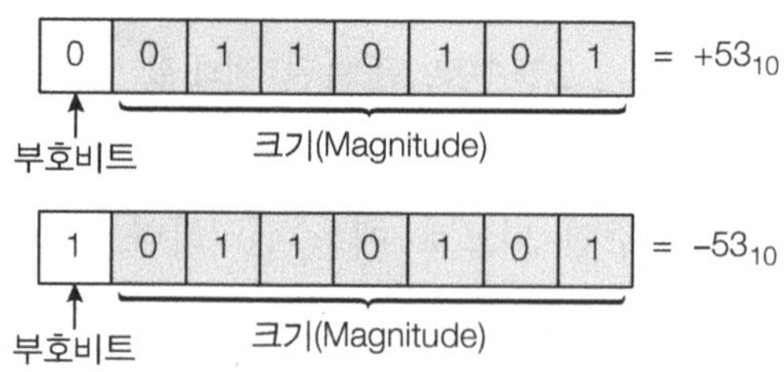

3.4.2 부호화된 1의 보수(signed-1's complement)

부호화된 1의 보수(signed-1's complement)방법으로 음수를 표현하는 시스템에서 음수는 같은 절대값을 가지는 양수의 1의 보수이다. 즉, 부호 비트를 포함한 모든 비트를 1이면 0으로, 0이면 1로 바꾸면 된다. 따라서 1의 보수 방법에서도 음수의 경우, 부호 비트는 1로 표시된다. 1의 보수 방법에서 0은 양수와 음수 두 가지가 있다. 양수의 0은 모든 비트가 0인 경우이며, 이 수의 1의 보수를 취하면 모든 비트가 1로 되는 음의 0이 된다.

예제 24 8[bit] 부호로 부호화된 1의 보수에 의해 +53과 −53을 표현하라.

➔**해설** 전체 8[bit] 중 1개는 부호 비트를 그리고 7개는 크기 비트로 구성된다. 음수 −53을 부호화된 1의 보수로 표현하면 부호 비트를 포함한 모든 비트를 1이면 0으로, 0이면 1로 바꾸면 된다. 따라서 1의 보수 방법에서도 음수의 경우 부호 비트는 1로 표시된다.

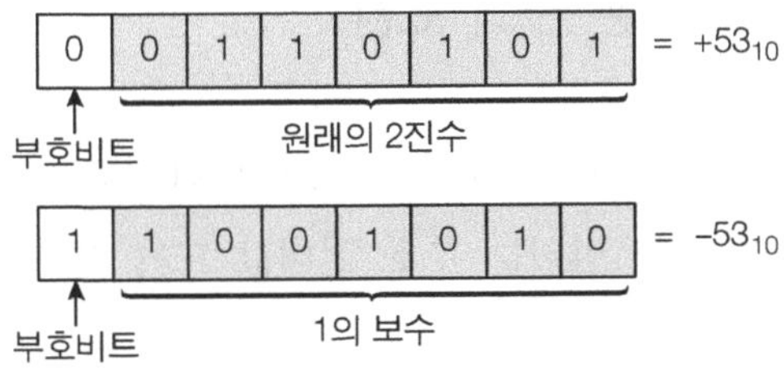

3.4.3 부호화된 2의 보수(signed-2's complement)

부호화된 2의 보수(signed-2's complement)방법으로 음수를 표현하는 시스템에서 음수는 같은 절대값을 가지는 양수의 2의 보수이다. 즉, 부호 비트를 포함한 수의 표현 전체에 2의 보수를 취하여 음수를 구한다.

2의 보수 표현에서 0은 모든 비트 값이 0인 수이며, 이 수의 2의 보수 역시 본래의 수와 같이 모든 비트가 0인 수가되므로 2의 보수 표현에서 0의 표현은 하나뿐이다. 즉, +0만 있고 −0은 없다. 3가지 표현 방법 중 이 부호화된 2의 보수 표현방법이 가장 널리 사용된다.

예제 25 8[bit] 부호로 부호화된 2의 보수에 의해 +53과 −53을 표현하라.

➔해설 2진수의 2의 보수는 숫자의 1의 보수를 취하고 최하위 비트에 1을 더하여 얻어진다.

(1) 양수 +53을 2의 보수로 표현하려면 크기는 2진 형태로 하고 부호 비트(MSB)는 0으로 나타낸다.

(2) 음수 −53을 부호화된 2의 보수로 표현하려면 크기는 2의 보수 형태로 표현하며 부호 비트(MSB)는 1로 나타낸다. 이 2의 보수 체계는 부호화된 수를 나타내는데 가장 널리 사용된다.

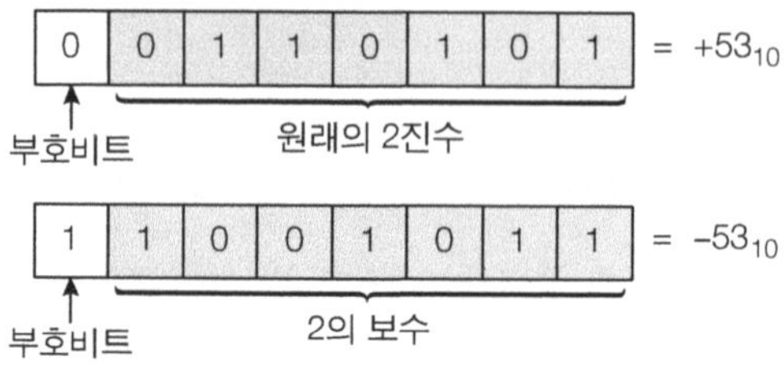

3.4.4 부호가 있는 수의 표현

n비트 레지스터가 있다. 1[bit]가 부호를 나타내고 나머지 $(n-1)$[bit]가 수의 크기를 나타낼 때 수의 표현 범위는 부호 절대값 또는 부호화된 1의 보수 표현 방식에서는

$$+(2^{n-1}-1) \sim -(2^{n-1}-1)$$

이고, 부호화된 2의 보수 표현에서는 +0만 있고 −0은 없으므로 수의 표현 범위는 다음과 같다.

$$+(2^{n-1}-1) \sim -2^{n-1}$$

예제 26 8[bit] 부호로 부호화된 2의 보수에 의해 표시할 수 있는 숫자의 범위를 구하라.

➔해설 $+(2^{8-1}-1) \sim -2^{8-1} = +(2^7-1) \sim -2^7 = +127 \sim -128$

3.5 의료 디지털 코드

의료 디지털 시스템에서는 숫자, 문자, 특수 기호 등 모든 정보를 0과 1의 조합으로 표현한다. 이 정보 부호에는 수치 부호(numeric code)와 문자 부호(alphanumeric code)가 있다.

2진 정보를 한 장치에서 다른 장치로 전송할 때 전송 도중 착오 발생 여부를 검색하는 부호 등으로 크게 구분 할 수 있다. 또한 2진수로 코드화했을 때 비트 자리가 일정 값을 갖고 있는 것을 웨이티드 코드(weighed code), 자기 위치가 일정치 않는 것을 언웨이티드 코드(un-weighed code)라 한다.

3.5.1 BCD 부호

10진수를 2진수로 표현하는 방법으로 가장 쉬운 방식이 BCD(binary coded decimal) 부호이다.

0부터 9까지의 10진 숫자 각각을 서로 다르게 표시하기 위해 최소 4개의 비트를 사용한다. BCD 부호의 각 자리는 8(23), 4(22), 2(21), 1(20)의 값(weight)을 가지므로 8421 부호라고도 한다. 이 8421 부호는 0에서 9까지만 사용하므로 10에서 15까지의 2진수 1010, 1011, 1100, 1101, 1110, 1111은 사용되지 않는다.

예를 들면, 10진수 385를 BCD 수로 변환하려면 3, 8, 5를 각각 대응되는 BCD 부호인 0011, 1000, 0101로 대치하면 된다. 따라서 385의 BCD 표현 수는 001110000101이 된다.

3	8	5	10진수
↓	↓	↓	
0011	1000	0101	BCD

예제 27 10진수 429_{10}을 BCD코드로 나타내어라.

➔해설 10진수 429를 BCD 수로 변환하려면 4, 2, 9를 각각 대응하는 BCD 부호인 0100, 0010, 1001로 대치하면 된다. 따라서 429를 BCD 수로 변환하면 010000101001이 된다.

$$429_{10} \Rightarrow 0100\,0010\,1001_{BCD}$$

다음으로 두 BCD 수의 가산 과정을 살펴보면 다음과 같다.

- 2진 가산을 이용하여 두 수를 더한다.
- 합이 9 이하이면 그 결과가 BCD형태이다.
- 합이 9보다 클 때에는 $+6_{10} = 0110_2$을 더해주고 그 결과 올림수가 발생하면 한 자리 올려서 더해준다.

이 BCD 부호의 가장 큰 장점은 10진수로의 변환이 비교적 쉽다는 점이다. 즉, 10진수의 0에서 9까지에 해당하는 4[bit]의 2진수만 기억하면 된다는 점이다. 이런 변환의 용이함은 디지털 전압계, 주파수 카운터 및 디지털시계 등에 응용되고 있다. 그러나 주어진 10진수에 대한 2진수 변환에 많은 비트 수를 차지한다는 것이 비효율적이다.

8421 코드 외에 BCD 코드로 2421 코드, 84-2-1 코드, 51111 코드 등과 같은 웨이티드 코드가 있다.

3.5.2 3초과 부호

3초과 부호(excess-3 code)는 8421 BCD 부호에 $3_{10} = 0011_2$을 더하여 만든 것이다. 따라서 3초과 부호는 8421 부호보다 3이 더 크다. 이 3초과 부호는 BCD 부호의 단점인 산술 연산 문제를 보다 쉽게 해결하기 위한 코드는 언 웨이티드 코드(unweighted code)이다.

예를 들어 10진수 6_{10}의 3초과 부호는 6의 BCD 부호 0110에서 0011을 더한 1001이 된다. 표 3-4는 3초과 부호를 나타낸 것으로 3초과 코드는 4[bit] 그룹으로 된 2진수 표시이며 표 3-4와 같이 10개만 사용하고 나머지 0000, 0001, 0010, 1101, 1110, 1111 등의 그룹은 사용하지 않는다.

표 3-4. BCD 및 3초과 부호

0	0000	0011	5	0101	1000
1	0001	0100	6	0110	1001
2	0010	0101	7	0111	1010
3	0011	0110	8	1000	1000
4	0100	0111	9	1001	1100

예제 28 10진수 183_{10}를 3초과 코드로 나타내어라.

➔**해설** 3초과 부호는 8421 BCD 부호에 $3_{10} = 0011_2$을 더하여 만든 것이다. 즉, 3초과 부호는 8421 부호보다 3이 더 크다. 따라서 10진수 1_{10}의 3초과 부호는 1의 BCD 부호 0001에서 0011을 더한 0100이 되고 10진수 8_{10}의 3초과 부호는 8의 BCD 부호 1000에서 0011을 더한 1011이 된다. 또 10진수 3_{10}의 3초과 부호는 3의 BCD 부호 0011에서 0011을 더한 0110이 된다.

$183_{10} = 0100\,1011\,0110_{excess-3}$

이 3초과 코드는 단순히 0과 1을 단순히 바꾸었을 때 9의 보수를 얻을 수 있다. 예를 들면, 3초과 부호에서 서로 9의 보수 관계인 6과 3은 각각 1001, 0110으로 0과 1을 서로 반대로 한 것이다. 이와 같이 3초과 부호는 단순히 0과 1을 바꿈으로서 쉽게 9의 보수를 얻을 수 있기 때문에 3초과 코드를 자기 보수성 코드(self- complimenting code)라고 한다. 따라서 3초과 코드를 사용하면 연산 동작이 쉽게 이루어지는 이점이 있다. 이 3초과 코드의 가산 과정을 살펴보면 다음과 같다.

- 2진 가산을 이용하여 3초과 수를 더한다.
- 만일 가산 결과에 올림수가 생기지 않으면 $+3_{10} = 0011_2$을 뺀다.
- 만일 가산 결과에 올림수가 생기면 $+3_{10} = 0011_2$을 더하고 올림수가 생긴 열에도 $+3_{10}$을 더한다.

3.5.3 그레이 코드(Gray Code)

그레이 코드(gray code)는 서로 인접하는 두 수 사이에는 단 하나의 비트만 서로 다르다는 특징을 가지고 있다. 즉, 이 부호는 한 수에서 다른 수로 진행할 때 오직 한 비트만 변화되는 최소 변화 코드(minimum-charge code)이다. 이 그레이 코드는 언웨이티드 코드(unweighted code)이고 연산에는 부적당하다. 이 부호는 연속적으로 변화하는 양을 부호화하는데 적합한 코드로서 입·출력 장치와 아날로그/디지털 변환기(A/D converter), 기타 주변 장치용의 부호로서 사용되고 있다. 이 코드는 사용 비트에 제한이 없다.

다음 표 3-5는 10진수 0에서 11까지의 2진수-그레이 코드의 변환 표이다.

표 3-5. 2진수-그레이 코드(Gray code)

0	0000	0000	8	1000	1100
1	0001	0001	9	1001	1101
2	0010	0011	10	1010	1111
3	0011	0010	11	1011	1110
4	0100	0110	12	1100	1010
5	0101	0111	13	1101	1011
6	0110	0101	14	1110	1001
7	0111	0100	15	1111	1000

표 3-5에서 보는 바와 같이 10진수 7에서 8로 넘어 갈 때 2진수는 0111에서 1000으로 4개의 비트가 모두 바뀌어야 되지만 그레이 코드에서는 0100에서 1100으로 제일 좌측 첫 번째 비트만 1로 만들면 된다.

(1) 2진수 - 그레이 코드 변환

주어진 2진수에 대응되는 그레이 코드를 얻고자 할 때에는 먼저 첫 번째 비트를 동일하게 한 다음 2진수의 비트를 왼쪽으로부터 순차적으로 둘씩 더한 것을 그레이 비트로 하면 된다. 단, 이 때 자리올림(carry)은 고려하지 않는다. 이를 정리하면 다음과 같다.

- 2진수의 MSB는 그레이 코드의 MSB가 된다.
- 2진수의 MSB와 다음 비트를 더하여 그레이 코드의 다음 디지트가 된다. 이 때 자리올림이 있으면 버린다.

예제 29 2진수 110101을 그레이 코드로 변환하라.

➔ 해설

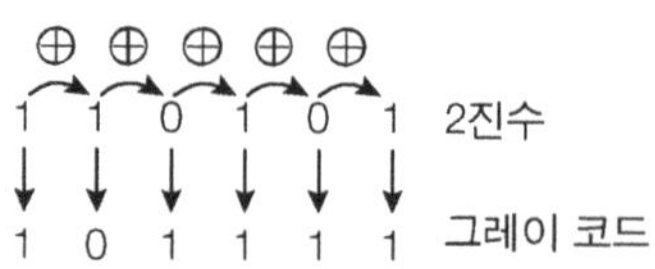

(2) 그레이 코드 - 2진수 변환

주어진 그레이 코드에 대응되는 2진수를 얻고자 할 때에는 다음 과정을 수행하여 변환 시킨다.

■ 그레이 코드의 MSB는 2진수의 MSB가 된다.

■ 2진수의 MSB와 그레이 코드의 제 2자리의 수치와 더한 것을 2진수의 다음 비트로 한다. 이 때 자리올림이 있으면 버린다.

예제 30 그레이 코드 101111을 2진수로 변환하라.

➔해설

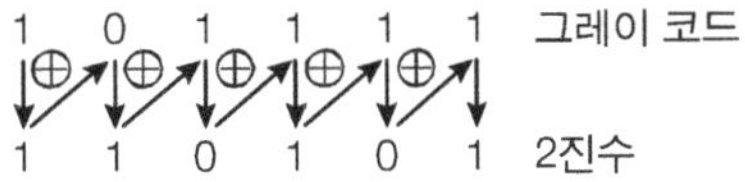

3.5.4 알파뉴메릭 코드 및 기타

의료 디지털 시스템은 수치는 물론 문자나 도형, 그리고 특수 문자 등을 모두 처리할 수 있어야 한다. 이런 숫자, 문자, 특수 문자 등을 함께 표현할 수 있는 코드를 알파뉴메릭 코드, 또는 알파메릭 코드(alphameric code)라 한다.

표준 BCDIC(Standard Binary Coded Decimal Interchange Code), EBCDIC (Extended BCDIC), ASCII(American Standard Code for Information Interchange) 등은 영문자를 표현하는 코드이고 우리나라 한글 2바이트 완성형 코드 및 조합형 코드는 공업진흥청으로부터 표준화된 한글 표현 코드이다. 이 한글 표준 코드들은 7[bit] ASCII 코드를 포함하고 한글, 한자, 그림 기호, 도형 문자 등을 표현할 수 있다. 컴퓨터는 숫자뿐만 아니라 문자도 다룰 수 있어야 한다.

(1) ASCII 코드

대부분의 마이크로 컴퓨터나 미니컴퓨터 그리고 데이터 통신 등에 가장 널리 쓰이는 코드가 미국 표준코드 ASCII(American Standard Code for Information Interchange)이다. 이 ASCII 코드는 7[bit] 코드로서 128개의 서로 다른 문자를 표시할 수 있다. 이들은 다음과 같다.

■ 10진 숫자 : '0' ~ '9'(10개)

■ 영문자 : 대문자 'A' ~ 'Z'(26개), 소문자 'a' ~ 'z'(26개)

■ 기호 문자 : 'SP(space)', '!', '#', '%', '$', '&' 등(33개)

■ 제어 문자 : NUL, SOH, STX, ETX, EOT, DEL 등

10진 숫자에 대한 코드는 전체 비트들 중 맨 왼쪽 3[bit](비트 위치 b_7, b_6, b_5)가 011이고 나머지 비트(비트 위치 b_4, b_3, b_2, b_1)들은 BCD 코드와 동일한 값을 가지고 있다. 제어 문자(control character)는 데이터 전송시 필요한 제어 기능과 컴퓨터 또는 외부 장치의 기능을 제어하고자 할 때 사용된다. 이 ASCII 코드는 전체 7[bit] 코드로 구성되어 있으나 실제로는 이것을 사용 할 때 에러 검출용 패리티 비트 1[bit]를 추가하여 8[bit]로 전송한다. 이를 ASCII-8 코드라고 한다. 그림 3-3은 ASCII-8 코드의 구성을 보인 것이다.

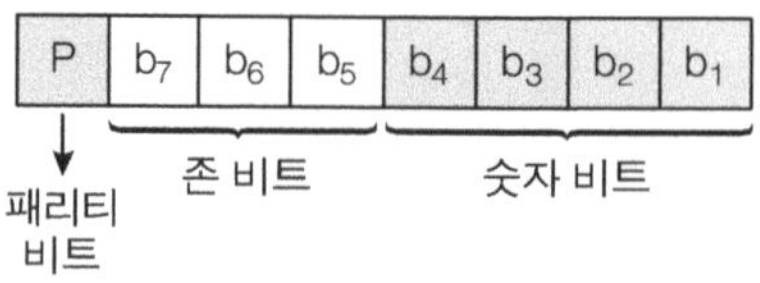

그림 3-3. ASCII-8 코드의 구성

표 3-6. ASCII 코드

MSB / LSB	Hex.	0	1	2	3	4	5	6	7
	Binary	000	001	010	011	100	101	110	111
0000		NUL	DLE	SP	0	@	P	'	p
0001		SOH	DC1	!	1	A	Q	a	q
0010		STX	DC2	"	2	B	R	b	r
0011		ETX	DC3	#	3	C	S	c	s
0100		EOT	DC4	$	4	D	T	d	t
0101		END	NAK	%	5	E	U	e	u
0110		ACK	SYN	&	6	F	V	f	v
0111		BEL	ETB	'	7	G	W	g	w
1000		BS	CAN	(	8	H	X	h	x
1001		HT	EM	)	9	I	Y	i	y
1010		LF	SUB	*	:	J	Z	j	z
1011		VT	ESC	+	;	K	[	k	{
1100		FF	FS	,	〈	L	＼	l	|
1101		CR	GS	-	=	M	]	m	}
1110		SO	RS	•	〉	N	∧	n	~
1110		SI	US	/	?	O	-	o	DEL

표 3-6은 10진 숫자와 알파벳 문자 그리고 몇 개의 특수 문자들에 대한 ASCII 코드를 표시한 것이다.

예를 들어 메시지 START 12.를 ASCII 코드로 표시하면 다음과 같다.

S	T	A	R	T	1	2	.
1010011	1010100	1000001	1010010	1010100	0110001	0110010	0101110

(2) EBCDIC 코드

EBCDIC(Extended Binary Coded Interchange Code)은 IBM에서 제정한 8[bit] 코드로서 256개의 서로 다른 문자를 표현할 수 있다. 그림 3-4는 8[bit] EBCDIC 코드의 구성을 보인 것이다.

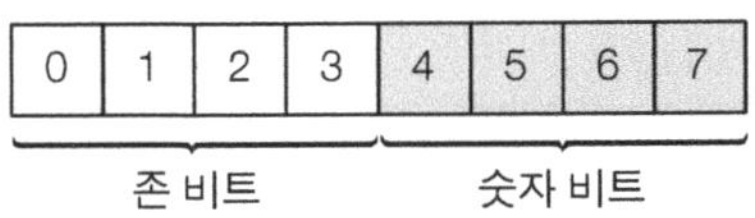

그림 3-4. EBCDIC 코드의 구성

이 코드는 8[bit] 부호이므로 바이트(BYTE) 단위로 또는 이의 정수배의 단위로 기억장치에서 읽거나 기억시킬 수 있는 기계에 적합한 코드이다.

(3) 에러 검출용 코드

에러 검출의 간단한 방법으로 패리티 방법을 가장 많이 사용한다. 패리티 비트(Parity bit)란 전송되는 1개의 문자마다 에러 검출을 위해 1[bit]씩 추가되는 비트이다. 패리티 비트는 전송되는 코드 묶음에 포함되는 1의 개수에 따라 홀수 아니면 짝수로 만드는 두 가지 방법이 있다.

- 코드 그룹의 1의 개수가 홀수가 되도록 만드는 방법을 기수 패리티(odd parity) 방법이라고 한다.
- 코드 그룹의 1의 개수가 짝수가 되도록 만드는 방법을 우수 패리티(even parity) 방법이라고 한다.

패리티 방법을 쓸 때에는 송신기와 수신기 사이에 홀수 패리티를 사용할 것인지 아니면 짝수 패리티를 사용할 것인지를 미리 약속하여야 한다. 주로 짝수 패리티를 사용하나 특별히 좋은 점은 없다. 이 패리티 비트는 간단하고 효과적이나 단일 비트, 즉 1개의 비트 에러만을 검출할 수 있다. 에러가 2개의 비트에서 발생하는 경우에는 에러를 검출 할 수 없다.

표 3-7. 에러 검출용 코드

10진수	BCD code	odd parity	even parity	2-out-of-5	Bi-quinary code
0	0000	0000 1	0000 0	00011	0100001
1	0001	0001 0	0001 1	00101	0100010
2	0010	0010 0	0010 1	00110	0100100
3	0011	0011 1	0011 0	01001	0101000
4	0100	0100 0	0100 1	01010	0110000
5	0101	0101 1	0101 0	01100	1000001
6	0110	0110 1	0110 0	10001	1000010
7	0111	0111 0	0111 1	10010	1000100
8	1000	1000 0	1000 1	10100	1001000
9	1001	1001 1	1001 0	11000	1010000

에러를 검출하는 방법은 패리티 방법 외에 표 3-7과 같이 2-out-of-5 코드와 biquinary 코드(2-5진 코드) 등이 있다.

2-out-of-5 코드는 언 웨이티드 코드(unweight code)로서 각 코드의 그룹에 단지 1이 2개이다. 이 코드는 에러 검출이 쉬워 전화 통신에 이용되고 있다.

biquinary 코드는 7[bit] 코드로서 2-5진 코드라고도 한다. 이 코드는 50 43210의 자리 값을 갖는 웨이트 코드(weight code)이다. 즉, 이 코드는 2개의 1과 5개의 0으로 구성되는데 1은 50부분에 하나, 43210부분에 하나가 있어 전송시 1의 개수와 그 위치를 확인하면 쉽게 에러를 검출할 수 있다.

(4) 해밍 코드(hamming code)

패리티 방법은 단일 비트 에러만을 검출하기 위해 사용될 뿐이고 이 에러의 정정은 불가능하다. 그러나 해밍 코드는 에러를 검출함과 동시에 정정할 수 있도록 구성된 코드이다. 정보 비트의 수를 m이라고 할 때 필요한 패리티 비트의 수 p는 다음 식으로 구한다.

$$2^p \geq m+p+1$$

이 패리티 비트는 행 번호 2^0, 2^1, 2^2···자리에 위치하여야 한다.

예를 들어 8[bit]로 구성된 정보를 해밍 코드로 코드화하는데 필요한 패리티 비트 수를 구해보자. 위 식에서 $m=8$이므로 $p=4$가 되어야 한다. 즉, 4개의 패리티 비트가 필요하다.

이 패리티 비트는 행 번호 $2^0=1$, $2^1=2$, $2^2=4$, $2^3=8$번째 자리에 위치한다.

표 3-8. 우수 패리티를 가진 BCD코드의 해밍 코드

10진수	1행	2행	3행	4행	5행	6행	7행
	P_1	P_2	8	P_3	4	2	1
0	0	0	0	0	0	0	0
1	1	1	0	1	0	0	1
2	0	1	0	1	0	1	0
3	1	0	0	0	0	1	1
4	1	0	0	1	1	0	0
5	0	1	0	0	1	0	1
6	1	1	0	0	1	1	0
7	0	0	0	1	1	1	1
8	1	1	1	0	0	0	0
9	0	0	1	1	0	0	1

표 3-8는 8421 BCD코드를 해밍 코드화 한 것이다. 패리티 비트 즉, 해밍 비트(hamming bit)는 1, 2, 4행에 위치하고 정보 비트(message bit)는 3, 5, 6, 7행에 배열된다.

- P_1은 1, 3, 5, 7행의 짝수 패리티를 검사한다.
- P_2는 2, 3, 6, 7행의 짝수 패리티를 검사한다.
- P_3는 4, 5, 6, 7행의 짝수 패리티를 검사한다.

위 비트의 개수가 짝수이면 0(에러 없음)을 홀수이면 1(에러임)로 하여 $P_3P_2P_1$순의 2진수가 에러가 발생한 행의 번호이다.

예제 31 짝수 패리티를 가진 해밍 코드 1111001을 수신하였다. 이 코드에 한 개의 오류가 발생되었는지를 결정하고 오류가 있다면 이를 수정하라.

➔**해설** P_1 : 1, 3, 5, 7번의 짝수 패리티 검사 - error(1)

P_2 : 2, 3, 6, 7번의 짝수 패리티 검사 - error(1)

P_3 : 4, 5, 6, 7번의 짝수 패리티 검사 - no error(0)

따라서 $P_3P_2P_1 = 011_2 = 3_{10}$이므로 행 번호 3번 비트가 에러이다. 3번 비트가 1이므로 0으로 정정하여야 한다.

예제 32 우수 패리티를 가진 다음의 해밍 코드를 수신하였다.

1	2	3	4	5	6	7	← 행번호
P_1	P_2	8	P_3	4	2	1	
0	0	0	1	1	0	1	← 수신된 해밍 코드

이 코드에 단일 비트 에러가 발생되었다고 할 때 에러가 발생한 행 번호를 구하라.

➔**해설** P_1 : 1, 3, 5, 7번의 짝수 패리티 검사 - no error(0)

P_2 : 2, 3, 6, 7번의 짝수 패리티 검사 - error(1)

P_3 : 4, 5, 6, 7번의 짝수 패리티 검사 - error(1)

따라서 $P_3P_2P_1 = 110_2 = 6_{10}$이므로 행 번호 6번 비트가 에러이다. 6번 비트가 0이므로 1로 정정하여야 한다.

요약(SUMMARY)

01. 일반적으로 임의의 수를 표현하는데 사용하는 서로 다른 숫자의 개수를 그 진수의 기수(base 또는 radix)라 한다. 10진수의 기수는 10이고 2진수의 기수는 2이다.

02. 2진수로 나타낸 수에서 가장 왼쪽의 비트는 최상위 비트로 MSB, 가장 오른쪽의 비트는 최하위 비트로 LSB라고 한다.

03. 8진수에서 2진수로의 변환은 8진수 각각의 자릿수를 3[bit]의 2진수로 변환하면 되고 16진수에서 2진수로의 변환은 16진수 각각의 자릿수를 4[bit]의 2진수로 변환하면 된다.

04. 1의 보수는 주어진 2진수에서 0은 1로, 1은 0으로 바꾸어 놓은 것을 말하며, 2의 보수는 1의 보수를 구한 다음 가장 낮은 자리(LSB)에 1을 더한 것이다.

05. 수가 양수이면 부호 비트는 0, 음수이면 1이고, 크기는

- 부호와 절대값(signed-magnitude),
- 부호화된 1의 보수(signed-1's complement),
- 부호화된 2의 보수(signed-2's complement)

의 3가지 표현 방법을 사용한다.

06. 부호와 절대값에서 음수는 2진수로 표현된 절대값 앞에 음수를 표시하는 부호 비트 1을 붙여 나타낸다.

07. 부호화된 1의 보수방법으로 음수를 표현하는 시스템에서는 음수는 같은 절대값을

가지는 양수의 1의 보수이다. 즉, 부호 비트를 포함한 모든 비트를 1이면 0으로, 0이면 1로 바꾸면 된다.

08. 1의 보수 방법에서 0은 양수와 음수 두 가지가 있다. 양수의 0은 모든 비트가 0인 경우이며, 이 수의 1의 보수를 취하면 모든 비트가 1로 되는 음의 0이 된다.

09. 부호화된 2의 보수방법으로 음수를 표현하는 시스템에서는 음수는 같은 절대값을 가지는 양수의 2의 보수이다. 즉, 부호 비트를 포함한 수의 표현 전체에 2의 보수를 취하여 음수를 구한다.

10. 2의 보수 표현에서 0의 표현은 하나뿐이다. 즉, +0만 있고 -0은 없다.

11. 음수를 표현하는 3가지 표현 방법 중 부호화된 2의 보수 표현방법이 가장 널리 사용된다.

12. n[bit] 레지스터에서 1[bit]가 부호를 나타내고 나머지 $(n-1)$[bit]가 수의 크기를 나타낼 때 수의 표현 범위는 부호 절대값 또는 부호화된 1의 보수 표현 방식에서는

$$+(2^{n-1}-1) \sim -(2^{n-1}-1)$$

이다.

13. n[bit] 레지스터에서 1[bit]가 부호를 나타내고 나머지 $(n-1)$[bit]가 수의 크기를 나타낼 때 수의 표현 범위는 부호화된 2의 보수 표현에서는 +0만 있고 -0은 없으므로 수의 표현 범위는

$$+(2^{n-1}-1) \sim -2^{n-1}$$

이다.

14. 부호 절대값으로 나타낸 수에서 합산은 두 수의 부호가 같아야 한다. 만일 두 수의 부호가 다른 경우에는 합산 대신 뺄셈을 하여야한다.

15. 부호로 부호화된 2의 보수에 의해 표현된 수에서 합산은 합하는 수의 부호에 상관없이 부호 비트까지 포함하여 더하기만하고 올림수는 무시한다.

16. 부호로 부호화된 1의 보수에 의해 표현된 수에서 합산은 부호화된 2의 보수 합산과 같이 합하는 수의 부호에 상관없이 부호 비트까지 포함하여 더하기만하고 만일 올림수가 발생하면 추가로 연산 결과에 반드시 1을 더해 주어야 한다.

17. 정보 부호에는 수치 부호와 문자 부호(alphanumeric code)가 있다.

18. 10진수를 2진수로 표현하는 방법으로 가장 쉬운 방식이 BCD 부호이다. 0부터 9까지의 10진 숫자 각각을 서로 다르게 표시하기 위해 최소 4개의 비트를 사용하며 부호의 각 자리는 $8(2^3)$, $4(2^2)$, $2(2^1)$, $1(2^0)$의 값을 가지므로 8421 부호라고하며 10진수로의 변환이 쉬워 디지털 전압계, 주파수 카운터 및 디지털시계 등에 응용된다.

19. 3초과 코드는 BCD 코드의 단점인 산술 연산 문제를 보다 쉽게 해결하기 위한 코드로 비가중치 코드로 0과 1을 바꾸었을 때 9의 보수를 얻는 자기 보수형 코드이다.

20. 그레이 코드는 한 수에서 다른 수로 진행할 때 오직 한 비트 만 변화하기 때문에 연속적으로 변화하는 양을 부호화하는데 적합하며 비가중치 코드로서 입·출력 장치 또는 아날로그/디지털 변환기에 사용되며 연산에는 부적당하다.

21. ASCII 코드는 7[bit] 코드로서 128개의 서로 다른 문자를 표시할 수 있으며 EBCDIC은 IBM에서 제정한 8[bit] 코드로서 256개의 서로 다른 문자를 표현할 수 있다.

22. 패리티 비트란 전송되는 1개의 문자마다 에러 검출을 위해 1[bit]씩 추가되는 비트로 기수 패리티와 우수 패리티가 있다.

23. 해밍 코드는 에러를 검출함과 동시에 정정할 수 있는 코드로 정보 비트의 수가 m일 때 필요한 패리티 비트의 수 p는 $2^p \geq m+p+1$식으로 구한다. 패리티 비트는 행 번호 $2^0=1,\ 2^1=2,\ 2^2=4,\ 2^3=8\ \cdots$ 번째 자리에 위치한다.

연습문제

01. 다음 10진수를 2진수로 변환하라.

ⓐ 20.375 ⓑ 1998

ⓒ 12.0625

02. 다음 2진수를 10진수로 변환하라.

ⓐ 1010.011 ⓑ 10.10001

ⓒ 101110.0101 ⓓ 1101101.111

03. 다음을 계산하라.

ⓐ 8진수 623.77_8을 10진수, 2진수, 16진수로 변환하라.

ⓑ 10진수 49.21875_{10}을 8진수로 변환하라.

ⓒ 16진수 $F109$을 2진수로 변환하라.

04. 다음을 계산하라.

ⓐ 16진수 $32D$을 8진수로 변환하라.

ⓑ 10진수 250.5_{10}을 2진수, 8진수, 16진수로 변환하라.

05. 다음 수를 10진수로 변환하라.

ⓐ 12121_3 ⓑ 1032.2_4

ⓒ 4310_5 ⓓ 198_{12}

06. 다음 2진수의 1의 보수와 2의 보수를 구하라.

ⓐ 1010101 ⓑ 0111000

ⓒ 10000 ⓓ 0000

07. 2의 보수로 나타낸 수에서 $(-17)+(-4)$을 계산하라.

08. 8[bit] 메모리 워드에서 비트 패턴 11101101_2는 ①부호와 절대치, ②부호와 1의 보수, ③부호와 2의 보수로 해석될 수 있다. 각각 대응되는 10진수를 순서대로 나타내어라.

09. 다음 2진 감산을 1의 보수를 이용하여 구하라.

ⓐ 11011 − 1101　　ⓑ 10010 − 10011

ⓒ 100 − 110000

10. 다음 2진 감산을 2의 보수를 이용하여 구하라.

ⓐ 11011 − 1101　　ⓑ 10010 − 10011

ⓒ 100 − 110000

11. 컴퓨터에서 보수를 사용하는 이유는 무엇인가?

12. 부호 비트를 포함한 32[bit]로 된 레지스터가 있다. 2의 보수로 취할 수 있는 최소값은?

13. 다음을 계산하라.

ⓐ 2진수 11010111.110_2을 10진수, 8진수, 16진수로 변환하라.

ⓑ 10진수 225.225_{10}을 2진수, 8진수, 16진수로 변환하라.

ⓒ 16진수 $2AC5.D_{16}$을 10진수, 8진수, 2진수로 변환하라.

14. 다음을 계산하라.

ⓐ 12진수 $(198)_{12}$을 10진수로 변환하라.

ⓑ 3진수 $(12121)_3$을 10진수로 변환하라.

ⓒ 10진수 250.5_{10}을 3진수, 4진수, 7진수로 변환하라.

15. 다음 2진 감산의 결과를 구하라.

$$\begin{array}{r} 11010101 \\ -\ 10101100 \\ \hline \end{array}$$

16. 다음 2진 감산의 결과를 구하라.

$$\begin{array}{r} 1011101 \\ -\ 1101100 \\ \hline (\qquad\qquad)_2 \end{array}$$

17. 10진수 437을 BCD 코드로 표시하라.

18. 462_{10}을 3초과 코드로 표시하라.

19. $A = 0110$, $B = 1000$의 두 3초과 코드의 수를 합산한 결과를 구하라.

20. 그레이 코드 1110을 2진수로 변환하라.

21. 2진수 1001011을 그레이 코드로 변환하라.

22. 비가중 코드로써 1[bit]씩 변화하면서 새로운 코드를 생성하므로 아날로그-디지털 변환에 유효하게 사용되는 코드의 명칭을 써라.

23. 입력선마다 8[bit]로 구성된 정보를 해밍코드로 코드화하기 위하여 요구되는 패리티 비트의 수를 구하라.

24. 코드 101101010을 수신하였다. 몇 번째 비트가 에러 비트인지를 구하라. 단, 4개의 패리티 비트가 있고 기수 패리티가 사용된다.

25. 전체 75[bit]를 사용하는 해밍 코드에서 패리티 비트의 수를 구하라.

26. 우수 패리티를 사용하여 BCD 수 코드 1001에 대한 단일 에러 교정 코드 즉, 해밍 코드를 구하라.

27. 자기 보수(Self-complementary) 기능을 갖는 코드를 써라.(3가지 이상)

Chapter 04 논리 연산과 게이트

(Logic operation and gates)

디지털 공학에서는 분석과 설계에 부울 대수를 사용한다. 이 부울 대수는 3개의 기본 연산, 즉 AND, OR, NOT 만을 사용한다. 이 기본 동작을 논리 연산이라고 한다.

논리 연산은 2진수의 연산과 유사한 것으로서 AND 연산과 OR 연산은 각각 승산, 가산과 유사하다.

4.1 논리 연산

논리 연산은 두 개의 이산 값에 적용되는 논리적 의미를 갖는 연산들을 의미한다. 이 논리 연산의 종류에는 AND(논리곱), OR(논리합), NOT(논리 부정) 연산만을 사용한다.

(1) AND(논리곱)

AND 연산의 연산자는 도트(dot) · 기호로 표시하거나 이를 생략한다.

$$x = A \cdot B \quad \text{또는} \quad x = AB$$

이 식은 "A AND B는 x와 같다." 라고 읽는다.

AND 연산은 $A = 1$이고 $B = 1$일 때만 $x = 1$로 작용하고 그 외의 경우는 $x = 0$이다. 이 AND 연산을 요약하여 설명하면 다음과 같다.

■ AND 연산은 일반 곱셈과 같이 연산한다.

■ AND 연산은 모든 입력이 1일 때만 출력이 1이 된다.

■ AND 연산은 입력 변수 중 하나라도 논리 상태가 0이면 결과는 0이 된다.

다음 표 4-1은 AND 연산 규칙을 보인 것이다.

표 4-1. AND 연산 규칙

A	B	$x=A\cdot B$
0	0	$0\cdot 0=0$
0	1	$0\cdot 1=0$
1	0	$1\cdot 0=0$
1	1	$1\cdot 1=1$

(2) OR(논리합)

OR 연산의 연산자는 플러스(plus), 즉 + 기호로 표시한다.

$$x=A+B$$

이 식은 "A OR B는 x와 같다." 라고 읽는다. OR 연산은 $A=B=0$일 때만 $x=0$이 되고 그 외의 경우는 $x=1$이다. 이 OR 연산을 요약하여 설명하면 다음과 같다.

■ OR 연산은 입력 중 하나라도 1이면 결과는 1이다.

■ OR 연산은 모든 입력이 0일 때만 출력이 0이 된다.

■ OR 연산은 $1+1=1$, $1+1+1=1$이다.

다음 표 4-2는 OR 연산 규칙을 보인 것이다.

표 4-2. OR 연산 규칙

A	B	$x=A+B$
0	0	$0+0=0$
0	1	$0+1=1$
1	0	$1+0=1$
1	1	$1+1=1$

(3) NOT(논리 부정)

NOT 연산의 연산자는 프라임(prime), 즉 ′ 또는 바(bar)로 표시한다.

$$x = A' = \overline{A}$$

이 식은 "A의 보수는 x와 같다." 또는 "A의 bar는 x와 같다." 로 읽는다. 이 NOT 연산은 입력이 0일 때 출력은 1이 되고 입력이 1일 때는 출력은 0이 된다. 다음 표 4-3은 NOT 연산 규칙을 보인 것이다.

표 4-3. NOT 연산 규칙

A	$x = A'$
0	$0' = 1$
1	$1' = 0$

4.2 논리 게이트의 종류

디지털 논리 회로를 구성하는데 쓰이는 기본 논리 게이트로는 AND 게이트, OR 게이트, NOT 게이트 세 가지가 있다. 논리 게이트는 입력 신호에 대해 기본 논리 연산을 수행하도록 다이오드, 트랜지스터, FET, 저항 등을 사용하여 회로를 구성한다. 이 게이트에서는 실제로 두 가지 전압 레벨을 사용한다.

(1) 정논리와 부논리

높은 전압(High level) H를 논리 1, 낮은 전압(Low level) L을 논리 0이라고 할 때 이를 정논리(positive logic)라고 한다. 또 낮은 전압 L을 논리 1, 높은 전압 H를 논리 0이라고 할 때 이를 부논리(negative logic)라고 한다.

(a) 정논리 (b) 부논리

그림 4-1. 정논리와 부논리

일반적으로 디지털 시스템에서 사용되는 논리는 정논리이며, 특별한 언급이 없는 한 모두 정논리로 취급하여 해석한다. 진리표는 여러 입력의 논리 상태 조합에 따른 논리 회로의 출력 변화를 표로 나타낸 것이다. n입력 진리표에서 입력 조합의 수는 2^n개다. 즉, 2입력이면 4개의 조합을 얻고, 3입력이면 8개의 조합을 얻는다. 기본 게이트로 AND, OR, NOT이 있으며, 이의 응용으로 NAND, NOR, 배타적 OR, 배타적 NOR 등이 있다. 이 중 NAND, NOR 게이트는 이 게이트들만으로 다른 기본적인 함수를 수행할 수 있어 범용 게이트(universal gate)라고 한다.

4.3 AND 게이트

AND 게이트는 논리곱을 수행하는 기능을 가지며 2개 또는 그 이상의 입력과 한 개의 출력으로 구성된다.

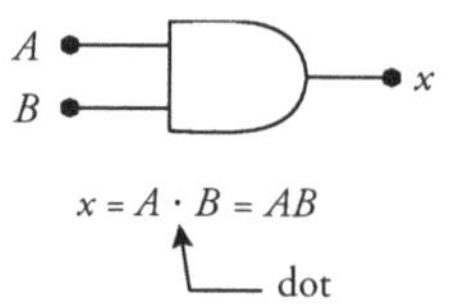

(a) 기 호

입력		출력
A	B	x
0	0	0
0	1	0
1	0	0
1	1	1

(b) 진리표

그림 4-2. AND 게이트

이 AND 게이트는 모든 입력이 논리 1인 경우에만 출력이 논리 1이고 그렇지 않은 모든 경우에는 0이 된다. 위 그림 4-2에서 (a)는 2입력 AND 게이트이고 (b)는 진리표이다. 즉, 입력 $A=B=1$인 경우 출력 $x=1$이 된다.

예제 01 2입력 AND 게이트에 입력 파형이 가해질 때 출력 x에서의 파형을 그려라.

➔해설

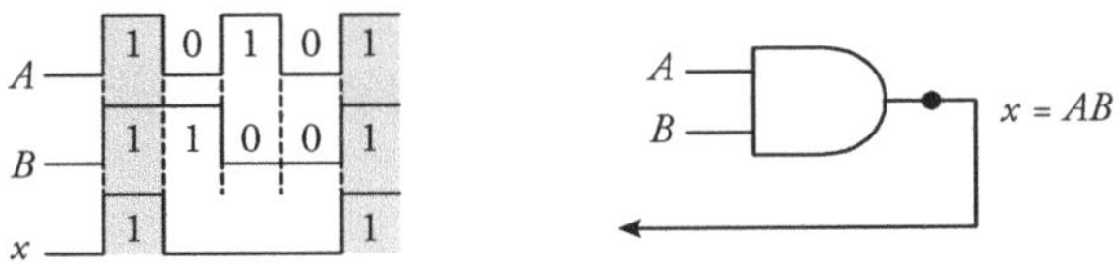

그림 4-3은 3입력을 가진 AND 게이트의 논리기호 및 진리표이다. 입력이 3개이므로 가능한 입력 조합의 수는 $2^3 = 8$개다.

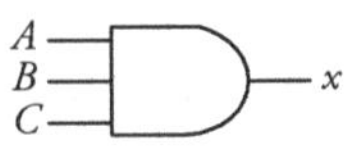

$x = ABC$

(a) 논리기호 및 함수

입 력			출 력
A	B	C	Y
0	0	0	0
0	0	1	0
0	1	0	0
0	1	1	0
1	0	1	0
1	1	0	0
1	1	1	1

(b) 진리표

그림 4-3. AND 게이트

다음 그림 4-4는 3입력 AND 게이트와 4입력 AND 게이트를 보인 것이다.

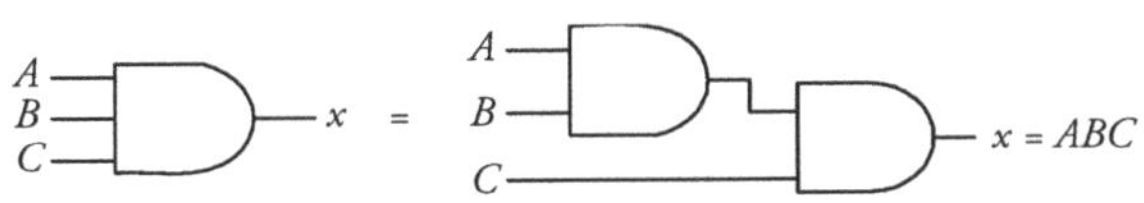

(a) 3-입력 AND 게이트

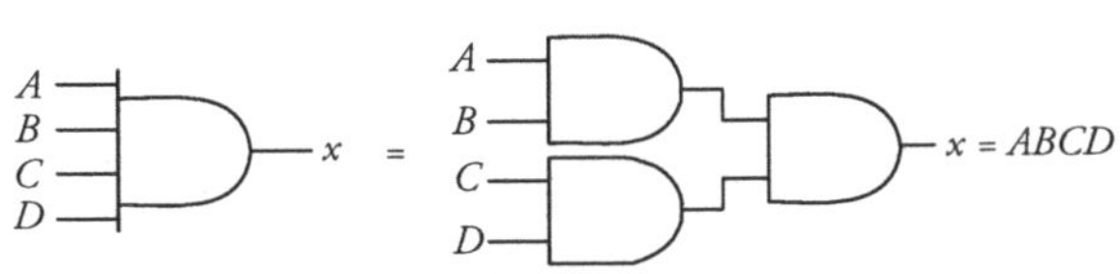

(b) 4-입력 AND 게이트

그림 4-4. 다 입력 AND 게이트

4.3.1 TTL AND IC

다음은 AND 게이트들을 포함하고 있는 TTL IC의 종류를 보인 것이다.

- 7408 quad 2-입력 AND(TTL 계열)
- 7411 triple 3-입력 AND(TTL 계열)
- 7421 dual 4-입력 AND(TTL 계열)

그림 4-5(a)의 7408IC는 4개의 2입력 AND 게이트를 포함하고 있다. IC의 전원은 GND(7번 핀)과 V_{CC}(14번 핀)을 통해 공급된다. 모든 TTL소자는 정격 전압으로 +5[V]를 사용하고 있다.

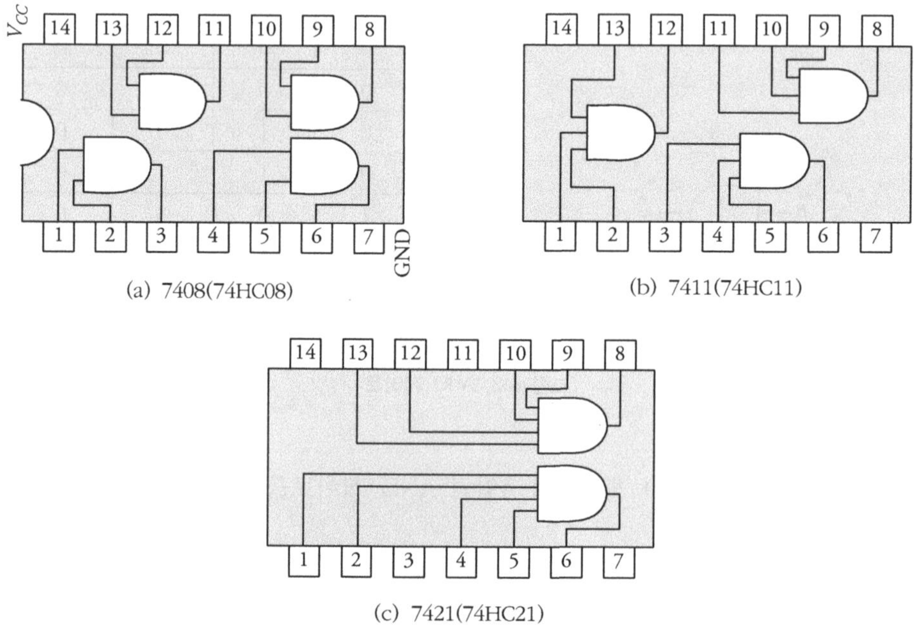

(a) 7408(74HC08)

(b) 7411(74HC11)

(c) 7421(74HC21)

그림 4-5. TTL IC AND 게이트

그림 4-6에서 보듯이 IC들의 모양을 DIP형 패키지(Dual In-line Package)라고 한다. IC 위의 홈(notch)으로 부터 반시계 방향으로 첫 번째 핀이 1번 핀이고, 이 1번 핀으로부터 시작하여 IC를 위에서 보았을 때 반시계 방향으로 차례대로 1번부터 14번까지 번호가 부여되며, IC의 전원은 7번 핀(GND)과 14번 핀(V_{CC})을 통해 공급된다.

모든 TTL소자는 정격 전압으로 +5[V](dc)를 사용하고 있다. 또한, 1번 핀의 위치를 결정하기 위해 그림 4-6(b)에서와 같이 점(dot)을 표기하기도 한다.

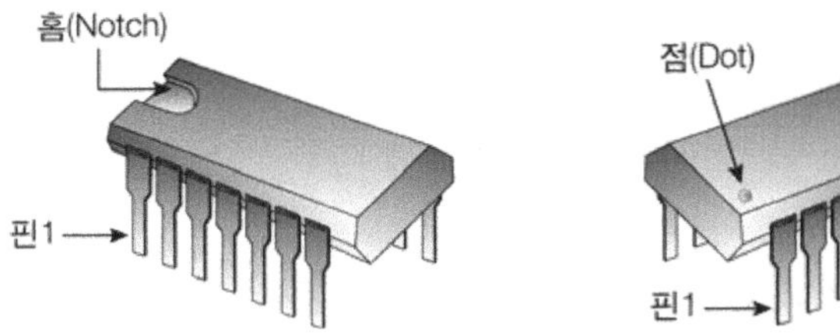

(a) (b)

그림 4-6. DIP형 패키지

그림 4-7은 TTL IC의 위쪽 부분을 본 것이다. 문자 "SN"은 제조회사가 Texas Instruments 사라는 것을 나타낸다. 마지막의 "J"는 세라믹 DIP형 패키지를 의미한다. 이러한 패키지를 상용 등급(commercial grade)이라고도 한다. 이 IC에서 핵심 부품 번호는 74LS08이며, "LS"는 TTL IC의 종류를 나타내는 것으로 저전력 쇼트키(Low-power Schottky)를 의미한다.

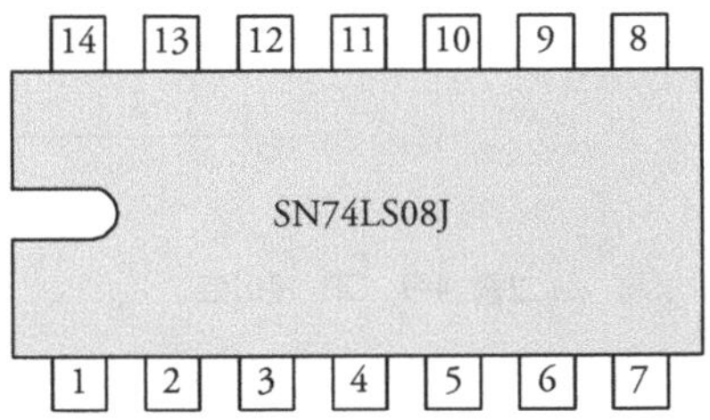

그림 4-7. TTL IC의 위 쪽

7400 계열 IC의 핵심 부품 번호에 포함되어 있는 내부 문자들은 디지털 IC의 동작 속도, 전력 소모량 등과 관계가 있으며, 이러한 동작속도와 전력 소모량의 차이 때문에 디지털 IC를 교체할 때는 정확한 부품 번호에 의해 교체할 것을 제조 회사들은 권고하고 있다.

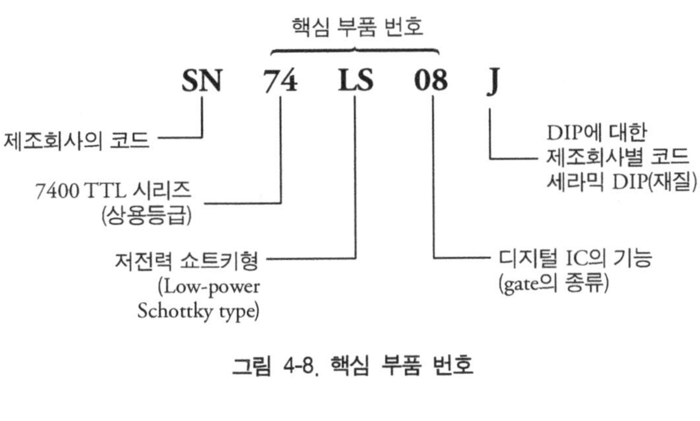

그림 4-8. 핵심 부품 번호

4.4 OR 게이트

OR 게이트는 논리합을 수행하는 기능을 가진다. 2개 또는 그 이상의 입력과 하나의 출력으로 구성된다. 이 OR 게이트는 입력 A나 B중 하나가 또는 둘 다 논리 1일 때 출력이 논리 1이 된다. 그림 4-9에서 (a)는 2입력 OR 게이트이고 (b)는 진리표이다. 즉, 입력 A 또는 B가 1일 때 출력 $x=1$이 된다.

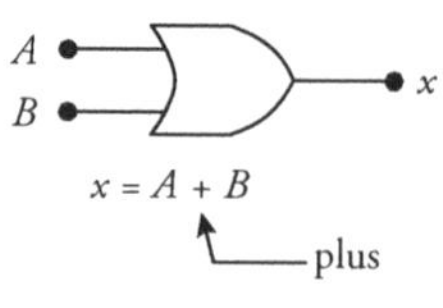

(a) 기 호

입력		출력
A	B	x
0	0	0
0	1	1
1	0	1
1	1	1

(b) 진리표

그림 4-9. OR 게이트

예제 02 2입력 OR 게이트에 입력 파형이 가해질 때 출력 x에서의 파형을 그려라.

➔해설

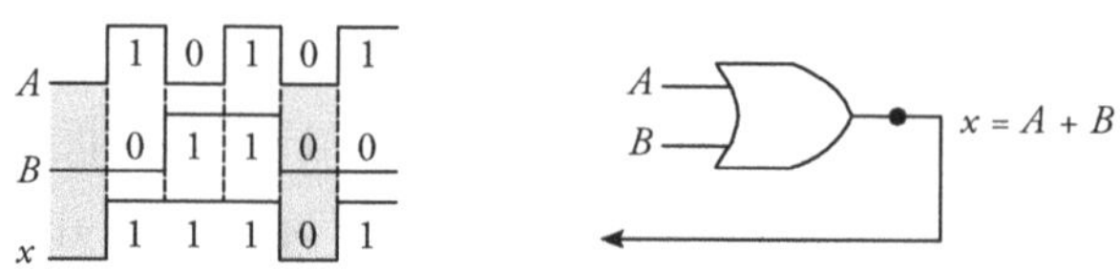

다음 그림 4-10는 2입력 OR 게이트만을 이용하여 3입력 OR 게이트와 4입력 OR 게이트를 만드는 방법을 보인 것이다.

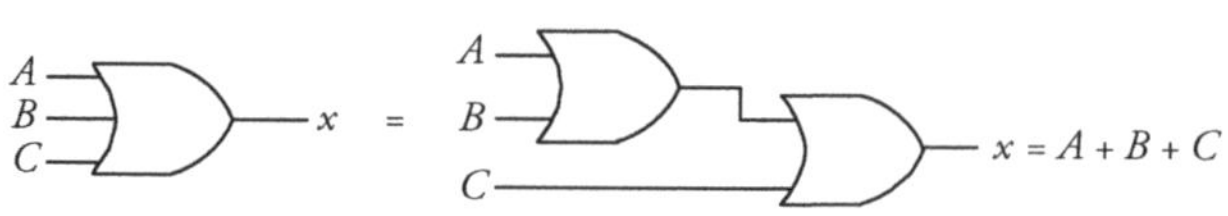

(a) 3-입력 OR 게이트

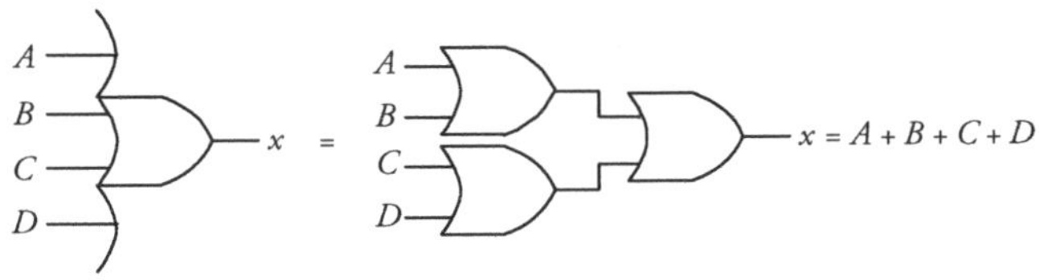

(b) 4-입력 OR 게이트

그림 4-10. 다 입력 OR 게이트

(1) TTL OR and CMOS OR IC

다음 그림 4-11은 OR 게이트들을 포함하고 있는 IC의 종류를 보인 것이다.

- 7432 quad 2-입력 OR(TTL 계열)
- 4075 triple 3-입력 OR(CMOS 계열)
- 4072 dual 4-입력 OR(CMOS 계열)

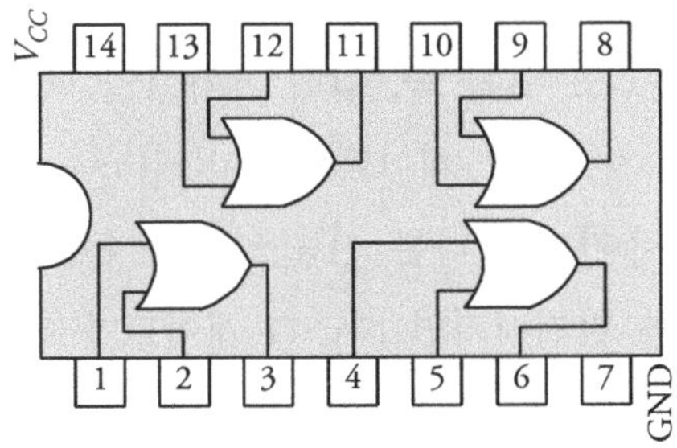

(a) 7432(74HC32)

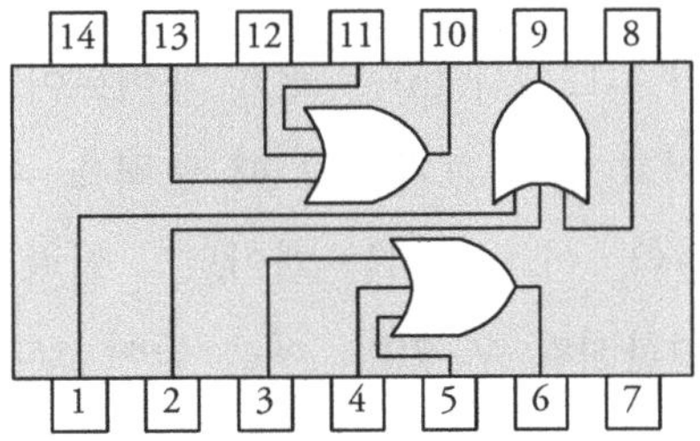

(b) 4075(74HC4075)

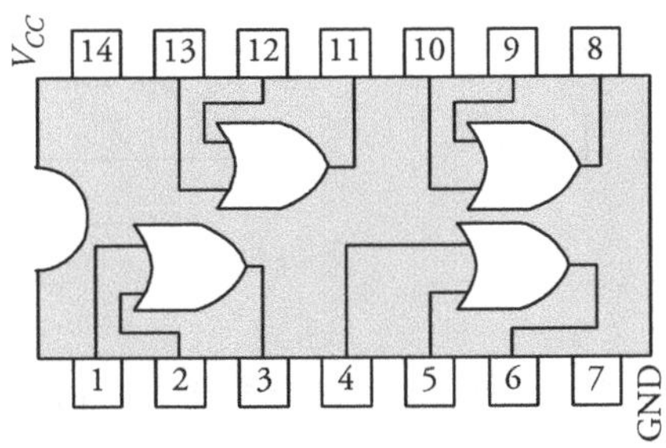

(c) 4072(74HC4072)

그림 4-11. TTL OR and CMOS OR IC

4.5 NOT 게이트

NOT 게이트는 하나의 입력과 하나의 출력을 갖는 논리 소자이다. 이 NOT 게이트는 반전(invert) 또는 보수(compliment)기능을 수행한다.

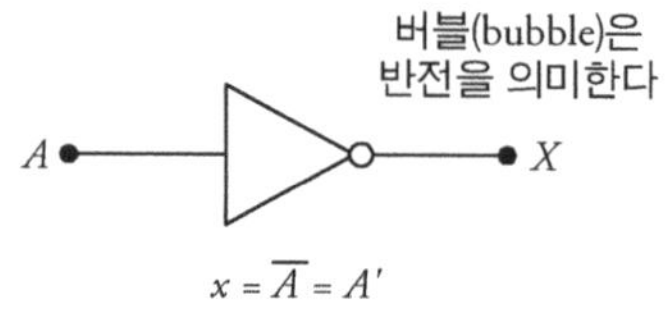

(a)

입력	출력
A	x
0	1
1	0

(b)

그림 4-12. NOT 게이트

위 그림 4-12에서 (a)는 NOT 게이트이고 (b)는 진리표이다. 즉, 입력 A가 1일 때 출력 $x=0$이고 입력 A가 0일 때 출력 $x=1$이 된다. 이 NOT 게이트를 인버터(inverter)라고도 한다. 이 인버터는 게이트의 입력과 출력에 추가되어 다른 기능을 갖는 논리 게이트로 변환시킬 수 있다. 예를 들어 AND 게이트를 반전시키면 NAND 게이트가 된다.

예제 03 NOT 게이트에 입력 파형이 가해질 때 출력 x에서의 파형을 그려라.

➔ **해설**

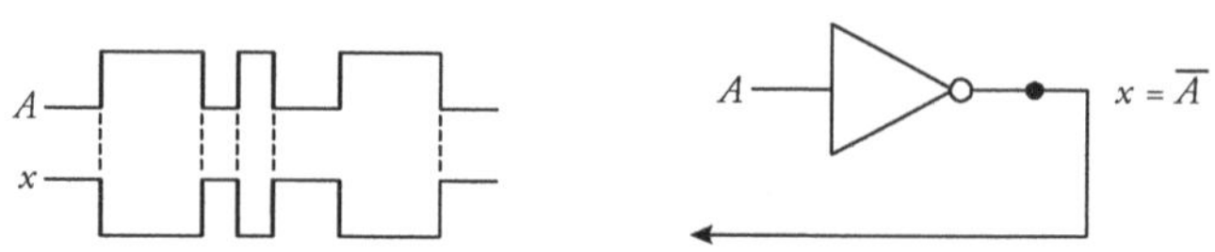

(1) TTL NOT gate

그림 4-13(a)는 7404 Hex 인버터이고 그림 4-13(b)는 4049 Hex 인버터 즉, NOT 게이트들을 포함하고 있는 IC의 종류를 보인 것이다.

- 7404 Hex 인버터(TTL 계열)
- 4049 Hex 인버터(CMOS 계열)

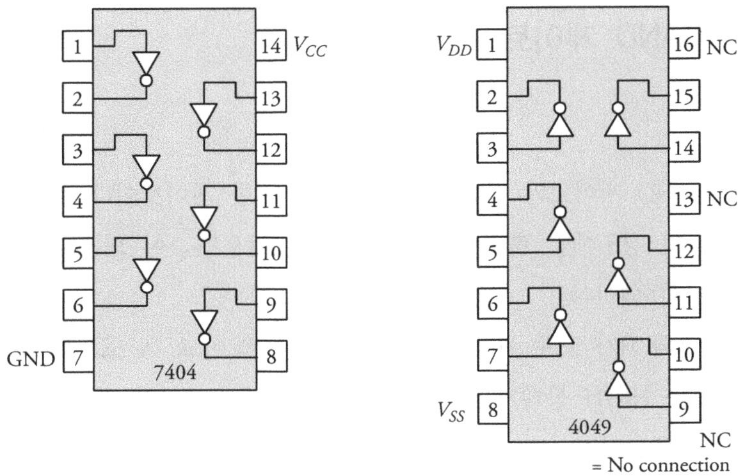

(a) 7404 TTL INVERTER (b) 4049 MOS INVERTER

그림 4-13. TTL NOT 게이트

(2) Buffer gate

버퍼는 하나의 입력과 하나의 출력을 가진다. 이 버퍼는 논리적 기능이 없으며 단지 전달기능만을 수행한다.

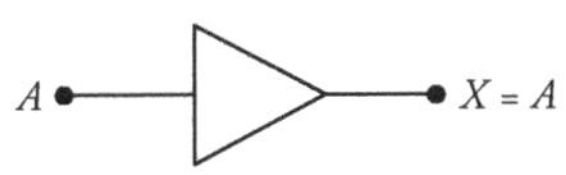

(a)

입력	출력
A	x
0	0
1	1

(b)

그림 4-14. TTL NOT 게이트

위 그림 4-14에서 (a)는 버퍼 게이트이고 (b)는 진리표이다. 즉, 입력 A가 1일 때 출력 $x=1$이고 입력 A가 0일 때 출력 $x=0$이 된다.

4.6 NAND 게이트

NAND 게이트는 AND 게이트와 인버터를 직렬로 연결한 게이트이다. 이 NAND 게이트는 입력이 모두 1인 경우에만 출력이 0이고 그렇지 않으면 1이 되는 회로이다. 즉, 출력은 AND 게이트의 역이다.

NAND 게이트는 A와 B가 모두 HIGH일 때만 x는 LOW이고, A 또는 B중 어느 하나가 LOW이면 출력 x는 HIGH 상태가 된다. 그림 4-15에서 (a)는 2입력 NAND 게이트이고 (b)는 진리표이다. 즉, 입력 $A = B = 1$인 경우만 출력 $x = 0$이 된다.

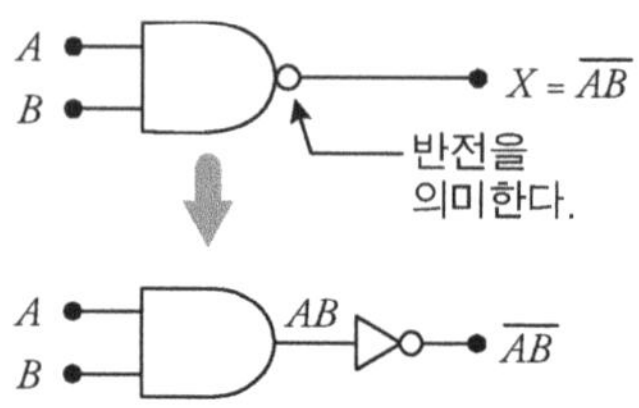

(a) 기 호

입력		출력
A	B	x
0	0	1
0	1	1
1	0	1
1	1	0

(b) 진리표

그림 4-15. NAND 게이트

예제 04 NAND 게이트에 입력 파형이 가해질 때 출력 x에서의 파형을 그려라.

➔해설

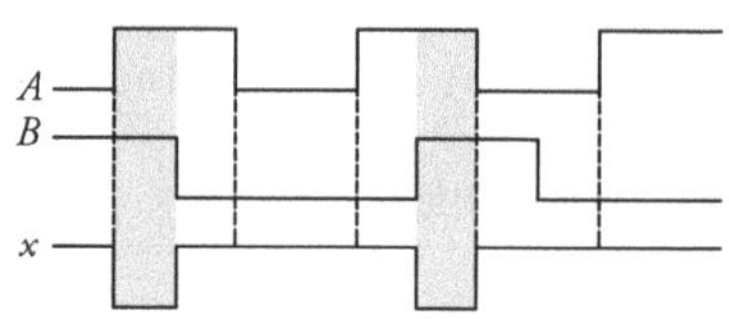

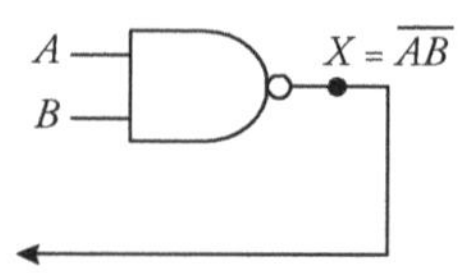

(1) NAND IC

그림 4-16은 NAND 게이트들을 포함하고 있는 IC의 종류를 보인 것이다.

- 7400 quad 2-입력 NAND(TTL 계열)
- 4011 quad 2-입력 NAND(CMOS 계열)

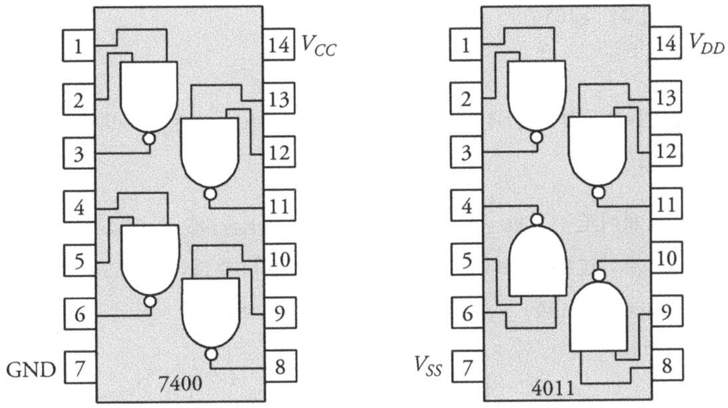

(a) 7400 TTL NAND (b) 4011 CMOS NAND

그림 4-16. NAND IC

4.7 NOR 게이트

NOR 게이트는 OR 게이트와 인버터를 직렬로 연결한 게이트이다. 이 NOR 게이트는 입력이 모두 0인 경우에만 출력이 1이고 그렇지 않으면 0이 되는 회로이다. 즉, 출력은 OR 게이트의 역이다.

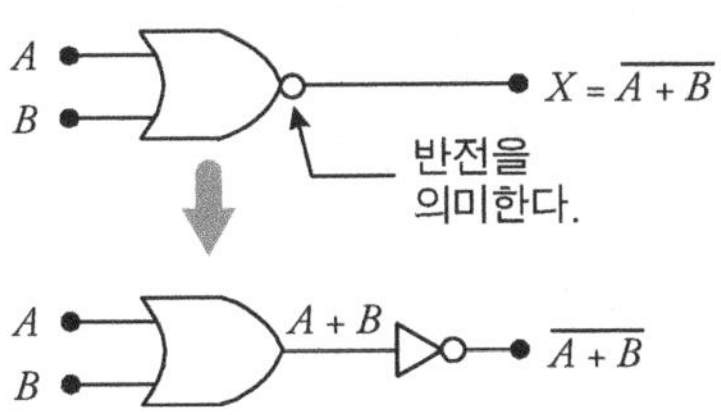

(a) 기 호

입력		출력
A	B	x
0	0	1
0	1	0
1	0	0
1	1	0

(b) 진리표

그림 4-17. NOR 게이트

위 그림 4-17에서 (a)는 2입력 NOR 게이트이고 (b)는 진리표이다. 즉, 입력 $A = B = 0$

인 경우만 출력 $x=1$이 된다.

예제 05 그림의 2입력 NOR 게이트에 입력 파형이 가해질 때 출력 x에서의 파형을 그려라.

➔해설 NOR 게이트는 OR 게이트와 인버터(inverter)를 직렬로 연결한 게이트이다. 이 NOR 게이트는 입력이 모두 0인 경우에만 출력이 1이고 그렇지 않으면 0이 되는 회로이다. 즉, 출력은 OR 게이트의 역이다.

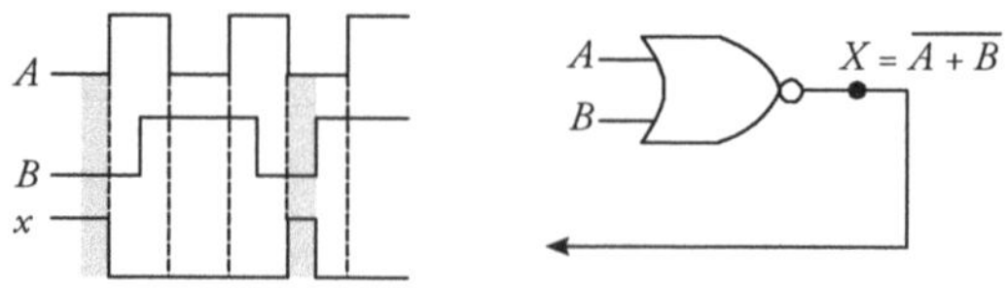

(1) NOR IC

그림 4-18은 NOR 게이트들을 포함하고 있는 IC의 종류를 보인 것이다.

- 7402 quad 2-입력 NOR(TTL 계열)
- 4001 quad 2-입력 NOR(CMOS 계열)

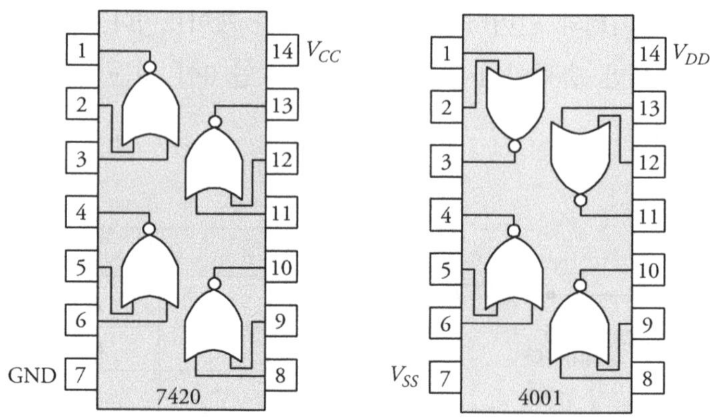

(a) 7402 TTL NOR (b) 4001 CMOS NOR

그림 4-18. NOR 게이트들을 포함하고 있는 IC

4.8 배타적 OR 게이트

배타적 OR(Exclusive OR) 게이트는 입력에 1이 홀수 개가 가해진 경우에만 출력이 1이 되는 반일치 회로이다. 이 회로를 XOR 또는 E-OR라고도 한다.

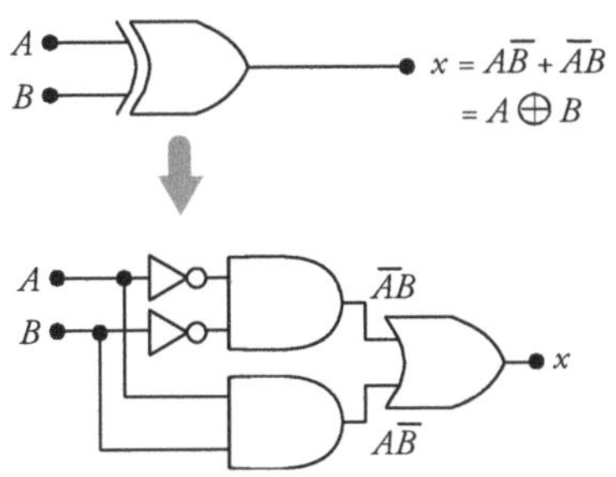

(a) 기 호

입력		출력
A	B	x
0	0	0
0	1	1
1	0	1
1	1	0

(b) 진리표

그림 4-19. 배타적 OR(Exclusive OR) 게이트

위 그림 4-19에서 (a)는 2입력 XOR 게이트이고 (b)는 진리표이다. 즉, 입력이 서로 다른 경우에만 출력 $x=1$이 된다.

예제 06 그림의 2입력 배타적 OR(XOR)게이트에 입력 파형이 가해질 때 출력 파형을 그려라.

➔**해설**

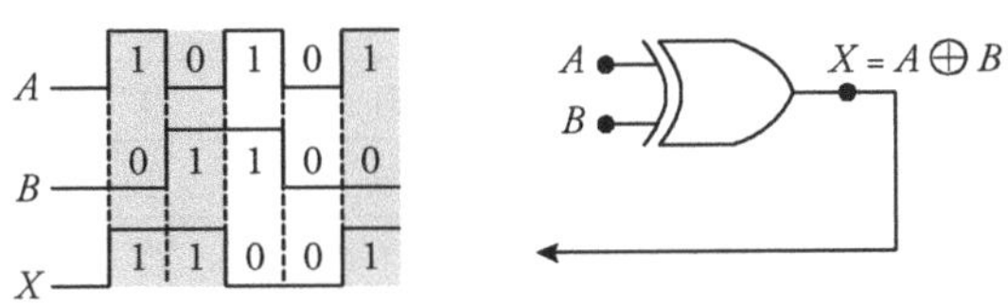

(1) XOR IC

그림 4-20은 두 개의 입력 중 어느 하나가 H일 때에 출력이 H로 동작하는 7486 quad 2-입력 XOR IC를 보인 것이다.

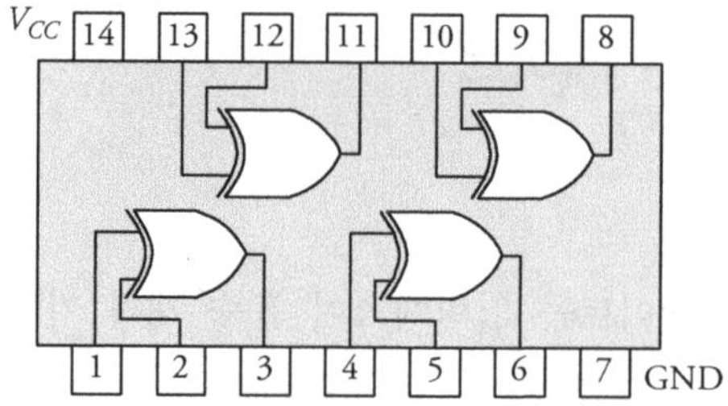

그림 4-20. 배타적 OR 게이트 IC

4.9 배타적 NOR 게이트

배타적 NOR(Exclusive NOR) 게이트는 배타적 OR 게이트와는 완전히 반대로 동작한다. 이 게이트는 배타적 OR 게이트 출력 단에 작은 원을 덧붙여 만든다. 배타적 NOR게이트는 입력에 1이 없거나 짝수 개인 경우에만 출력이 1이 되는 일치 회로이다. 이 회로를 XNOR 또는 E-NOR라고도 한다. 이 게이트는 XOR 게이트와 함께 패리티 비트 발생이나 검사에 이용된다.

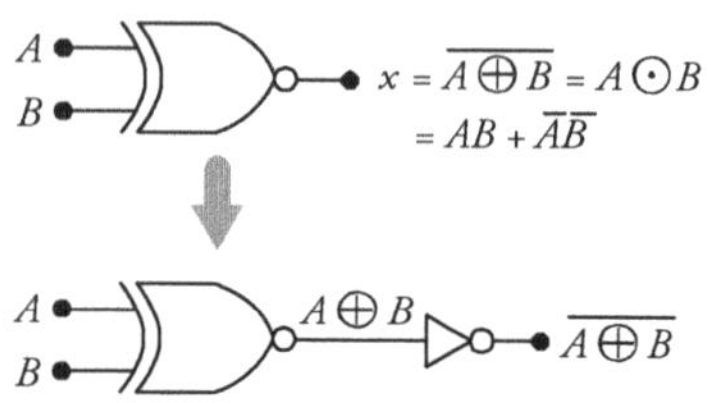

(a) 기 호

입력		출력
A	B	x
0	0	1
0	1	0
1	0	0
1	1	1

(b) 진리표

그림 4-21. 배타적 NOR(Exclusive NOR) 게이트

위 그림 4-21에서 (a)는 2입력 XNOR 게이트이고 (b)는 진리표이다. 즉, 입력이 같은 경우에만 출력 $x = 1$이 된다.

예제 07 그림은 2입력 XNOR 게이트이다. 이 2입력 XNOR 게이트에 입력 파형이 가해질 때 출력 x에서의 파형을 그려라.

➔해설

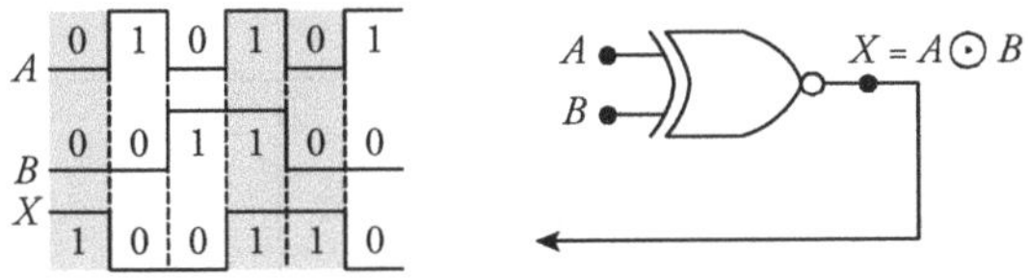

예제 08 다음 각 회로의 명칭을 설명하라.

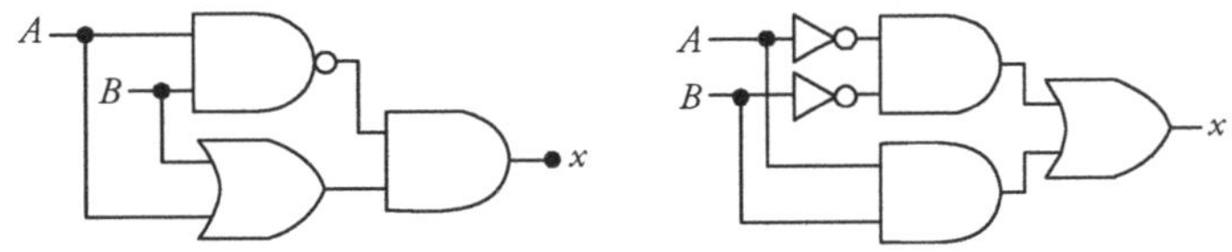

(a) (b)

➔해설 그림에서 (a) XOR 게이트이고, (b)는 XNOR 게이트이다.

(a) $x=(A+B)\overline{AB}$

(b) $x=AB+\overline{A}\,\overline{B}$

4.10 논리게이트 요약

이름	논리기호	논리함수	진리표
AND	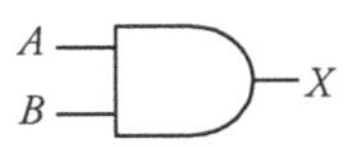	$X=A\cdot B$ $=\overline{\overline{A}+\overline{B}}$	A B | X 0 0 | 0 0 1 | 0 1 0 | 0 1 1 | 1
OR	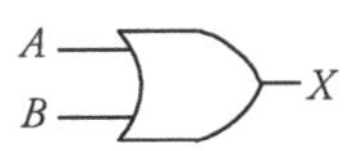	$X=A+B$ $=\overline{\overline{A}\cdot\overline{B}}$	A B | X 0 0 | 0 0 1 | 1 1 0 | 1 1 1 | 1

NOT	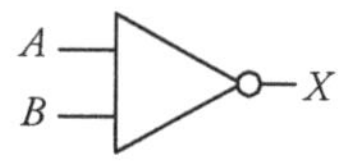	$X=\overline{A}$	A X 0 1 1 0
버퍼	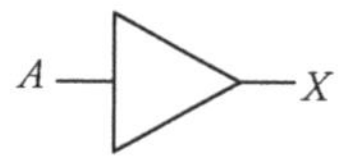	$X=A$	A X 0 0 1 1
NAND	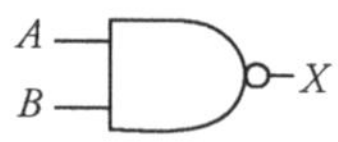	$X=\overline{A \cdot B}$ $=\overline{A}+\overline{B}$	A B X 0 0 1 0 1 1 1 0 1 1 1 0
NOR	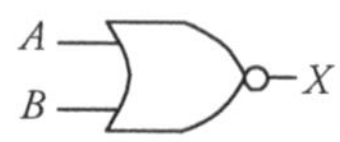	$X=\overline{A+B}$ $=\overline{A} \cdot \overline{B}$	A B X 0 0 1 0 1 0 1 0 0 1 1 0
XOR	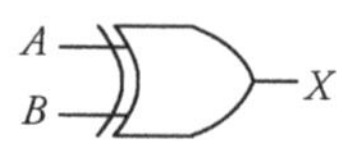	$X=A\overline{B}+\overline{A}B$ $=A\oplus B$	A B X 0 0 0 0 1 1 1 0 1 1 1 0
XNOR	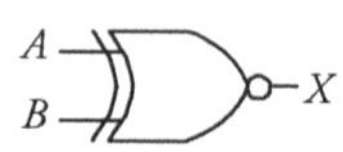	$X=AB+\overline{A}\,\overline{B}$ $=A\odot B$	A B X 0 0 1 0 1 0 1 0 0 1 1 1

요약(SUMMARY)

01. AND 연산은 입력 변수 중 하나라도 논리 상태가 0이면 결과는 0이 된다.

02. OR 연산은 입력 중 하나라도 1이면 결과는 1이다. 즉, OR 연산은 모든 입력이 0일 때만 출력이 0이 된다.

03. NOT연산은 입력이 0일 때 출력은 1, 입력이 1일 때는 출력은 0이 된다.

04. 높은 전압 H를 논리 1, 낮은 전압 L을 논리 0이라고 할 때 이를 정논리(positive logic)라고 한다. 반면 낮은 전압 L을 논리 1, 높은 전압 H를 논리 0이라고 할 때 이를 부논리(negative logic)라고 한다.

05. 진리표는 여러 입력의 논리 상태 조합에 따른 논리 회로의 출력 변화를 표로 나타낸 것이다.

06. n입력 진리표에서 입력의 조합의 수는 2^n개다. 즉, 2입력이면 4개의 조합을 얻고 3입력이면 8개의 조합을 얻는다.

07. NAND, NOR 게이트는 이들 게이트만으로 다른 기본적인 함수를 수행할 수 있어 범용 게이트(universal gate)라고 한다.

08. AND 게이트는 모든 입력이 1이어야 출력이 1, 그렇지 않으면 0이 되는 회로이다.

09. 다이오드 AND 게이트는 입력 중 가장 낮은 전압이 출력 전압이다.

10. OR 게이트는 입력 A나 B중 하나가 또는 둘 다 1일 때 출력이 1이 되는 회로이다.

11. 다이오드 OR 게이트는 모든 입력 중 가장 높은 전압이 출력 전압이다.

12. NOT 게이트는 반전(invert) 또는 보수(compliment)기능을 수행한다. 이 NOT 게이트를 인버터(inverter)라고도 한다.

13. 버퍼는 하나의 입력과 하나의 출력을 가진다. 이 버퍼는 논리적 기능이 없으며 단지 전달기능만을 수행한다.

14. NAND 게이트는 AND 게이트와 인버터를 직렬로 연결한 게이트이다. 이 NAND 게이트는 입력이 모두 1인 경우에만 출력이 0이고 그렇지 않으면 1이 되는 회로이다. 즉, 출력은 AND 게이트의 역이다.

15. NOR 게이트는 입력이 모두 0인 경우에만 출력이 1이고 그렇지 않으면 0이 되는 회로이다.

16. 배타적 OR 게이트는 입력에 1이 홀수 개가 가해진 경우에만 출력이 1이 되는 반일치 회로이다.

17. 배타적 NOR 게이트는 입력에 1이 없거나 짝수 개인 경우에만 출력이 1이 되는 일치 회로이다.

18. 배타적 NOR게이트는 XNOR 또는 E-NOR라고도 한다. 이 게이트는 XOR 게이트와 함께 패리티 비트 발생이나 검사에 이용된다.

연습문제

01. 기본 논리 게이트의 종류를 들고 진리표를 중심으로 이들을 설명하라.

02. NAND 게이트의 논리기호 및 함수 그리고 진리표를 작성하라.

03. XOR 게이트의 논리기호 및 함수 그리고 진리표를 작성하라.

04. 2입력 XNOR 게이트의 입력이 각각 0과 1일 때 그 결과는?

05. 그림의 2입력 AND 게이트에 입력 파형이 가해질 때 출력 x에서의 파형을 그려라.

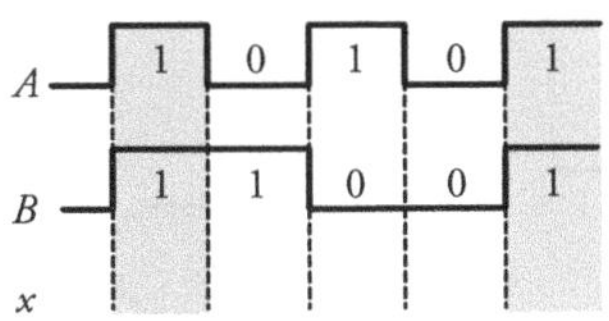

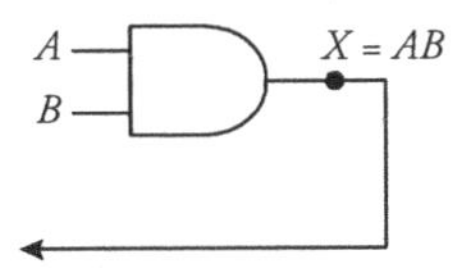

06. 출력 함수가 $Y = AB + \overline{A}\,\overline{B}$인 게이트는?

07. 다음 게이트의 진리표를 작성하라.

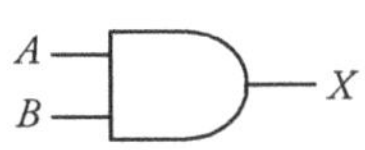

입력		출력
A	B	x
0	0	
0	1	
1	0	
1	1	

08. 다음 게이트의 함수식과 진리표를 작성하라.

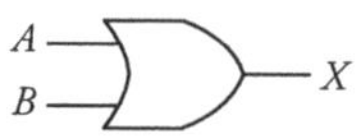

입력		출력
A	B	x
0	0	
0	1	
1	0	
1	1	

09. 다음 그림의 논리식과 진리표를 작성하라.

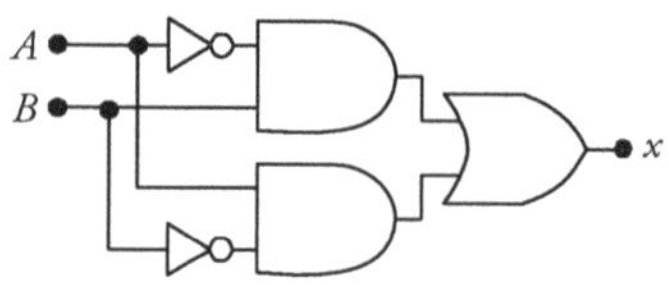

(a) 논리 회로

$X =$

(b) 논리식

입력		출력
A	B	x
0	0	
0	1	
1	0	
1	1	

(c) 진리표

10. 다음 그림의 2입력 NOR 게이트에 입력 파형이 가해질 때 출력 x에서의 파형을 그려라.

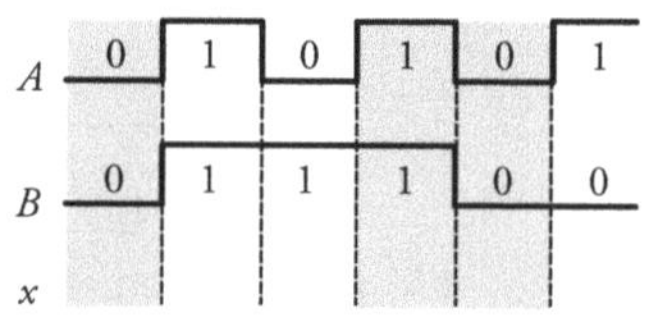

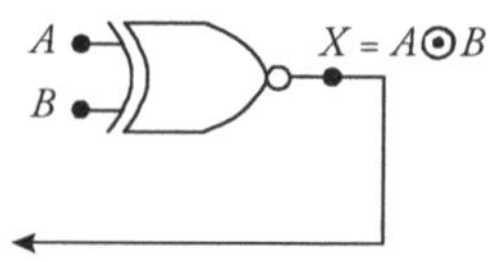

Chapter 05 부울 대수의 기초

(Fundamentals of Boolean Algebra)

부울 대수(Boolean algebra)는 1854년 영국의 수학자 조지 부울(George Boole)에 의해 발표되었다. 이는 참(true)과 거짓(false)을 명제로 하는 논리를 적절히 설명하기 위한 것으로 논리 조건에 따른 규칙을 표시한다. 또한 부울 대수는 참과 거짓의 논리변수를 다루는 이원치(two-valued) 대수이다. 개요에서 설명했듯이 논리변수 참과 거짓은 2진수의 1과 0, 스위치 회로의 ON과 OFF, 전압의 HI와 LO 또는 YES와 NO 등에 그대로 대응된다. 일반 대수학에서 변수의 범위는 특별한 언급이 없는 한 모든 실수로 간주하나 부울 대수의 논리변수는 오직 0과 1의 값만을 갖는 것에 주의하기 바란다. 1939년 C.E. Shannon에 의하여 스위칭 회로를 설계하는 데 부울 대수를 사용하였기 때문에 종종 스위칭 대수(switching algebra) 또는 논리 대수(logic algebra)라고도 한다.

5.1 부울 대수의 법칙과 규칙

부울 대수의 법칙들은 교환법칙, 결합법칙, 분배법칙 등이 있다. 산술 4칙 연산도 그러하듯 논리연산도 연산의 우선순위가 있다. 우선순위는 괄호, NOT, AND, OR 순으로 해야 한다. 그리고 모든 논리식에는 쌍대성 원리(duality principle)가 성립한다. 이 원리는 논리식 내의 0은 1로, 1은 0으로 변경하고 AND(·)는 OR(+)로, OR(+)는 AND(·)로 치환하더라도 논리식이 성립한다는 것이다. 이때 각 논리 변수들은 변경 없이 그대로 두어야 한다.

5.1.1 부울 대수의 법칙

부울 대수도 일반 대수의 경우와 마찬가지로 교환 법칙(commutative law), 결합 법칙(associative law), 분배 법칙(distributive law)이 성립한다.

(1) 교환법칙은 OR나 AND의 연산 순서에 상관없이 결과가 같음을 나타낸다.

$$A+B=B+A \text{ 또는 } AB=BA$$

(2) 결합법칙은 임의로 AND식과 OR식에서 변수를 배합할 수 있다는 것이다.

$$A+(B+C)=(A+B)+C \text{ 또는 } A(BC)=(AB)C$$

(3) 분배법칙은 일반대수에서와 같이 항에다 항을 곱해서 식을 전개할 수 있고, 인수분해도 가능함을 나타낸다.

$$A(B+C)=AB+AC \quad \text{ 또는 } A+BC=(A+B)(A+C)$$

분배법칙은 일반 대수와 동일하므로 이해하기 쉬울 것이다.
그러나 $A+BC=(A+B)(A+C)$의 경우는 일반 대수학에서는 성립되지 않고 2진 연산인 부울 대수에서만 성립함에 주의해야 한다.
예를 들어 $A=1$, $B=0$, $C=1$일 때

$$A+BC=1+0\cdot 1=1+0=1$$
$$(A+B)(A+C)=(1+0)(1+1)=1\cdot 1=1$$

로 증명한 것이고 진리표로 증명하면 표 5-1과 같다.

표 5-1. 분배법칙 $A+B\cdot C=(A+B)\cdot(A+C)$의 증명

A	B	C	BC	$A+BC$	$A+B$	$A+C$	$7(A+B)(A+C)$
0	0	0	0	0	0	0	0
0	0	1	0	0	0	1	0
0	1	0	0	0	1	0	0
0	1	1	1	1	1	1	1
1	0	0	0	1	1	1	1
1	0	1	0	1	1	1	1
1	1	0	0	1	1	1	1
1	1	1	1	1	1	1	1

=

5.1.2 부울 대수의 규칙

부울식을 계산하고 간소화하는데 기본이 되는 아주 중요한 규칙이므로 잘 외워두어야 한다.

(1) 단일 변수에 대한 규칙

규칙1 $A\cdot 0=0$	규칙2 $A\cdot 1=A$	규칙3 $A\cdot A=A$	규칙4 $A\cdot\overline{A}=0$
규칙5 $A+0=A$	규칙6 $A+1=1$	규칙7 $A+A=A$	규칙8 $A+\overline{A}=1$

위 규칙1에서 규칙4는 AND 연산에 관한 규칙이고 규칙5에서 규칙8은 OR 연산에 관한 규칙으로 게이트를 이용하여 증명할 수 있다.

(2) 2중 부정에 관한 규칙

규칙9 $\overline{\overline{A}}=A$

위 규칙은 2개의 인버터를 종속 접속하여 증명할 수 있다.

(3) 다변수에 대한 규칙

규칙10 $A+AB=A$	규칙11 $A+\overline{A}B=A+B$
규칙12 $(A+B)(A+C)=A+BC$	

예제 01 $A+AB=A$임을 증명하라.

➔해설 분배 법칙과 규칙2와 그리고 규칙 6을 사용하여 문제의 논리식을 간단히 한다.

$A+AB=A(1+B)$ 분배법칙

$=A\cdot 1$ 규칙 6

$=A$ 규칙 2

예제 02 $A+\overline{A}B=A+B$임을 증명하라.

➔해설 분배 법칙과 규칙 2와 그리고 규칙 8을 사용하여 문제의 논리식을 간단히 한다.

$A+\overline{A}B=(A+\overline{A})(A+B)$ 분배법칙

$=1\cdot(A+B)$ 규칙 8

$=A+B$ 규칙 2

예제 03 논리식 $(\overline{A}+B)(A+B)$을 간단히 하라.

➔해설 분배 법칙과 규칙 3, 4 그리고 규칙 6, 8을 사용하여 문제의 논리식을 간단히 한다.

$(\overline{A}+B)(A+B)=\overline{A}A+\overline{A}B+BA+BB$ 분배법칙

$=0+\overline{A}B+BA+B$ 규칙 4, 3

$=B(\overline{A}+A+1)$ 분배법칙

$=B$ 규칙 6, 8

예제 04 다음 논리 회로에 대한 부울 대수식을 써라.

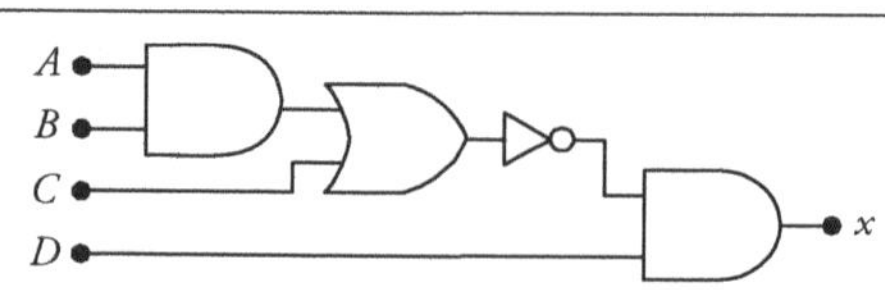

➔해설 출력식을 구하면 $x=(\overline{AB+C})\cdot D$이다.

예제 05 다음 논리 회로에서 출력식 x을 구하라.

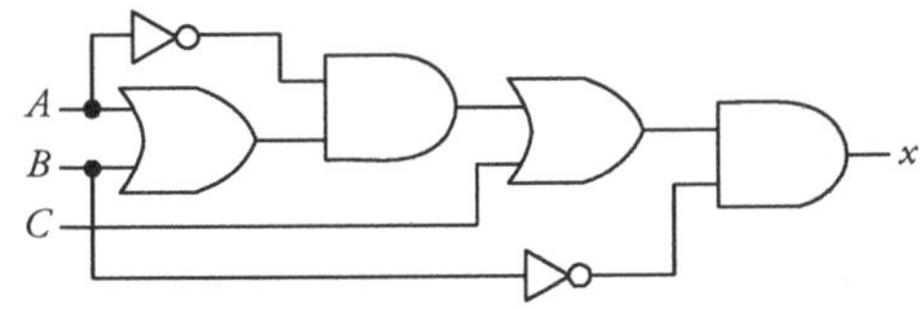

➔해설 $x=[\overline{A}(A+B)+C]\cdot\overline{B}=(\overline{A}A+\overline{A}B+C)\overline{B}$

규칙 4에서 $A\overline{A}=0$이므로

$$x=(\overline{A}B+C)\overline{B}=\overline{A}B\overline{B}+\overline{B}C=\overline{B}C$$

이다.

5.2 드 모르간의 정리

드 모르간의 정리(De Morgan's theorem)는 부울 대수에서 가장 중요한 정리이다. 이 두 정리는 논리합(+)과 논리곱(·)을 상호 교환하는데 편리한 정리이다.

$$\overline{A+B}=\overline{A}\cdot\overline{B} \quad \text{(드 모르간의 합의 정리)}$$

$$\overline{A\cdot B}=\overline{A}+\overline{B} \quad \text{(드 모르간의 곱의 정리)}$$

위 식 중 드 모르간의 합의 정리를 표 5-2의 진리표를 통해 그 정당성을 증명해 보자. "$\overline{A+B}$의 진리표와 $\overline{A}\cdot\overline{B}$의 진리표가 A, B의 모든 값에 대해 서로 같으므로 $\overline{A+B}=\overline{A}\cdot\overline{B}$"이다.

표 5-2. 드모르간 합의 정리 이해

A	B	$A+B$	$\overline{A+B}$	$\overline{A}$	$\overline{B}$	$\overline{A}\cdot\overline{B}$
0	0	0	1	1	1	1
0	1	1	0	1	0	0
1	0	1	0	0	1	0
1	1	1	0	0	0	0

다음에는 드 모르간의 곱의 정리를 표 5-3의 진리표를 통해 그 정당성을 증명해 보자. "변수 A, B의 모든 값에 대해 $\overline{A \cdot B}$와 $\overline{A}+\overline{B}$가 서로 같으므로 $\overline{A \cdot B}=\overline{A}+\overline{B}$ 이 성립한다."

표 5-3. 드 모르간 곱의 정리 이해

A	B	$A \cdot B$	$\overline{A \cdot B}$	$\overline{A}$	$\overline{B}$	$\overline{A}+\overline{B}$
0	0	0	1	1	1	1
0	1	0	1	1	0	1
1	0	0	1	0	1	1
1	1	1	0	0	0	0

이 식을 3개의 변수로 확장하면 다음과 같다.

$$\overline{A \cdot B \cdot C}=\overline{A}+\overline{B}+\overline{C}$$

$$\overline{A+B+C}=\overline{A} \cdot \overline{B} \cdot \overline{C}$$

드모르간의 정리를 NAND와 NOR게이트에 적용시키면 동일 기능의 대치 기호를 얻을 수 있다. 즉, OR 게이트의 두 개의 입력을 모두 반전시키면 NAND 게이트가 되고, AND 게이트의 두 개의 입력을 모두 반전시키면 NOR 게이트가 된다. 그림 5-1(a)는 NAND게이트를 (b)는 NOR게이트를 드모르간 정리로 대치한 게이트를 보인 것이다.

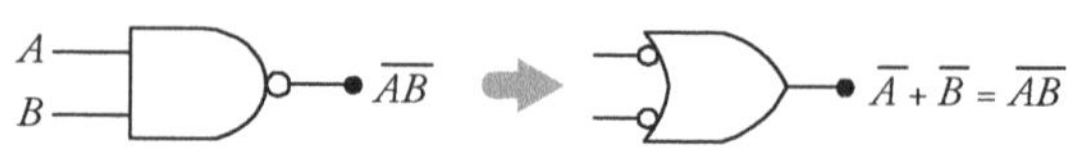

(a) NAND 기능의 대치 기호

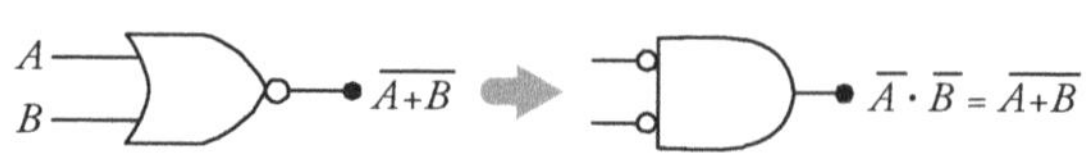

(b) NOR 기능의 대치 기호

그림 5-1. 드 모르간 정리 이해

예제 06 다음 논리식을 간소화하라.

(1) $x = \overline{\overline{A}B + C}$ (2) $y = \overline{(A + \overline{C}) \cdot (\overline{B} + D)}$

(3) $z = \overline{\overline{A}B + A\overline{B}}$

➔해설 드모르간 정리를 이용하면 다음 식을 얻는다.

(1) $x = \overline{\overline{A}B + C} = \left(\overline{\overline{A}B}\right) \cdot \overline{C}$

$= \left(\overline{\overline{A}} + \overline{B}\right)\overline{C} = (A + \overline{B})\overline{C} = A\overline{C} + \overline{B}\,\overline{C}$

결과를 보면 단일 변수에 인버트 됨을 알 수 있다.

(2) $y = \overline{(A + \overline{C}) \cdot (\overline{B} + D)}$

$= \overline{(A + \overline{C})} + \overline{(\overline{B} + D)}$

$= \left(\overline{A} \cdot \overline{\overline{C}}\right) + \left(\overline{\overline{B}} \cdot \overline{D}\right) = \overline{A}C + B\overline{D}$

(3) $z = \overline{\overline{A}B + A\overline{B}}$

$= \left(\overline{\overline{A}B}\right) \cdot \left(\overline{A\overline{B}}\right) = (A + \overline{B})(\overline{A} + B)$

$= A\overline{A} + AB + \overline{B}\,\overline{A} + \overline{B}B$

$= 0 + AB + \overline{B}\,\overline{A} + 0$

$= AB + \overline{A}\,\overline{B}$

예제 07 다음 식을 간소화하라.

(1) $x = ABC + A\overline{B}C + AB\overline{C}$

(2) $y = A\overline{B}C + \overline{A}B\overline{C}\,\overline{D} + \overline{A}C(\overline{\overline{A}BD})$

(3) $z = (\overline{A} + B)(A + B + D)\overline{D}$

➔해설 (1) $x = ABC + A\overline{B}C + AB\overline{C}$

$= AB(C + \overline{C}) + A\overline{B}C = AB(1) + A\overline{B}C$

$= A(B + \overline{B}C)$

규칙 11에서 $B + \overline{B}C = B + C$ 이므로

$x = A(B + C)$

(2) $y = A\overline{B}C + \overline{A}B\overline{C}\,\overline{D} + \overline{A}C(\overline{\overline{A}BD})$

$= A\overline{B}C + \overline{A}B\overline{C}\,\overline{D} + \overline{A}C(A + \overline{B} + \overline{D})$

$= A\overline{B}C + \overline{A}B\overline{C}\,\overline{D} + \overline{A}CA + \overline{A}C\overline{B} + \overline{A}C\overline{D}$

규칙 4에서 $A\overline{A} = 0$ 이므로 3번째 항은 소거된다.

$y = A\overline{B}C + \overline{A}B\overline{C}\,\overline{D} + \overline{A}C\overline{B} + \overline{A}C\overline{D}$

$= \overline{B}C(A+\overline{A})+\overline{A}\,\overline{D}(B\overline{C}+C)$

규칙 8에서 $A+\overline{A}=1$ 이고 규칙 11에서 $C+B\overline{C}=C+B$ 이므로

$y=\overline{B}C+\overline{A}\overline{D}(B+C)$

(3) $z=(\overline{A}+B)(A+B+D)\overline{D}$

$= \overline{A}A\overline{D}+\overline{A}B\overline{D}+\overline{A}D\overline{D}+BA\overline{D}+BB\overline{D}+BD\overline{D}$

$= 0+\overline{A}B\overline{D}+0+BA\overline{D}+B\overline{D}+0$

$= B\overline{D}+AB\overline{D}+\overline{A}B\overline{D}$

$= B\overline{D}(1+A+\overline{A})=B\overline{D}(1)$

$= B\overline{D}$

예제 08 다음 논리 회로 (a), (b)로 부터 얻어지는 부울식을 간단히하라.

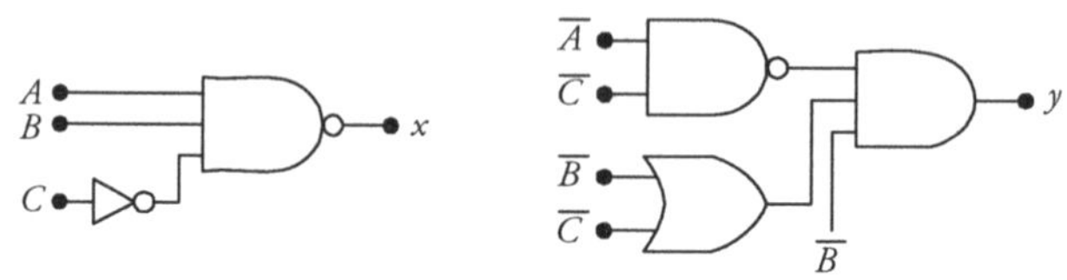

(a) (b)

해설 (a) $x=\overline{AB\overline{\overline{C}}}=\overline{A}+\overline{B}+\overline{\overline{\overline{C}}}=\overline{A}+\overline{B}+C$

(b) $y=\left(\overline{A\overline{\overline{C}}}\right)\cdot\left(B+\overline{C}\right)\cdot\overline{B}$

$= \left(\overline{A}+\overline{\overline{C}}\right)\left(B\overline{B}+\overline{B}\,\overline{C}\right)=\left(\overline{A}+C\right)\left(0+\overline{B}\,\overline{C}\right)$

$= \overline{A}\,\overline{B}\,\overline{C}+C\overline{B}\,\overline{C}=\overline{A}\,\overline{B}\,\overline{C}$

예제 09 다음 논리 회로의 출력 x의 논리식을 간략화하라.

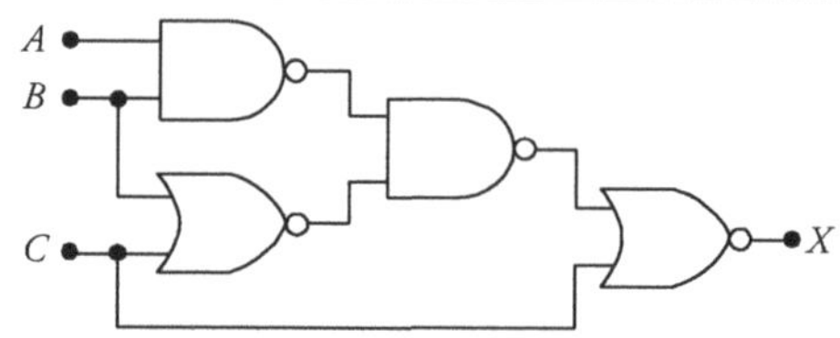

해설 그림에 드모르간 정리를 이용하면 다음 식을 얻는다.

$x=\overline{\overline{\overline{AB}\,\overline{(B+C)}}+C}=\overline{AB}\,\overline{(B+C)}\,\overline{C}$

$= (\overline{A}+\overline{B})(\overline{B}\,\overline{C})\overline{C}=(\overline{A}+\overline{B})\overline{B}\,\overline{C}$

$= \overline{A}\,\overline{B}\,\overline{C}+\overline{B}\,\overline{C}=\overline{B}\,\overline{C}(\overline{A}+1)=\overline{B}\,\overline{C}$

$= \overline{B+C}$

예제 10 다음 논리 회로의 출력 x의 논리식을 간략화하라.

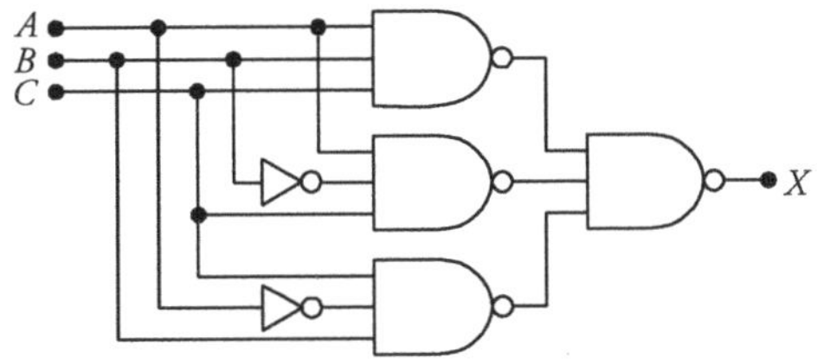

해설 그림에 드모르간 정리를 이용하면 다음 식을 얻는다.

$x=(A+B)C$

5.3 함수의 보수

(1) 쌍대의 원리

어떤 논리 등식이 있을 때 각 변수는 바꾸지 않고 양변의 0과 1 그리고 논리합(+)과 논리곱(·)을 동시에 바꾼 식은 반드시 성립한다는 것을 쌍대(dual)의 원리라고 한다. 즉, 하나의 식을 다음에서 지시하는 것처럼 바꾸었을 때 그 식의 쌍대 식을 얻을 수 있다.

- 모든 논리 변수 문자는 그대로 놓는다.
- 모든 OR 연산(+)은 AND 연산(·)의 기호를 바꾸어 놓는다.
- 모든 0은 1로, 1은 0으로 바꾼다.

예제 11 다음 등식과 쌍대인 식을 구하라.

$$(A+B)(A+\overline{B})(\overline{A}+B)(\overline{A}+\overline{B})=0$$

해설 다음 쌍대의 원리를 적용한다.

$$(A+B)(A+\overline{B})(\overline{A}+B)(\overline{A}+\overline{B})=0$$

$$\downarrow \quad \downarrow \quad \downarrow \quad \downarrow \quad \downarrow$$

$$A\cdot B+A\cdot\overline{B}+\overline{A}\cdot B+\overline{A}\cdot\overline{B}=1$$

(2) 함수의 보수

부울 대수식의 부정은 이 식의 쌍대를 만들어 각각의 변수에 부정을 취함으로써 얻을 수 있다.

예제 12 $F = A + \bar{B}C$ 의 보수를 구하라.

➔해설 $F = A + \bar{B} \cdot C$

↓ 먼저 쌍대 함수 F^*를 구한다.

$F^* = A \cdot (\bar{B} + C)$

↓ 각각의 변수에 보수를 취하면 $\bar{F}$가 구해진다.

$\bar{F} = \bar{A} \cdot (\bar{\bar{B}} + \bar{C}) = \bar{A}(B + \bar{C})$

예제 13 다음 함수의 부정을 구하라.

(1) $x = A\bar{B} + \bar{A} + B$

(2) $y = (B\bar{C} + \bar{A}D)(A\bar{B} + C\bar{D})$

➔해설 부울 대수식의 부정은 식의 쌍대를 만들어 각각의 변수에 부정을 취함으로써 얻을 수 있다.

(1) $x = A\bar{B} + \bar{A} + B$

$\bar{x} = \overline{A\bar{B} + \bar{A} + B} = \overline{A\bar{B}} \cdot \bar{\bar{A}} \cdot \bar{B}$

$= (\bar{A} + B)A\bar{B} = \bar{A}A\bar{B} + BA\bar{B} = 0$

(2) $y = (B\bar{C} + \bar{A}D)(A\bar{B} + C\bar{D})$

$= B\bar{C}A\bar{B} + B\bar{C}C\bar{D} + \bar{A}DA\bar{B} + \bar{A}DC\bar{D}$

$= 0$

$\bar{y} = 1$

5.4 부울 함수의 표현 방법

부울 함수를 표현하는 방법으로는 크게 정규형과 표준형이 있다. 정규형은 최소항의 합 또는 최대항의 곱으로 나누고, 표준형은 곱의 합(sum of product)형과 합의 곱(product of sum)형으로 구분한다.

최소항과 최대항 모든 논리 변수를 포함한 곱항을 최소항(minterm)이라 하고, 모든 논리 변수를 포함한 합항을 최대항(maxterm)이라고 한다. n개의 변수는 $2n$개의 최소항(또는 최대항)을 나타낼 수 있다.

- 최대항이란 : 모든 변수를 포함한 논리합의 항을 말하며, 이 최대항의 곱의 형식으로 전개한 것을 승법 표준형(또는 표준 POS형)이라고 한다.
- 최소항이란 : 모든 변수를 포함한 논리곱의 항을 말하며, 이 최소항의 합의 형식으로 전개한 것을 가법 표준형(또는 표준 SOP형)이라고 한다.

모든 최소항의 합은 1이 되고, 모든 최대항의 곱은 0이 된다. 표 5-4는 변수의 최소항과 최대항을 보인 것이다.

표 5-4. 3변수 최소항과 최대항

입력변수			최소항	최대항
A	B	C	항 명칭	항 명칭
0	0	0	$\overline{A} \cdot \overline{B} \cdot \overline{C} = m_0$	$A+B+C=M_0$
0	0	1	$\overline{A} \cdot \overline{B} \cdot C = m_1$	$A+B+\overline{C}=M_1$
0	1	0	$\overline{A} \cdot B \cdot \overline{C} = m_2$	$A+\overline{B}+C=M_2$
0	1	1	$\overline{A} \cdot B \cdot C = m_3$	$A+\overline{B}+\overline{C}=M_3$
1	0	0	$A \cdot \overline{B} \cdot \overline{C} = m_4$	$\overline{A}+B+C=M_4$
1	0	1	$A \cdot \overline{B} \cdot C = m_5$	$\overline{A}+B+C=M_5$
1	1	0	$A \cdot B \cdot \overline{C} = m_6$	$\overline{A}+\overline{B}+C=M_6$
1	1	1	$A \cdot B \cdot C = m_7$	$\overline{A}+\overline{B}+\overline{C}=M_7$

5.4.1 정규형(canonical form)

(1) 최소항의 합(sum of minterm)

가법(덧셈) 표준형 또는 표준 SOP형이라고도 한다. 이것은 임의의 논리 함수를 일련의 최소항의 논리합으로 표시한 것이다.

(2) 최대항의 곱(product of maxterm)

승법(곱셈) 표준형 또는 표준 POS형이라고도 한다. 이것은 임의의 논리함수를 일련의 최대항의 논리적으로 표시한 것이다.

예제 14 부울 함수 $F = A + \overline{B}C$를 최소항의 합(sum of minterm)으로 표시하라.

➔**해설** 3변수 함수인데 첫 항에 B, C 가 빠져 있고 둘째 항에는 A가 빠져 있으므로

$$
\begin{aligned}
F &= A + \overline{B}C \\
&= A(B+\overline{B})(C+\overline{C}) + (A+\overline{A})\overline{B}C \\
&= \overline{A}\overline{B}C + A\overline{B}\overline{C} + A\overline{B}C + AB\overline{C} + ABC \\
&= m_1 + m_4 + m_5 + m_6 + m_7
\end{aligned}
$$

$$F(A, B, C) = \sum(1, 4, 5, 6, 7)$$

5.4.2 표준형(standard form)

부울 대수의 정규형은 진리표로부터 얻은 기본형으로 모든 변수를 가지고 나타내야하므로 최소의 변수를 요구하는 경우에는 거의 쓰이지 않는다. 이 부울 함수를 표현하는 또 다른 방식을 표준형이라고 하며 다음 2가지로 구분한다.

(1) 곱의 합(SOP)형

곱의 합(sum of product)은 2개 이상의 AND항을 OR로 구성한 것으로 AND항은 한 항에 한 개 이상의 변수가 부정을 가질 수 있으나 둘 이상의 변수를 묶어서 부정을 취하지는 않는다.

(2) 합의 곱(POS)형

합의 곱(product of sum)은 2개 이상의 OR항을 AND로 구성한 것으로 OR항은 한 항에 한 개 이상의 변수가 부정을 가질 수 있으나 둘 이상의 변수를 묶어 부정을 취하지는 않는다.

요약(SUMMARY)

01. 교환법칙은 OR나 AND의 연산 순서에 상관없이 결과가 같음을 나타낸다.

$$A+B=B+A \text{ 또는 } AB=BA$$

02. 결합법칙은 임의로 AND식과 OR식에서 변수를 배합할 수 있다는 것이다.

$$A+(B+C)=(A+B)+C \text{ 또는 } A(BC)=(AB)C$$

03. 분배법칙은 일반대수에서와 같이 항에다 항을 곱해서 식을 전개할 수 있고, 인수분해도 가능함을 나타낸다.

$$A(B+C)=AB+AC \text{ 또는 } A+BC=(A+B)(A+C)$$

04. 단일 변수에 대한 규칙을 정리하면 다음과 같다.

$$A\cdot 0=0,\ A\cdot 1=A,\ A\cdot A=A,\ A\cdot\overline{A}=0,$$
$$A+0=A,\ A+1=1,\ A+A=A,\ A+\overline{A}=1$$

05. 2중 부정에 관한 규칙으로 $\overline{\overline{A}}=A$이 있다. 이 규칙은 2개의 인버터를 종속 접속하여 증명할 수 있다.

06. 다 변수에 대한 규칙을 정리하면 다음과 같다.

$$A+AB=A,\ A+\overline{A}B=A+B,\ (A+B)(A+C)=A+BC$$

07. 드 모르간의 정리(De Morgan's theorem)는 논리합(+)과 논리곱(·)을 상호 교환하는데 편리한 정리이다.

$$\overline{A+B}=\overline{A}\cdot\overline{B} \text{ (드 모르간의 합의 정리)}$$
$$\overline{A\cdot B}=\overline{A}+\overline{B} \text{ (드 모르간의 곱의 정리)}$$

08. 2중 부정에 관한 규칙으로 $\overline{\overline{A}} = A$ 이 있다. 이 규칙은 2개의 인버터를 종속 접속하여 증명할 수 있다.

09. 어떤 논리 등식이 있을 때 각 변수는 바꾸지 않고 양변의 0과 1 그리고 논리합(+)과 논리곱(·)을 동시에 바꾼 식은 반드시 성립한다는 것을 쌍대(dual)의 원리라고 한다.

- 모든 논리 변수 문자는 그대로 놓는다.
- 모든 OR 연산(+)은 AND 연산(·)의 기호를 바꾸어 놓는다.
- 모든 0은 1로, 1은 0으로 바꾼다.

10. 함수의 보수, 즉 부울 대수식의 부정은 이 식의 쌍대를 만들어 각각의 변수에 부정을 취함으로써 얻을 수 있다.

연습문제

01. 논리식 $\overline{A(A+B)}$ 을 간단히 하라.

02. 논리식 $\overline{\overline{A}+B}+\overline{A}+\overline{B}$ 을 간단히 하라.

03. 다음 논리식 Z 을 간단히 하라.

$$Z=\overline{(\overline{A}+C)(B+\overline{D})}$$

04. 다음 부울 함수 x의 보수를 구하고 가장 작은 문자 표현으로 간단히 하라.

$$x=(B\overline{C}+\overline{A}\,D)(A\overline{B}+C\overline{D})$$

05. 다음 부울 함수 y의 보수를 구하고 간단히 하라.

$$y=(\overline{AB}\,A)(\overline{AB}\;B)$$

06. 그림의 논리 회로를 간단히 하라.

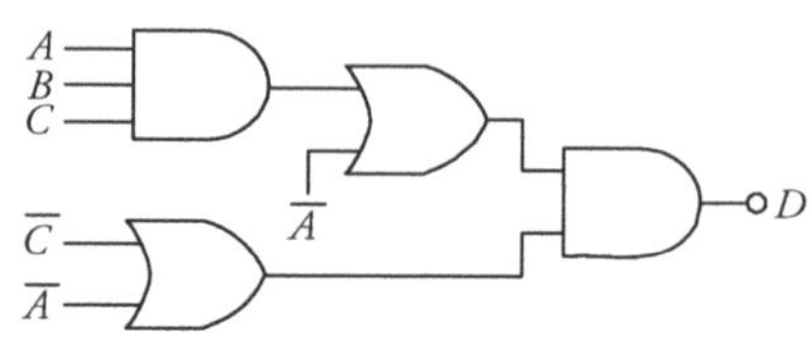

07. 그림의 논리 회로를 간단히 하라.

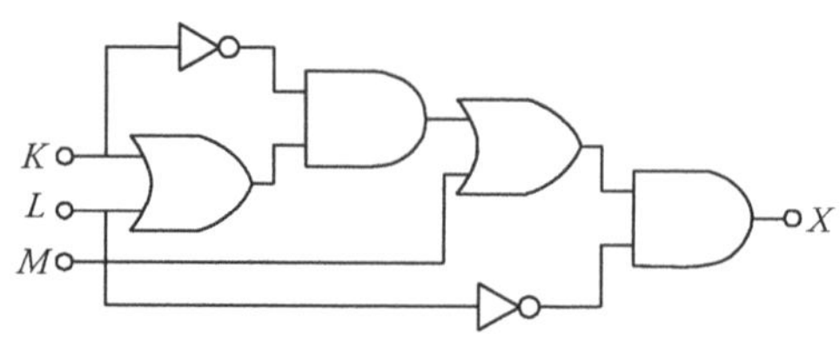

08. 다음 논리 회로를 간단히 하라.

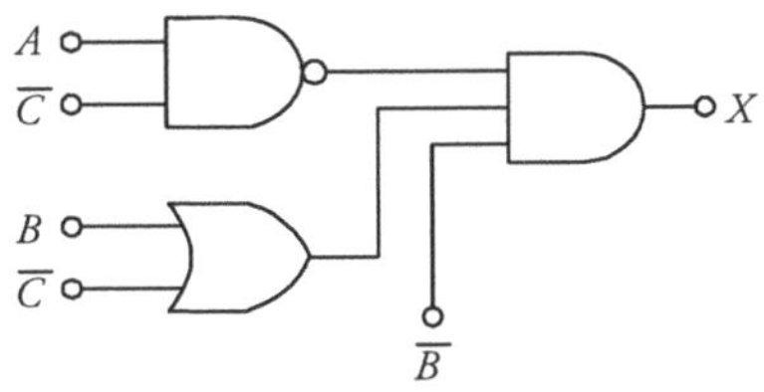

09. 다음 그림의 논리 회로를 간단히 하라.

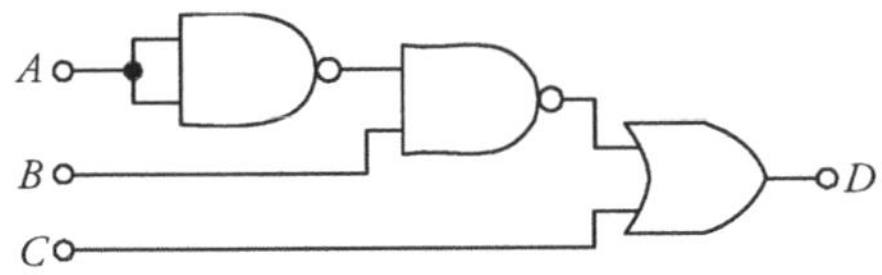

10. 다음 그림의 논리 회로의 출력을 구하라.

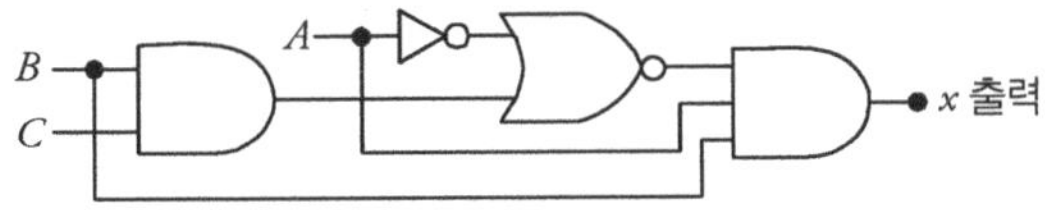

11. 다음 그림의 논리 회로를 간단히 하라.

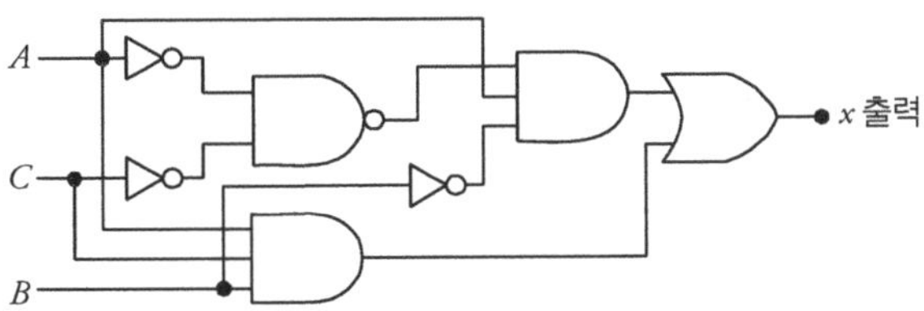

12. 다음 그림의 논리 회로를 간단히 하라.

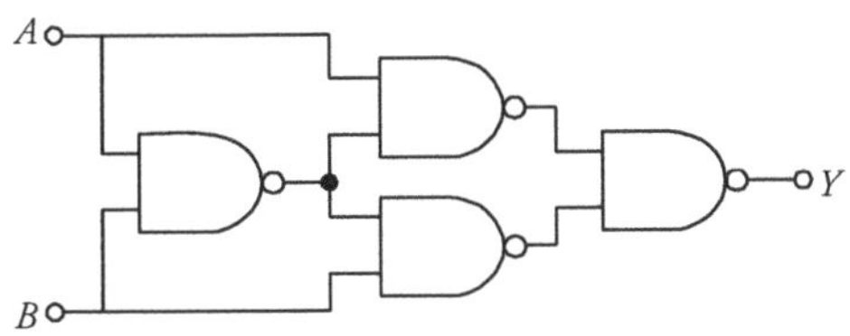

13. 다음 그림의 논리 회로를 간단히 하라.

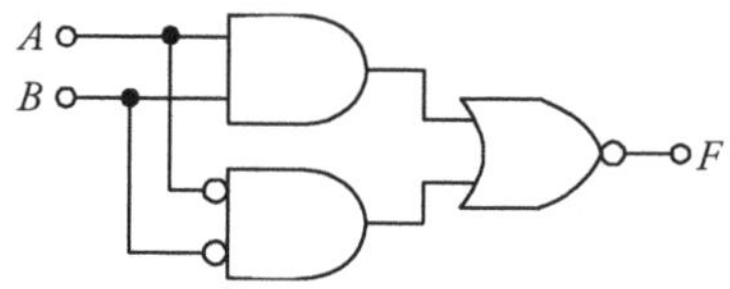

14. 그림의 회로에서 출력 X을 구하라.

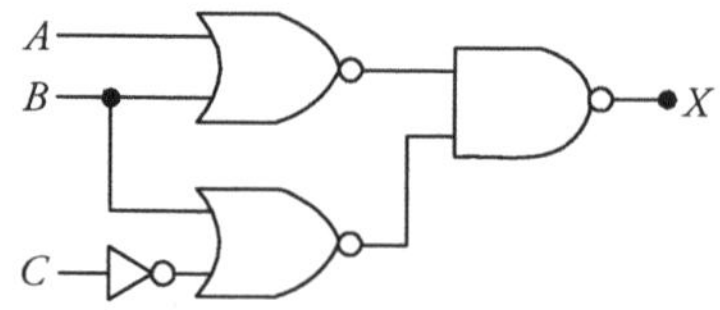

Chapter 06 논리함수의 간략화

(Optimization of logic function)

6.1 개요

일반적으로 논리회로를 설계하려면 회로의 동작에 필요한 명세표가 필요하고 이를 논리함수로 표현한다. 논리함수 표현의 기본적인 형태는 최소항의 합(sum of minterm)과 최대항의 곱(Product od maxterm)의 형태가 있다. 그러므로 논리회로를 최적화된 회로 구성하기 위해서는 논리함수를 좀더 간략화시켜 동작시간, 소자의 개수 등을 가급적 최소화시켜야 할 필요성이 있다. 이러한 논리회로를 간략화시키기 위해서는 부울 대수를 이용한 방법과 컨센서스항을 이용하는 방법과 이 장에서 다루고자하는 카르노 맵 방법, 테이블 방법(Quine Mcclusky, Tabular method) 등이 있다.

6.2 정형과 표준형

불울 함수의 기본 형태는 정형과 표준형으로 구분할 수 있고 이 때 정형의 개념은 주어진 각 변수를 간략화 시키지 않은 최소항(minterm)과 최대항(maxterm)으로 표현된 것을 의미하며 표준형은 간략화 된 함수의 표현 형태이다. n개의 변수는 2^n개의 최소항(또는 최대항)을 나타낼 수 있다.

표 6-1. 최소항과 최대항

10진수	입력변수			최소항	최대항
	A	B	C	항 명칭	항 명칭
0	0	0	0	$\overline{A}\cdot\overline{B}\cdot\overline{C}=m_0$	$A+B+C=M_0$
1	0	0	1	$\overline{A}\cdot\overline{B}\cdot C=m_1$	$A+B+\overline{C}=M_1$
2	0	1	0	$\overline{A}\cdot B\cdot\overline{C}=m_2$	$A+\overline{B}+C=M_2$
3	0	1	1	$\overline{A}\cdot B\cdot C=m_3$	$A+\overline{B}+\overline{C}=M_3$
4	1	0	0	$A\cdot\overline{B}\cdot\overline{C}=m_4$	$\overline{A}+B+C=M_4$
5	1	0	1	$A\cdot\overline{B}\cdot C=m_5$	$\overline{A}+B+C=M_5$
6	1	1	0	$A\cdot B\cdot\overline{C}=m_6$	$\overline{A}+\overline{B}+C=M_6$
7	1	1	1	$A\cdot B\cdot C=m_7$	$\overline{A}+\overline{B}+\overline{C}=M_7$

6.2.1 최소항(minterm)과 최대항(maxterm)

논리함수는 최소항의 합이나 최대항의 곱으로 또는 변수의 다항식으로 표시된다.

(1) 최소항

모든 변수를 포함한 논리곱의 항을 최소항이라고 한다. 3변수인 경우 $m_0=\overline{A}\overline{B}\overline{C}$, $m_1=\overline{A}\overline{B}C$, $m_2=\overline{A}B\overline{C}$, $m_3=\overline{A}BC$, $m_4=A\overline{B}\overline{C}$, $m_5=A\overline{B}C$, $m_6=AB\overline{C}$, $m_7=ABC$이 최소항이다. 이 모든 최소항의 합은 1이다.

(2) 최대항

모든 변수를 포함한 논리합의 항을 최대항이라고 한다. 3변수인 경우 $M_0=A+B+C$, $M_1=A+B+\overline{C}$, $M_2=A+\overline{B}+C$, $M_3=A+\overline{B}+\overline{C}$, $M_4=\overline{A}+B+C$, $M_5=\overline{A}+B+\overline{C}$, $M_6=\overline{A}+\overline{B}+C$, $M_7=\overline{A}+\overline{B}+\overline{C}$이 최대항이다. 모든 최대항의 곱은 0이다.

하나의 진리표로부터 논리식을 유도할 때 어떤 경우에는 논리 게이트의 수를 작게 하든지 최소항의 합 형식으로 유도하는 것이 간편하고, 또 어떤 경우에는 반대로 최대항의 곱 형식으로 유도하는 것이 더 간편하고 간단한 회로를 만들 수 있다. 그러므로 문제의 성격에 따라 이 두 방법을 비교하여 쉽고 간단한 논리 회로가 되도록 선택하는 것이 좋다. 이와 같이 최소항의 합 형식 또는 최대항의 곱 형식으로 유도된 식은 같은 논리 함수를 나타내는 훨씬 간단한 논리식으로 간소화될 수 있다.

6.2.2. 표준형(standard form)

부울 대수의 정규형은 진리표로부터 얻은 기본형으로 모든 변수를 가지고 나타내야하므로 최소의 변수를 요구하는 경우에는 거의 쓰이지 않는다. 이 부울 함수를 표현하는 또 다른 방식을 표준형이라고 하며 곱의 합(SOP)형과 합의 곱(POS)형의 2가지 구분한다.

(1) 곱의 합(SOP)형

곱의 합(sum of product)은 2개 이상의 AND항을 OR로 구성한 것으로 AND항은 한 항에 한 개 이상의 변수가 부정을 가질 수 있으나 둘 이상의 변수를 묶어서 부정을 취하지는 않는다. 예를 들어 SOP식은 $\overline{A}\,\overline{B}\,\overline{C}$는 될 수 있으나 $\overline{ABC}$는 될 수 없다.

(2) 합의 곱(POS)형

합의 곱(product of sum)은 2개 이상의 OR항을 AND로 구성한 것으로 OR 항은 한 항에 한 개 이상의 변수가 부정을 가질 수 있으나 둘 이상의 변수를 묶어 부정을 취하지는 않는다. 예를 들어 POS 식은 $\overline{A+B+C}$는 될 수 있으나 $\overline{A}+\overline{B}+\overline{C}$는 될 수 없다.

예제 01 $F=A+\overline{B}C$는 최소항의 합으로 나타내어라 .

➔해설 이 함수는 A, B, C의 세 변수를 가지고 있는데, 첫 항 A에는 두 변수 B, C가 빠져 있다. 그러므로 $A=A(B+\overline{B})=AB+A\overline{B}$

아직도 C가 빠져 있으므로

$AB(C+\overline{C})+A\overline{B}(C+\overline{C})=ABC+AB\overline{C}+A\overline{B}C+A\overline{B}\,\overline{C}$

두 번째 항

$\overline{B}C=\overline{B}C(A+\overline{A})=A\overline{B}C+\overline{A}\,\overline{B}C$

모든 항을 연결하면

$F=A+\overline{B}C$

$\quad=ABC+AB\overline{C}+A\overline{B}C+A\overline{B}\,\overline{C}+A\overline{B}C+\overline{A}\,\overline{B}C$

이려기 $A\overline{B}C$가 두 번 나오므로 하나는 제거한다. 최소항들을 크기순으로 나열하면 다음과 같다.

$$
\begin{aligned}
F &= \overline{A}\,\overline{B}C + A\overline{B}\,\overline{C} + A\overline{B}C + AB\overline{C} + ABC \\
&= m_1 + m_4 + m_5 + m_6 + m_7 \\
&= \sum(1,4,5,6,7)
\end{aligned}
$$

6.3 카르노 맵(Karmaugh Map)를 이용한 논리함수의 간소화

우리는 여러 가지 방법으로 의료 디지털 시스템의 기능을 구현할 수 있다. 설계자에 따라서는 프로그래밍 가능한 마이크로 컴퓨터를 이용할 수 있고, 경우에 따라 논리함수를 이용한 논리게이트로 구현할 수도 있다. 어느 경우라도 가격은 최소로 하고 기능을 향상시켜야 한다. 논리식이 간소화될수록 논리 회로가 간단해지므로 논리 회로로 실현하기에 앞서 반드시 논리식을 간소화시켜야 한다. 논리식이 간소화 되더라도 입력과 출력 사이의 논리적인 관계에는 변화가 없으므로 논리식을 간소화 시키면 논리 회로를 간단하고 경제적으로 구현할 수 있다.

가격대 성능비에서 타인 또는 타사의 제품보다 앞서야 생산적인 설계라 할 수 있다. 따라서 논리회로를 이용한 시스템은 논리함수를 가장 극소화시켜 논리회로로 구현해야 한다. 논리함수를 간소화시키는 도구로는 부울 대수가 많이 사용된다. 다음 논리식을 예로 보자.

$$
\begin{aligned}
F &= \overline{A}B\overline{C} + \overline{A}BC + AB\overline{C} \\
&= \overline{A}B(\overline{C} + C) + AB\overline{C} \\
&= \overline{A}B(1) + AB\overline{C} \\
&= \overline{A}B + AB\overline{C} \\
&= B(\overline{A} + A\overline{C}) \\
&= B((\overline{A} + A)(\overline{A} + \overline{C})) \\
&= B((1)(\overline{A} + \overline{C})) \\
&= B(\overline{A} + \overline{C}) \\
&= \overline{A}B + B\overline{C}
\end{aligned}
$$

부울 대수의 법칙과 정리를 이용하여 논리식을 최소화시키는 과정은 일정한 규칙이 없기 때문에 그 절차가 복잡한 반면 카르노 맵(Karnaugh map)은 도표를 이용하여 논리식을 간소화시키는 방법으로 일정한 규칙에 따라 논리식을 최소화시키므로 훨씬 간편하여 가장 널리 쓰이고 있다. 카르노 맵은 주로 2변수, 3변수 및 4변수를 간소화 시키는데 사용되고 있으며 5변수 이상은 너무 복잡하여 잘 사용하지 않는다. 실질적으로 6변수까지가 한계이다.

6.3.1 카르노 맵의 형식

이 카르노 도는 진리표를 그림 모양으로 나타낸 것이다. 이 도는 여러 개의 작은 직사각형으로 이루어진 그림으로 이 직사각형들은 각각 하나의 최소항을 나타낸다. 논리식을 이용한 논리회로의 간소화 방법은 여러 가지로 문제가 있음을 알았다. 이런 문제들을 해결하기 위하여 여러 가지 방법이 연구되어 있는데, 그 중에서도 일반적으로 가장 널리 쓰이는 것이 카르노 맵을 이용하는 것이다.

카르노 맵은 논리함수를 간소화시키는 기술적인 방법으로 2^n(n : 변수의 개수)개의 사각형으로 구성된 도표이다. 카르노 맵을 이용하기 위해서는 먼저 논리함수를 최소항의 합 또는 최대항의 곱 형태로 전개해야 한다. 여기서 하나의 사각형은 최소항(minterm) 또는 최대항(maxterm)을 말한다. 그리고 카르노 맵에서 인접한 사각형(최소항 또는 최대항)은 서로 한 비트 값만 틀리도록 작성한다. 그림 6-1은 2개, 3개, 4개의 입력 변수를 갖는 카르노 맵을 보인 것이다.

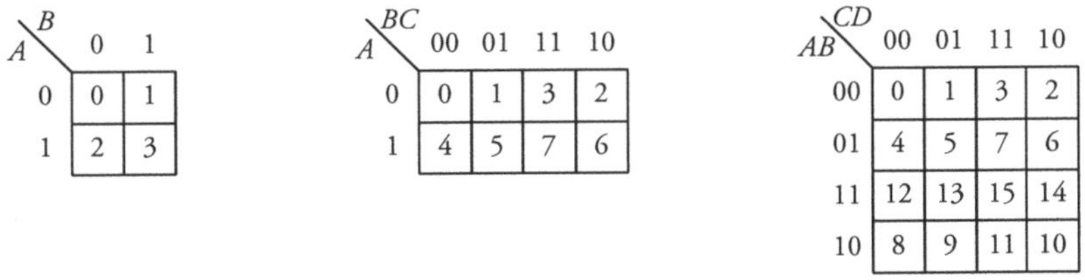

(a) 2변수　(b) 3변수　(c) 4변수

그림 6-1. 카르노 맵의 형식

그림에서 네모칸 안의 숫자는 최소항을 표시한다. n개의 입력 변수의 경우에 2^n개의 네모 칸이 필요하다. 이 카르노 맵에서 수평방향으로(또는 수직방향으로) 인접한 칸은 단지 한 변수의 논리 상태만 다르다. 즉, 그림 (c)에서 행은 $\overline{C}\,\overline{D}, \overline{C}D, CD, C\overline{D}$의 순서로, 열은 $\overline{A}\,\overline{B}, \overline{A}B, AB, A\overline{B}$ 의 순서이다.

예제 02 논리식 $x(A, B) = \Sigma(0, 1)$에 대한 진리표를 작성하고 이를 카르노맵(K-map)으로 나타내어라. A, B는 입력이고, x는 출력이다.

➔ **해설** 2변수이므로 4개의 칸이 필요하다. 진리표에서 $\overline{A}\,\overline{B}$와 $\overline{A}B$의 경우 출력 $x=1$ 이므로 해당 칸에 1을 써 넣는다.

	A	B	x
0	0	0	1
1	0	1	1
2	1	0	0
3	1	1	0

(a) 진리표

A \ B	0	1
0	1	1
1	0	0

(b) 2변수 카르노 맵

예제 03 논리식 $x(A, B, C) = \Sigma(1, 2, 5, 7)$에 대한 진리표를 작성하고 이를 카르노맵(K-map)으로 나타내어라.

➔ **해설** 3변수이므로 8개의 칸이 필요하다.

	A	B	C	x
0	0	0	0	0
1	0	0	1	1
2	0	1	0	1
3	0	1	1	0
4	1	0	0	0
5	1	0	1	1
6	1	1	0	0
7	1	1	1	1

(a) 진리표

A \ B	0	1
00	0	1
01	1	0
11	0	1
10	0	1

(b) 카르노 맵

예제 04 논리식 $x(A, B, C, D) = \Sigma(2, 5, 12, 13)$에 대한 진리표를 작성하고 이를 카르노 맵(K-map)으로 나타내어라. A, B, C, D는 입력이고, x는 출력이다.

➔해설 $x(A, B, C, D) = \Sigma(2, 5, 12, 13)$는 4변수 함수이므로 16개의 칸이 필요하다. 최소항 번호 2, 5, 12, 13에 '1'을 넣어 주면 다음과 같다. 그리고 주어진 최소항 이외에는 '0'을 채워 주면 된다.

AB \ CD	00	01	11	10
00	0	0	0	1
01	0	1	0	0
11	1	1	0	0
10	0	0	0	0

(1) 2개 항의 묶음(Pair)

2개의 인접한 항이 1로 채워진 경우를 페어(pair) 또는 쌍이라고 한다. 다음은 2개 항의 묶음에 대해 설명한 것이다.

- 2개의 인접한 "1"로 표시되는 칸이 존재할 때는 이를 한 개의 변수로 나타낼 수 있다.
- 인접한 "1"을 2개씩(또는 쌍으로) 묶었을 때 변수가 보수 관계를 나타내면 그 변수는 소거된다.
- K-map상에 pair가 2개 이상이면 각 간략화 된 논리곱을 논리합(OR)시켜서 부울식을 얻는다.

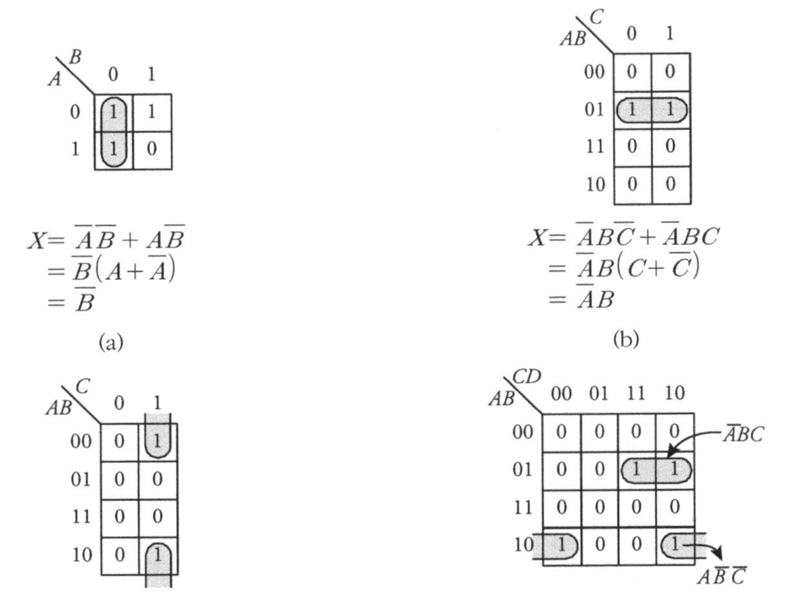

(a)
$$X = \overline{A}\,\overline{B} + A\overline{B} = \overline{B}(A+\overline{A}) = \overline{B}$$

(b)
$$X = \overline{A}B\overline{C} + \overline{A}BC = \overline{A}B(C+\overline{C}) = \overline{A}B$$

(c)
$$X = \overline{A}\,\overline{B}\,C + A\overline{B}\,C = \overline{B}\,C$$

(d)
$$X = \overline{A}BCD + \overline{A}BC\overline{D} + A\overline{B}\,\overline{C}\,\overline{D} + A\overline{B}\,C\overline{D} = \overline{A}BC + A\overline{B}\,\overline{D}$$

그림 6-2. 2개의 인접한 항이 1로 채워진 경우 페어(pair) 예

⑵ 4개 항의 묶음(Quad)

4개의 인접한 항이 1로 채워진 경우를 쿼드(quad)라고 한다.

- "1"이 4개 인접된 칸에 표시되어 있으면 이를 한 개의 변수항으로 나타낼 수 있다.
- "1"로 채워진 4개의 항을 묶으면 부정과 부정이 아닌 형태를 갖는 2개의 변수가 소거된다.

그림 6-3은 4개의 인접한 항이 1로 채워진 경우, 즉 쿼드(quad) 예를 보인 것이다.

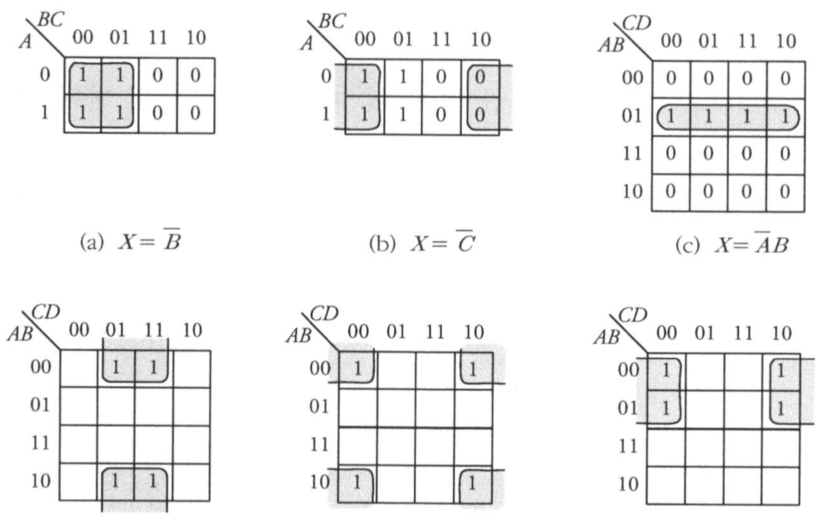

(a) $X=\overline{B}$ (b) $X=\overline{C}$ (c) $X=\overline{A}B$

(d) $X=\overline{B}D$ (e) $X=\overline{B}\,\overline{D}$ (f) $X=\overline{A}\,\overline{D}$

그림 6-3. 4개의 인접한 항이 1로 채워진 경우 쿼드(quad) 예

⑶ 개항의 묶음(Qctet)

8개의 인접한 항이 1로 채워진 경우를 옥테트(Octet)라고 한다.

- "1"로 표시된 8개의 인접된 칸은 일괄하여 한 개의 변수항으로 나타낼 수 있다.
- "1"로 채워진 8개의 칸이 묶여지면 부정과 부정이 아닌 3개의 변수가 소거된다.

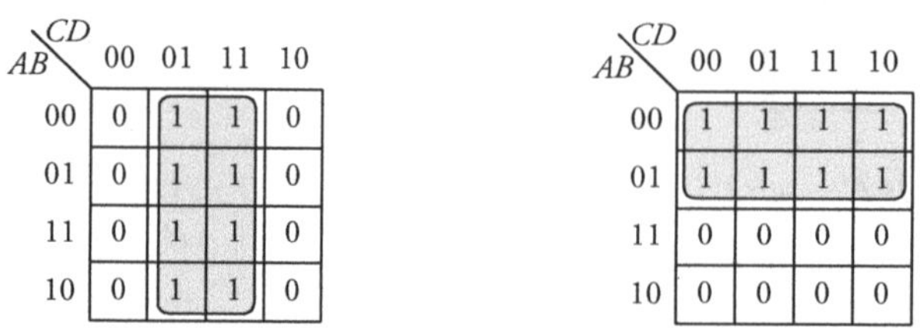

(a) $X=D$ (b) $X=\overline{A}$

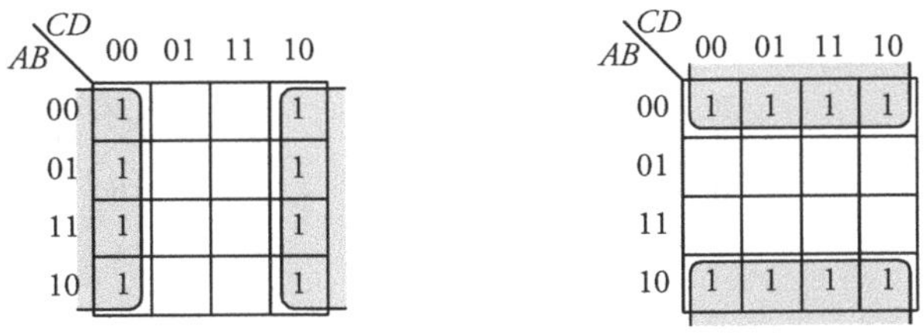

(c) $X=\overline{D}$　　(d) $X=\overline{B}$

그림 6-4. 8개의 인접한 항이 1로 채워진 경우 옥테트(Octet) 예

(4) 카르노 맵에 의한 간략한 절차

다음 과정을 카르노 맵을 이용하여 부울 함수를 간략화 시키는 과정을 설명한 것이다.

과정 1. 진리표로부터 카르노 맵을 작성한다.

과정 2. 고립된 1은 그 칸 자체 하나만 묶는다.

과정 3. 최소한 한번만 묶어지는 칸을 찾아서 이 1을 포함하는 모든 쌍을 묶는다.

과정 4. 될 수 있는 대로 큰 칸 항으로 묶는다. 즉, Octet, quad, pair순으로 묶는다.

과정 5. 각 묶음의 항을 합(OR)으로 나타낸다.

예제 05 다음 카르노 맵을 간소화 식을 구하라.

AB \ CD	00	01	11	10
00	0	1	0	0
01	1	1	1	1
11	0	0	1	1
10	1	0	0	0

(a)

AB \ CD	00	01	11	10
00	0	1	0	0
01	0	1	1	1
11	1	1	1	0
10	0	0	1	0

(b)

➔ 해설

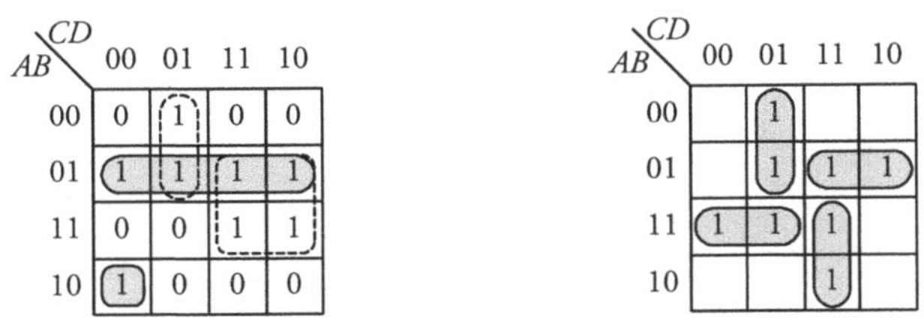

(a) $X=A\overline{B}\overline{C}\overline{D}+\overline{A}B+BC$　　(b) $X=AB\overline{C}+\overline{A}\overline{C}D+\overline{A}BC+ACD$

예제 06 다음 카르노 맵에 대한 논리식을 간단화하라.

(a)

A \ BC	00	01	11	10
0	1	0	0	1
1	1	1	0	1

(b)

A \ BC	00	01	11	10
0	0	1	1	1
1	0	1	1	1

(c)

AB \ CD	00	01	11	10
00	1	1	1	1
01	1	1	1	0
11	1	1	0	0
10	0	0	0	0

(d)

AB \ CD	00	01	11	10
00	1	0	0	1
01	1	1	0	0
11	1	1	0	0
10	1	1	0	0

➔해설

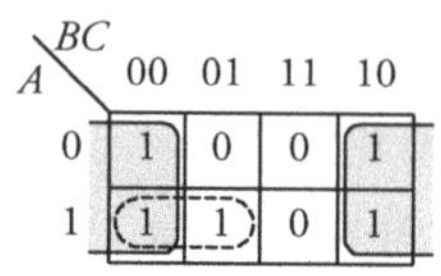

(a) $\overline{C}+A\overline{B}$

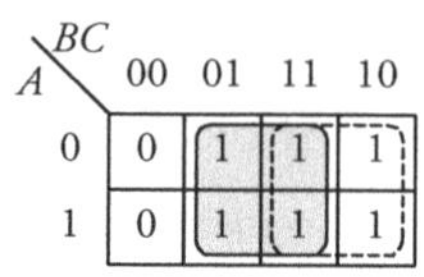

(b) $B+C$

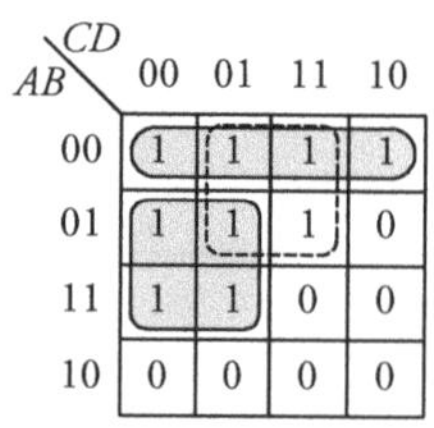

(c) $\overline{A}\overline{B}+B\overline{C}+\overline{A}D$

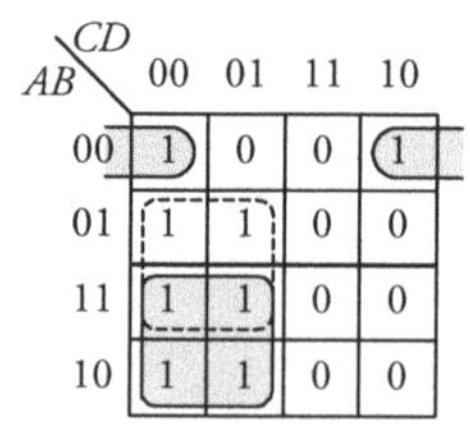

(d) $A\overline{C}+B\overline{C}+\overline{A}\overline{B}\overline{D}$

예제 07 부울식 $X = ABC + \overline{A}BC + A\overline{B}\overline{C} + AB\overline{C} + A\overline{B}C$ 를 간소화하라.

➔해설

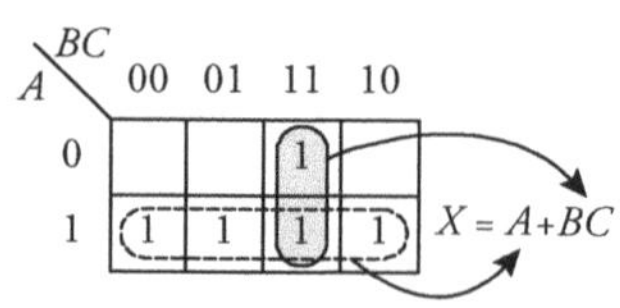

예제 08 다음 적의 합(SOP)형의 식을 카르노 맵을 이용하여 간소화하라.

$$X = \overline{A}B + \overline{A}\overline{B}\overline{C} + AB\overline{C} + A\overline{B}\overline{C}$$

➔해설

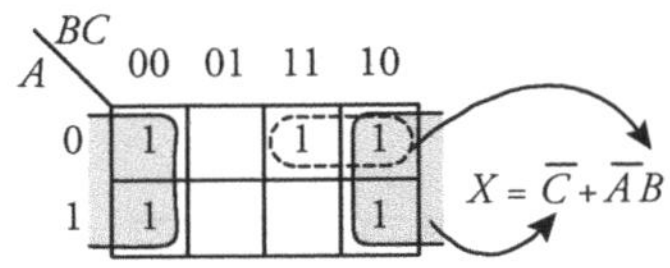

예제 09 다음 식을 카르노 맵을 사용하여 간단히 하라.

$$X = B\overline{C}D + ABCD + AB\overline{C}\,\overline{D} + AB\overline{C}\,\overline{D} + \overline{A}BCD$$

➔해설 주어진 부울 식에 대한 최소항으로 정리 한 후 카르노 맵으로 구한다. 그리고 나서 4개의 인접한 항으로 묶어 간소화 한다.

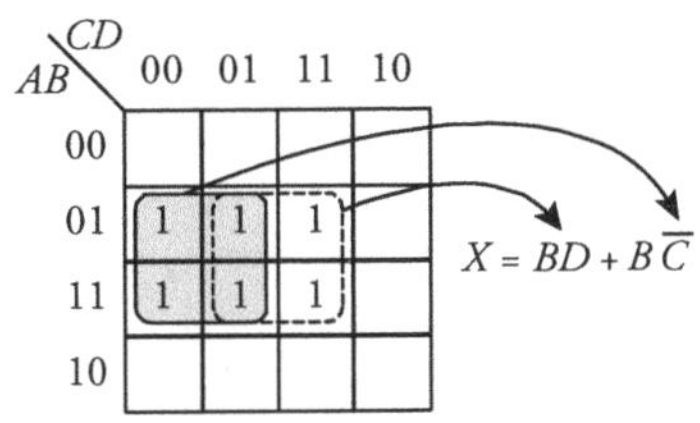

예제 10 다음 식을 카르노 맵을 사용하여 간단히 하라.

$$X = \overline{A}C\overline{D} + \overline{A}CD + A\overline{B}D + ABCD + \overline{A}\,\overline{B}CD$$

➔해설

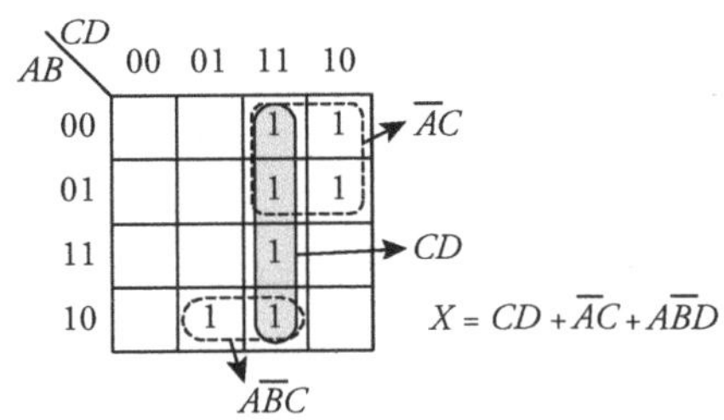

예제 11 다음 식을 카르노 맵을 사용하여 간단히 하라.

$$X = \overline{A}\,\overline{D} + A\overline{B}\,\overline{D} + \overline{A}\,\overline{C}D + \overline{A}CD$$

➔해설

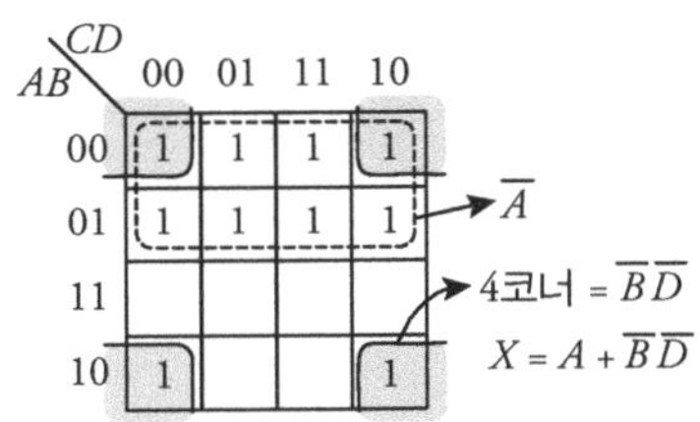

예제 12 논리식 $X(A, B, C) = \Sigma(1, 3, 4, 6)$의 합의 곱(POS)형을 구하라.

➔해설

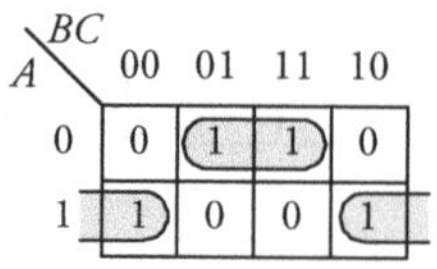

(a) SOP형 구하기

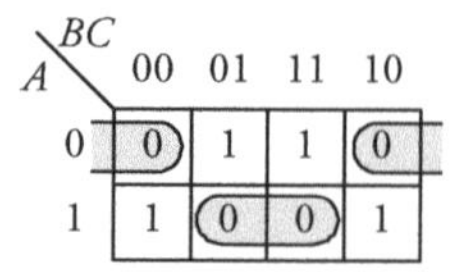

(b) POS형 구하기

예제 13 다음 부울 함수를 간소화하라.

$$X(A, B, C, D) = \Sigma m(4, 6, 7, 15)$$
$$X(A, B, C, D) = \Sigma m(0, 1, 2, 4, 5, 6, 8, 9, 12, 13, 14)$$

➔해설

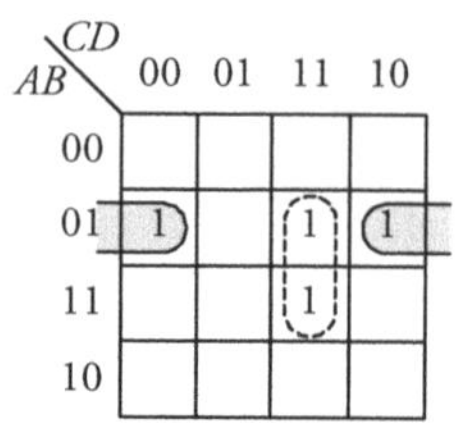

(a) $F = BCD + \overline{A}B\overline{D}$

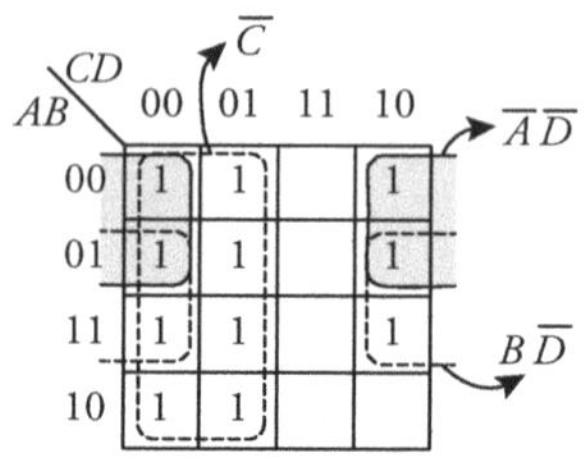

(b) $F = \overline{C} + \overline{A}\,\overline{D} + B\overline{D}$

(5) don't care의 조건

어떤 논리회로에서 입력 변수의 조합 중에는 이에 대응하는 논리 동작이 절대로 일어나지 않는 경우가 있다. 이와 같이 진리표상의 변수의 조합 중 사용하지 않는 것을 don't care 조건이라고 한다. 이 don't care 조건을 진리표나 카르노 도표에서 보통 X 또는 d로 표시하고 간소화 과정에서 0 또는 1 중 편리한 대로 취급한다. 카르노 맵 상에서 don't care 항은 다음과 같은 성질이 있다.

- 카르노 맵 상에서 간소화 할 때 묶음이 최대가 되도록 don't care항 X를 포함시켜야 한다. 이 때 X는 1로 간주한다.
- 논리함수의 부정을 구할 때는 카르노 맵 상의 1과 0을 서로 바꾸고 don't care항은 그대로 놓고 구한다.
- don't care항만을 묶어 간소화 시킬 수는 없다.

예제 14 그림에서 함수 F를 구하라. 여기서 x는 don't care 입력이다.

$A \backslash BC$	00	01	11	10
0	0	0	1	1
1	0	×	×	×

(a)

$A \backslash BC$	00	01	11	10
0	1	×	0	×
1	1	0	0	×

(b)

➔해설

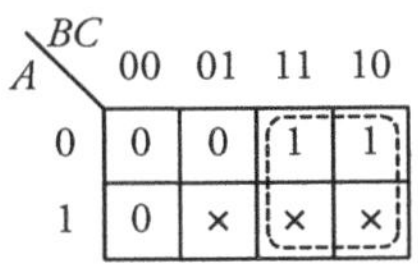

(a) $F=B$

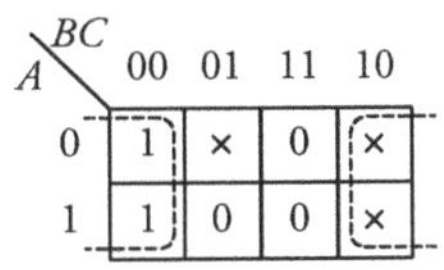

(b) $F=\overline{C}$

예제 15 d로 나타낸 리던던시 조건을 사용하여 간단히 하라.

$$F(a, b, c, d) = \Sigma m(7, 12, 13, 14) + \Sigma d(2, 6, 11, 15)$$

➔해설 don't care 조건을 진리표나 카르노 도표에서 보통 X 또는 d로 표시하고 간소화 과정에서 0 또는 1 중 편리한 대로 취급한다. 카르노 맵 상에서 간소화 할 때 묶음이 최대가 되도록 don't care항 X를 포함시켜야 한다. 이 때 X는 1로 간주한다.

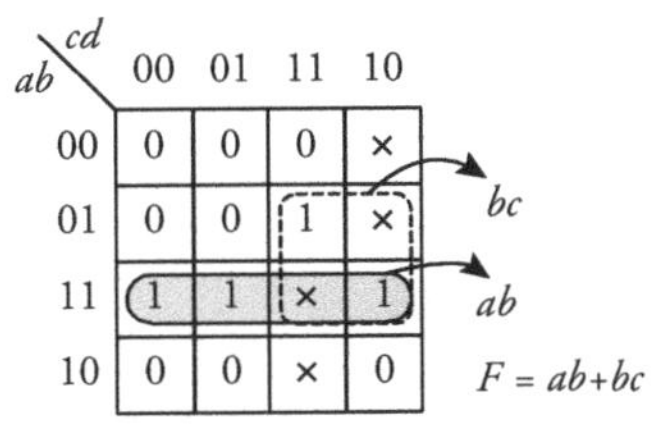

예제 16 다음의 카르노 맵을 간략화 하라.

$AB \backslash CD$	00	01	11	10
00		×	×	
01			1	1
11	×	×	×	
10		1	1	

(a)

$AB \backslash CD$	00	01	11	10
00		1	×	1
01				
11	1	1	1	×
10			1	×

(b)

➔해설

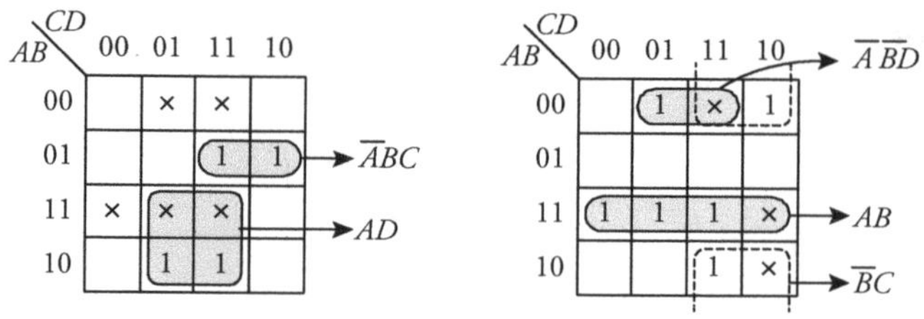

(a) $F=AD+\bar{A}BC$ (b) $F=AB+\bar{B}C+\bar{A}\bar{B}D$

예제 17 주어진 맵에서 x_1에 대한 SOP를 구하고 x_2에 대한 POS를 구하라.

cd \ ab	00	01	11	10
00		1		1
01	1	×		1
11	×	1	×	1
10		×		

x_1

cd \ ab	00	01	11	10
00	0	0	×	1
01	×	0	1	1
11	1	0	0	1
10	1	1	×	0

x_2

➔해설 (1) $x_1=\bar{a}b+a\bar{b}\bar{c}+\bar{b}d$

(2) $x_2=(a+c)(\bar{b}+\bar{c}+\bar{d})(\bar{a}+\bar{c}+\bar{d})$

6.4 컨센서스 이론

컨센서스(consensus) 이론은 부울 함수를 간소화시키는데 매우 유용하게 이용된다.

6.4.1 컨센서스 항

부울 함수 $ab+\bar{a}c+bc$ 형태의 식이 주어진 경우 bc항은 중복이 되어 삭제시킬 수 있어 $ab+\bar{a}c$ 로 간소화된다. 이 때 제거되는 항 bc를 컨센서스 항 이라고 한다. 컨센서스 항은 한 변수(a)가 한 항(ab)에, 그 변수의 보수 변수($\bar{a}$)가 다른 항($\bar{a}c$)에 존재하는 경우 나머지 변수들의 곱(bc)이 컨센서스 항이다.

예제 18 다음 함수 X를 컨센서스 이론을 이용하여 최소화하라.

$$X = \overline{A}\,\overline{B} + AC + B\overline{C} + \overline{B}C + AB$$

➔**해설**

$$X = \overline{A}\,\overline{B} + AC + B\overline{C} + \cancel{\overline{B}C} + \cancel{AB}$$
$$= \overline{A}\,\overline{B} + AC + B\overline{C}$$

예제 19 다음 함수 X를 컨센서스 이론을 이용하여 최소화하라.

$$X = (A + B + \overline{C})(A + B + \overline{D})(B + C + \overline{D})$$

➔**해설**

$$X = (A + B + \overline{C})(A + B + \overline{D})(B + C + \overline{D})$$
$$= (A + B + \overline{C})(B + C + \overline{D})$$

6.5 NAND와 NOR로의 설계 실현

모든 부울 식은 AND, OR, 인버터의 기본적인 게이트만으로 구성할 수 있으나 실제는 NAND나 NOR 게이트를 주로 사용하여 실현하고 있다.

6.5.1 NAND 게이트의 범용성

NAND게이트를 적당히 조립하면 AND, OR인버터 모두를 표현할 수 있어 가장 널리 사용되기 때문에 이 게이트를 범용 게이트(universal gate)라고 한다.

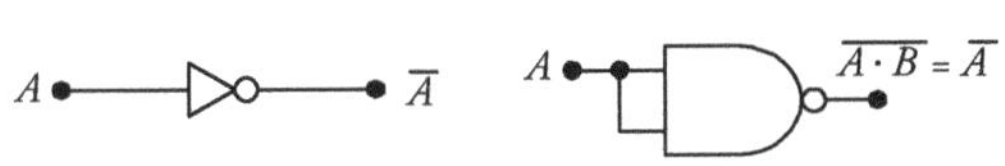

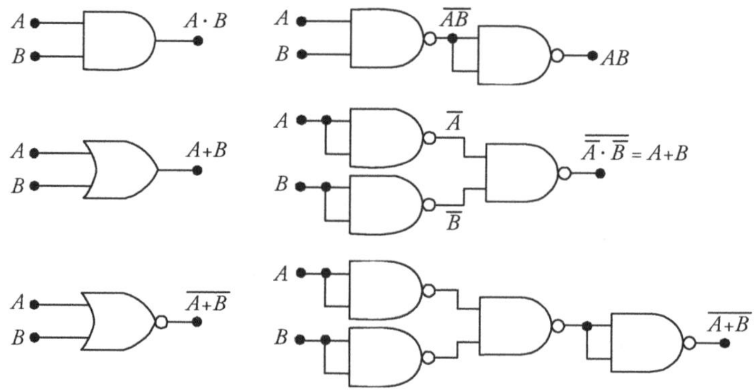

그림 6-5. NAND 게이트의 범용성

6.5.2 NOR게이트의 범용성

NOR 게이트를 적당히 조합하면 AND, OR, 인버터 모두를 표현할 수 있다.

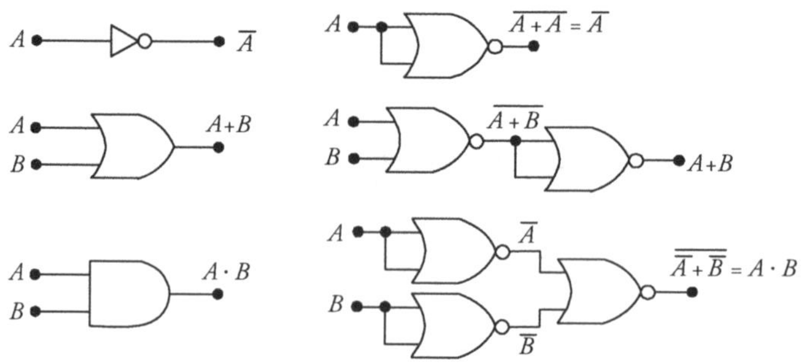

그림 6-6. NOR 게이트의 범용성

NAND 논리회로를 NOR 논리 회로로 변환하고자 할 때에는 모든 입력을 부정하여 NOR로 바꾸어 놓으면 출력이 $\overline{x}$의 등가 회로가 얻어진다.

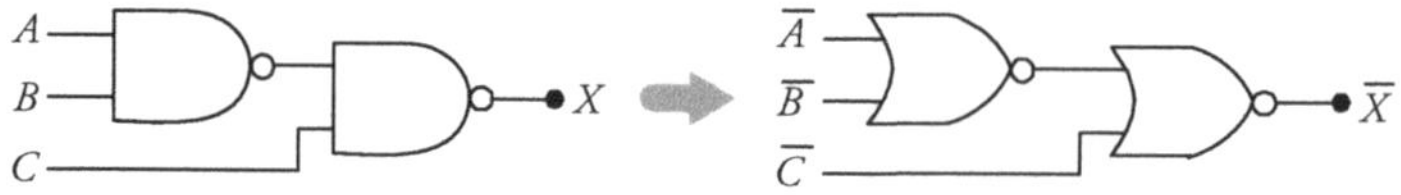

(a) $x = AB + \overline{C}$ (b) $\overline{x} = (\overline{A} + \overline{B})C$

그림 6-7. NOR 게이트의 범용성 예

위 그림(b)에서 출력이 $\bar{x}$이므로 긍정 신호 x을 얻기 위해서는 1 입력의 NOR 게이트를 인버터로 하여 부가시킨다.

6.6 조합논리회로의 설계

디지털 시스템에서 논리 회로는 크게 조합논리회로와 순서 논리 회로로 나눌 수 있다. 조합논리회로는 출력이 현재의 입력에 의해서만 결정되는 게이트들로 구성된 회로로서 가산기와 같은 연산회로 멀티플렉서 등이 이에 속한다. 반면에 순서 논리 회로는 현재 입력과 과거의 입력에 의해서 출력이 결정되는 회로로서 조합논리회로와 기억 소자들로 구성된다.

6.6.1 조합논리회로의 블록다이어그램

그림 6-8은 n개의 입력변수들과 조합논리회로 그리고 m개의 출력 변수로 구성된 블록도를 보인 것이다.

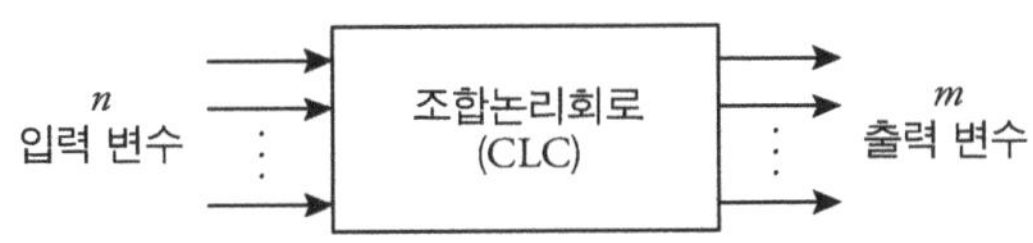

그림 6-8. m개의 출력 변수로 구성된 블록도

6.6.2 조합논리회로의 설계 절차

조합논리회로의 설계는 어떠한 문제를 설정하는 것으로부터 시작해서 논리 회로를 얻는 일련의 과정이다. 다음은 조합논리회로의 설계 절차를 과정별로 정리한 것이다.

과정 1. 문제를 명확히 기술한다.

과정 2. 필요한 입력 변수와 출력 변수의 개수를 결정한다.

과정 3. 각 변수에 사용된 문자를 할당한다.

과정 4. 진리표를 작성한다.

과정 5. Karnaugh map 등을 이용하여 출력식을 간소화 한다.

과정 6. 논리 회로를 그린다.

예제 20 3변수인 다수결 회로를 구성하고자 한다. 2개 이상의 변수가 1일 때 1을 출력하는 논리 회로를 설계하라.

➔해설 3변수인 다수결 회로를 구성해보자. 2개 이상의 변수가 1일 때 1을 출력하는 논리 회로를 설계한다.

과정 2. 입력 변수는 3개, 출력 변수는 1개이다.

과정 3. 입력 변수는 A, B, C 이고 출력 변수는 x 이다.

과정 4. 진리표를 작성한다.

과정 5. 출력식을 간소화 한다.

과정 6. 간소화된 출력식에 대한 회로도를 작성한다.

	A	B	C	x
0	0	0	0	0
1	0	0	1	0
2	0	1	0	0
3	0	1	1	1
4	1	0	0	0
5	1	0	1	1
6	1	1	0	1
7	1	1	1	1

(a) 진리표 작성

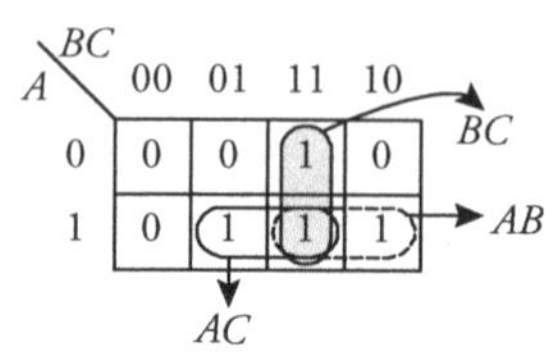

(b)

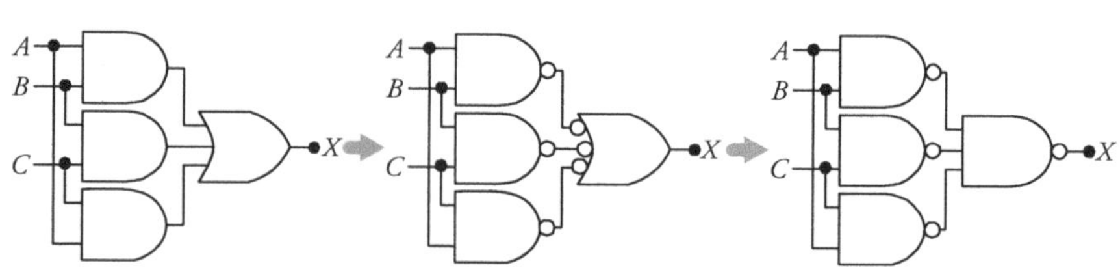

(c)

예제 21 다음과 같이 P, Q, R의 3개의 입력과 하나의 출력 S를 가진 회로가 있다. $P=0$인 모든 경우와 $Q=R=1$인 모든 경우에 1을 출력하는 논리 회로를 설계하라.

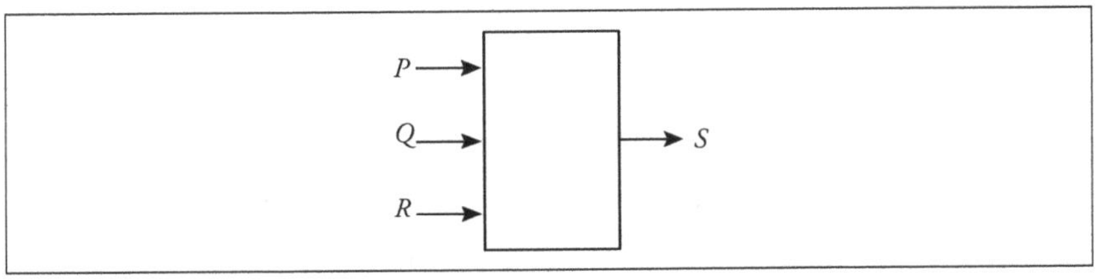

➔해설 과정 2. 입력 변수는 3개, 출력 변수는 1개이다.

과정 3. 입력 변수는 P, Q, R 이고 출력 변수는 S이다.

과정 4. 진리표를 작성한다.

과정 5. 출력식을 간소화 한다.

과정 6. 간소화된 출력식에 대한 회로도를 작성한다.

	P	Q	R	S
0	0	0	0	1
1	0	0	1	1
2	0	1	0	1
3	0	1	1	1
4	1	0	0	0
5	1	0	1	0
6	1	1	0	0
7	1	1	1	1

(a) 진리표 작성

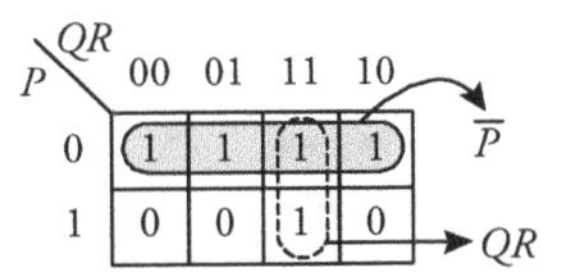

(b) $S=\sum(0,1,2,3,7)$
$=\overline{P}+QR$

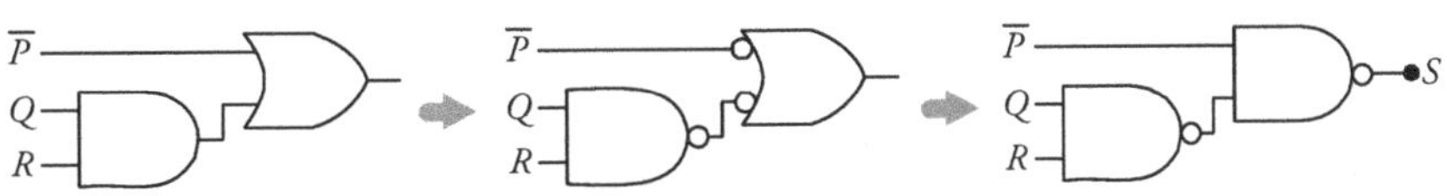

(c)

예제 22 다음 스위칭 네트워크는 두 제어 입력 C_1, C_2 와 두 데이터 입력 D_1, D_2 그리고 출력 x을 갖고 있다. $C_1=C_2=0$이면 $x=0$이고, $C_1=C_2=1$이면 $x=1$이다. 또, $C_1=1,\ C_2=0$이면 $x=D_1$이고, $C_1=0,\ C_2=1$이면 $x=D_2$가 된다고 한다. 이 때 x의 적의 합형을 구하고 x에 관한 네트워크를 NAND 게이트로 설계하라.

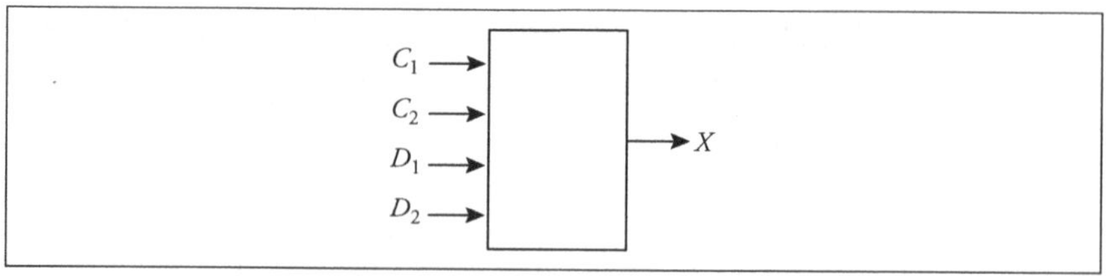

➔ 해설

C_1	C_2	D_1	D_2	x
0	0	0	0	0
0	1	0	1	1
0	1	1	0	0
0	1	1	1	1
1	0	0	0	0
1	0	0	1	0
1	0	1	0	1
1	0	1	1	1
1	1	0	0	1
1	1	0	1	1
1	1	1	0	1
1	1	1	1	1

(a) 진리표 작성

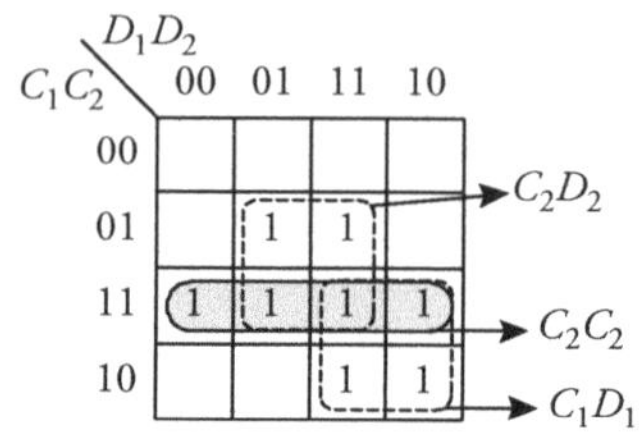

$$x = C_1C_2 + C_1D_1 + C_2D_2$$

(b) 간략화 식 구하기

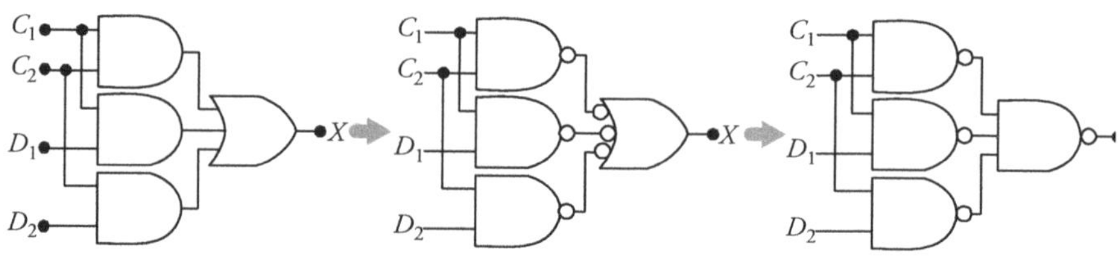

(c)

예제 23 3[bit] 우수 패리티 발생기(even parity generator)를 설계하라. 입력 변수 x, y, z는 메시지 비트이고, 출력 변수 p는 패리티 비트이다.

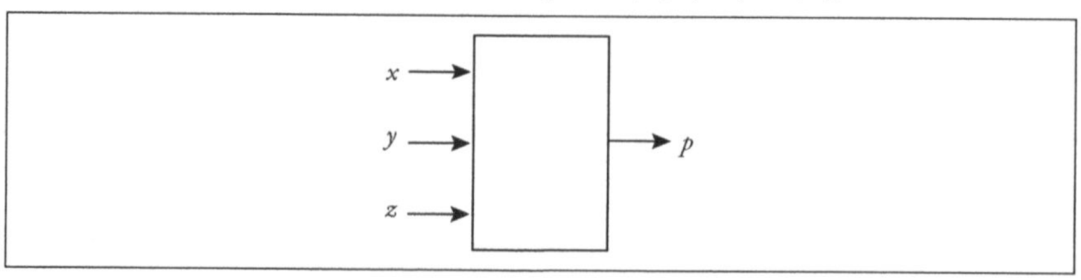

➔해설 3[bit] 우수 패리티 발생기를 설계한다. 입력 변수 x, y, z는 메시지 비트이고, 출력 변수 p는 패리티 비트이다.

과정 2. 입력 변수는 3개, 출력 변수는 1개이다.

과정 3. 입력 변수는 x, y, z이고 출력 변수는 p이다.

과정 4. 진리표를 작성한다.

과정 5. 출력식을 간소화 한다.

과정 6. 간소화된 출력식에 대한 회로도를 작성한다.

	x	y	z	p
0	0	0	0	0
1	0	0	1	1
2	0	1	0	1
3	0	1	1	0
4	1	0	0	1
5	1	0	1	0
6	1	1	0	0
7	1	1	1	1

(a) 진리표 작성

x \ yz	00	01	11	10
0	0	1	0	1
1	1	0	1	0

(b)

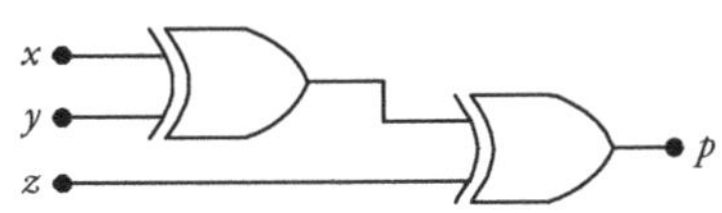

(c)

요약(SUMMARY)

01. 모든 논리 변수를 포함한 곱 항을 최소항(minterm)이라 하고, 모든 논리 변수를 포함한 합 항을 최대항(maxterm)이라고 한다.

02. 임의의 논리 함수를 일련의 최소항의 논리합으로 표시한 것을 가법 표준형 또는 표준 SOP형이라고도 한다.

03. 임의의 논리 함수를 일련의 최대항의 논리적으로 표시한 것을 승법 표준형 또는 표준 POS형이라고도 한다.

04. 곱의 합(sum of product)은 2개 이상의 AND항을 OR로 구성한 것으로 AND항은 한 항에 한 개 이상의 변수가 부정을 가질 수 있으나 둘 이상의 변수를 묶어서 부정을 취하지는 않는다.

05. 합의 곱(product of sum)은 2개 이상의 OR항을 AND로 구성한 것으로 OR 항은 한 항에 한 개 이상의 변수가 부정을 가질 수 있으나 둘 이상의 변수를 묶어 부정을 취하지는 않는다.

06. 카르노 도에서 2개의 인접한 항이 1로 채워진 경우를 페어(pair) 또는 쌍이라고 하고 4개의 인접한 항이 1로 채워진 경우를 쿼드(quad), 8개의 인접한 항이 1로 채워진 경우를 옥테트(Octet)라고 한다.

07. don't care 조건을 진리표나 카르노 도표에서 보통 X 또는 d로 표시하고 간소화 과정에서 0 또는 1 중 편리한 대로 취급한다.

08. 부울 함수 $ab+\bar{a}c+bc$ 형태의 식이 주어진 경우 bc항은 중복이 되어 삭제시킬 수 있어 $ab+\bar{a}c$로 간소화된다. 이 때 제거되는 항 bc를 컨센서스 항 이라고 한다.

09. 조합논리회로는 출력이 현재의 입력에 의해서만 결정되는 게이트들로 구성된 회로로서 가산기와 같은 연산회로 멀티플렉서 등이 이에 속한다.

10. 순서 논리 회로는 현재 입력과 과거의 입력에 의해서 출력이 결정되는 회로로서 조합논리회로와 기억 소자들로 구성된다.

연습문제

01. 다음 진리표에서 표준 SOP형, 즉 최소항의 합으로 표현하라.

A	B	C	x
0	0	0	0
0	0	1	0
0	1	0	0
0	1	1	1
1	0	0	0
1	0	1	1
1	1	0	1
1	1	1	0

02. 논리식 $f = \overline{A}\,C + AB$을 표준 SOP형, 즉 가법 표준형으로 전개하라.

03. 다음 진리표에서 표준 POS형, 즉 승법 표준형으로 전개하라.

A	B	C	x
0	0	0	0
0	0	1	0
0	1	0	0
0	1	1	1
1	0	0	1
1	0	1	1
1	1	0	0
1	1	1	1

04. 그림의 3변수 카르노 맵을 최소화한 함수를 구하라.

A \ BC	00	01	11	10
0	1	1	1	1
1	0	0	1	1

(a)

A \ BC	00	01	11	10
0	1	1		
1		1	1	1

(b)

그림 6-37

05. 그림의 4변수 카르노 맵을 최소화한 함수를 구하라.

AB \ CD	00	01	11	10
00				
01				
11	1	1	1	1
10				

(a)

AB \ CD	00	01	11	10
00	1		1	1
01		1	1	
11		1	1	
10	1		1	1

(b)

06. 그림의 4변수 카르노 맵을 최소화한 함수를 구하라.

	$\overline{C}\,\overline{D}$	$\overline{C}D$	CD	$C\overline{D}$
$\overline{A}\,\overline{B}$	1	1	1	1
$\overline{A}B$	1	1	0	0
AB	0	0	0	1
$A\overline{B}$	0	0	1	1

(a)

	$\overline{C}\,\overline{D}$	$\overline{C}D$	CD	$C\overline{D}$
$\overline{A}\,\overline{B}$	1	0	1	1
$\overline{A}B$	1	0	0	1
AB	0	0	0	0
$A\overline{B}$	1	0	1	1

(b)

07. 그림의 카르노 맵을 최소화한 함수를 구하라.

AB \ CD	00	01	11	10
00	0	1	1	1
01	0	0	0	1
11	1	1	0	1
10	1	1	0	1

(a)

AB \ CD	00	01	11	10
00	0	1	0	0
01	0	1	1	0
11	1	1	1	1
10	1	0	0	1

(b)

08. 그림의 4변수 카르노 맵을 최소화한 함수 (a)적의 합(SOP)형과 (b)합의 적(POS)형을 구하라.

$AB \backslash CD$	00	01	11	10
00	1	1	0	1
01	1	1	0	1
11	0	0	0	0
10	1	1	0	1

09. 그림의 3변수 카르노 맵을 최소화한 함수를 구하라.

$C \backslash AB$	00	01	11	10
0	0	0	1	1
1	0	0	d	d

10. 다음 4변수 카르노 맵을 최소화한 함수를 구하라.

$CD \backslash AB$	00	01	11	10
00	1	1	d	1
01	1	0	d	1
11	1	1	d	d
10	1	0	0	d

d : don't care

11. 그림의 논리 회로를 NAND로 구성하라.

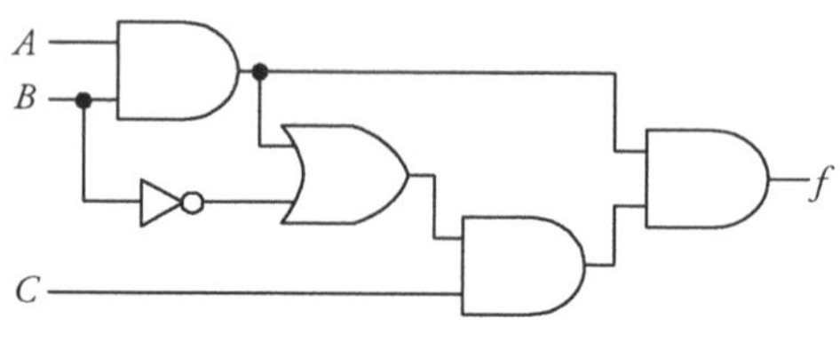

13. 어떤 회로에서 입력은 A, B, C 3종류이며 출력은 A, B, C중 둘 이상 1일 때에 한하여 1로 된다고 한다. 이 논리 회로의 출력을 나타내는 식을 구하라.

Chapter 07 조합논리회로

(Combinational logic circuit)

의료 디지털 시스템에서 사용되는 논리회로에는 조합논리회로와 순서논리회로가 있다. 조합논리회로(CLC : combinational logic circuit)는 출력이 이전의 입력에 관계없이 현재의 입력에 의해서만 결정되며, 게이트에 의해서 구성된 회로로서, 부울 함수에 의해서 논리적으로 명시할 수 있다. 가산기와 같은 산술연산회로와 인코더, 멀티플렉서, 패리티 발생기와 같은 데이터 전송회로로 구분할 수 있다.

순서논리회로(SLC : sequential logic circuit)는 게이트와 기억소자에 조합되어 구성된 회로로서, 논리 게이트에 인가되는 현재의 입력과 기억소자에 저장되어 있는 과거의 입력에 의해서 출력이 결정된다. 따라서 회로의 동작은 내부 상태와 입력신호에 의해서 복합적으로 표시할 수 있다.

조합회로의 각 출력은 입력변수의 보수형태나 정상형태로 나타내는 부울 함수로 나타낼 수 있으므로, 조합회로는 m개의 부울 함수에 의해서 기술할 수 있고 진리표(truth table)로 나타낼 수 있다.

결론적으로, 조합논리회로는 논리 게이트의 조합으로 이루어진 회로로서 출력은 입력단자에 가한 입력신호의 값에 의해서만 결정되며, 기억 능력은 갖고 있지 않다.

7.1 가산기

10진수 X, Y의 덧셈을 가정해 보자.

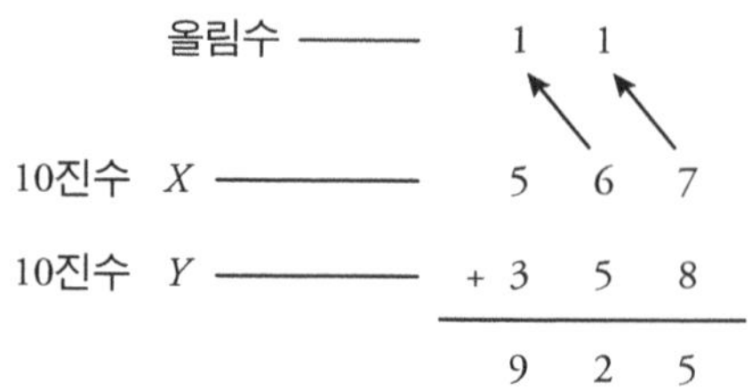

단, 자리에서는 X, Y만 더하면 되므로, 십 자리 이상에서는 더하고자 하는 수 X, Y는 물론이고 올림수까지 고려하여 계산해야 한다. 논리함수에서도 이 원칙이 그대로 적용되어 LSB(Least Significant Bit)의 덧셈 시에는 2진수 X, Y만을 더하는 반가산기를 사용하고 상위 비트는 2진수 X, Y의 해당 비트와 올림수까지 더하는 전가산기를 사용한다. 디지털 컴퓨터가 정보처리를 수행하는 데 있어서 가장 기본적인 기능은 산술 연산으로서 2개의 2진 숫자를 더하는 것이다. 이러한 단순한 덧셈은 4개의 기본 연산, 즉 $0+0=0$, $0+1=1$, $1+0=1$, $1+1=10$으로 이루어져 있다. 마지막의 덧셈에서는 올림수가 발생되어 2자리의 합이 만들어졌다.

7.1.1 반가산기(half adder : HA)

반가산기는 한 비트의 2진수를 더하여 합과 자리올림 값을 계산하는 회로이다. 입력 변수 X와 Y는 각각 피가수와 가수를 나타내고 출력 S는 합(sum)을, C는 자리올림(carry)이다. 여기서, 합 출력 S와 자리올림 출력 C의 논리식을 유도하면 다음과 같다.

$$S=\overline{X}Y+X\overline{Y}=X\oplus Y$$

$$C=XY$$

즉, 반가산기는 배타적 OR 게이트 1개와 AND 게이트 1개로 구성된다.

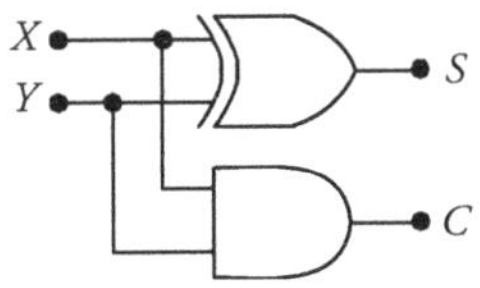

(a) 논리회로

입력		출력	
X	Y	S	C
0	0	0	0
0	1	1	0
1	0	1	0
1	1	0	1

(b) 진리표

그림 7-1. 반가산기

예제 01 기본 논리 게이트를 이용하여 반가산기를 실현하라.

➔**해설** 기본 논리 게이트인 AND, OR, NOT 게이트를 이용하여 반가산기를 구성하는 것이다.

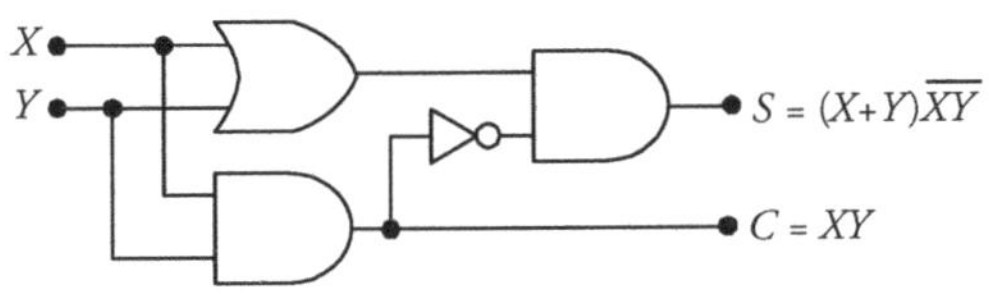

7.1.2 전가산기(full adder : FA)

반가산기는 한 자리의 2진수만 더할 수 있다.

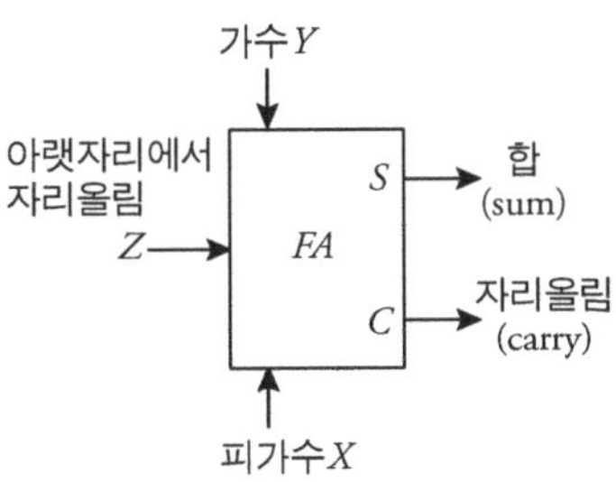

(a) 기호

no	입 력			출 력	
	X	Y	Z	S	C
0	0	0	0	0	0
1	0	0	1	1	0
2	0	1	0	1	0
3	0	1	1	0	1
4	1	0	0	1	0
5	1	0	1	0	1
6	1	1	0	0	1
7	1	1	1	1	1

(b) 진리표

그림 7-2. 전가산기기호와 진리표

두 자리 이상의 2진수를 더할 경우에는 가수, 피가수 및 아랫자리에서 올라 온 자리올림 수 등 3개의 2진수를 더해야 한다. 전가산기는 2개는 반가산기를 조합시켜 자리올림(carry)입력을 고려한 가산기이다.

그림 7-2에서 X와 Y는 각각 합하는 수의 비트를 나타내고 있으며, Z는 X와 Y보다 낮은 자리에서 올라온 올림수 비트를 나타낸다. S와 C는 각각 합한 결과와 다음 자리로 올라가는 올림수 비트를 나타낸다. 그림 7-2(b)의 진리표로부터 S와 C의 논리함수를 곱의 합형식으로 구하면,

$$
\begin{aligned}
S &= \overline{X}\,\overline{Y}Z + \overline{X}Y\overline{Z} + X\overline{Y}\,\overline{Z} + XYZ = (\overline{X}Y + X\overline{Y})\overline{Z} + (\overline{X}\,\overline{Y} + XY)Z \\
&= (X \oplus Y)\overline{Z} + \overline{(X \oplus Y)}Z \\
&= (X \oplus Y) \oplus Z
\end{aligned}
$$

$$
\begin{aligned}
C &= \overline{X}YZ + X\overline{Y}Z + XY\overline{Z} + XY\overline{Z} = (\overline{X}Y + X\overline{Y})Z + XY(\overline{Z} + Z) \\
&= (X \oplus Y)Z + XY
\end{aligned}
$$

따라서,

합 : $S = (X \oplus Y) \oplus Z$

올림수 : $C = (X \oplus Y)Z + XY$가 된다.

이 전가산기의 구성은 다음과 같다.

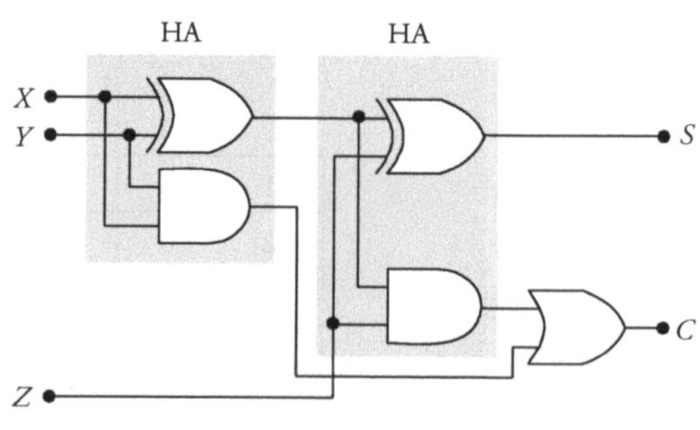

그림 7-3. 전가산기 구성

예제 02 2개의 반가산기와 OR 게이트 1개를 이용하여 전가산기를 구성하라.

➔해설

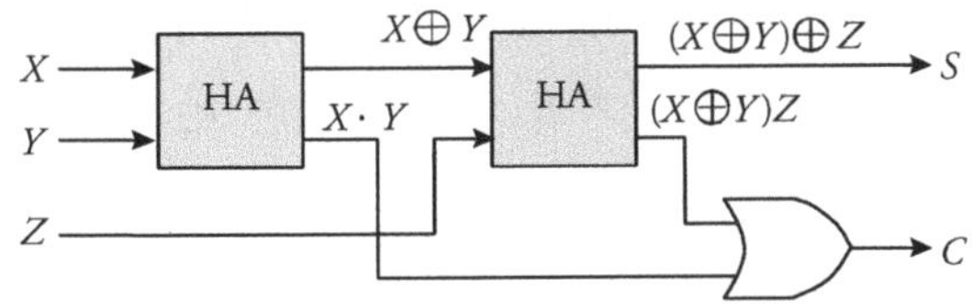

7.2 감산기

2진수의 뺄셈은 보수를 구한 후, 가산기를 이용하여 구하는 것이 일반적이다. 그러나 뺄셈을 실현하는 논리회로를 구현하여 직접 실행할 수도 있다. 이 경우, 각 감수의 비트를 대응되는 피감수의 비트에서 뺀 차(D : difference)와 피감수비트가 감수비트보다 작을 때 바로 앞의 비트로부터 1을 빌려오는 빌림수(B : borrow)에 의해 실현될 수 있다. 실제로 컴퓨터에서는 감산기는 거의 사용하지 않는데 그 이유는 뺄셈은 2의 보수로 바꾸어 덧셈을 하기 때문이다.

7.2.1 반감산기(half subtractor : HS)

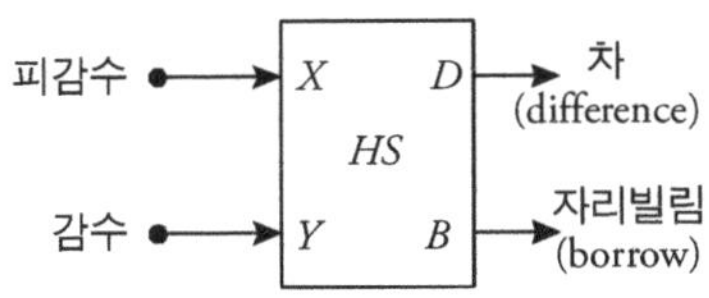

(a) 기호

입력		출력	
X	*Y*	*D*	*B*
0	0	0	0
0	1	1	0
1	0	1	0
1	1	0	1

(b) 진리표

그림 7-4. 반감산기

반감산기는 1자리 2진수의 감산을 하는 회로이다. 입력 변수 X와 Y는 각각 피감수와 감수를 나타내고 출력 D는 차(difference), B는 자리 빌림(borrow)이다. 1[bit]의 2진수의 반감산기를 설계하기 위하여 뺄셈 $X-Y$에 대한 진리표를 표현하면 그림 7-4(b)와 같다. 반감산기의 차는 반가산기의 합과 동일한 논리식으로 표시될 수 있고 배타적 OR 게이트로 실현될 수 있다.

$$D = \overline{X}\,Y + X\overline{Y} = X \oplus Y$$

$$B = \overline{X}\,Y$$

위 논리식을 이용하여 반감산기를 구성하면 그림 7-5와 같다.

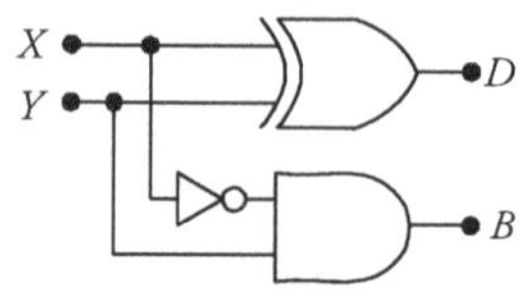

$$D = \overline{X}\,Y + X\overline{Y} = X \oplus Y$$

$$B = \overline{X}\,Y$$

그림 7-5. 반감산기의 구성

7.2.2 전감산기(full subtractor : FS)

3개의 입력을 가진 2진수 뺄셈 회로를 전감산기라고 한다. 전감산기는 2개의 반감산기를 조합시켜 자리 빌림(borrow) 입력을 고려한 감산기이다.

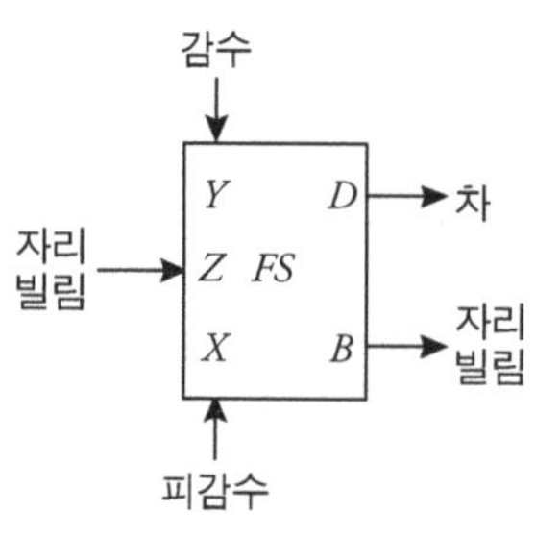

(a) 기호

no	입 력			출 력	
	X	Y	Z	D	B
0	0	0	0	0	0
1	0	0	1	1	0
2	0	1	0	1	0
3	0	1	1	0	1
4	1	0	0	1	0
5	1	0	1	0	1
6	1	1	0	0	1
7	1	1	1	1	1

(b) 진리표

그림 7-6. 전감산기

그림 7-6의 진리표로부터 D와 B_0의 논리함수를 곱의 합 형식으로 구하면,

$$
\begin{aligned}
D &= \overline{X}\,\overline{Y}Z + \overline{X}Y\overline{Z} + X\overline{Y}\,\overline{Z} + XYZ = (\overline{X}Y + X\overline{Y})\overline{Z} + (\overline{X}\,\overline{Y} + XY)Z \\
&= (X \oplus Y)\overline{Z} + \overline{(X \oplus Y)Z} \\
&= (X \oplus Y) \oplus Z \\
B &= \overline{X}\,\overline{Y}Z + \overline{X}Y\overline{Z} + \overline{X}YZ + XYZ = (\overline{X}\,\overline{Y} + XY)Z + \overline{X}Y(\overline{Z} + Z) \\
&= (\overline{X \oplus Y})Z + \overline{X}Y = (X \odot Y)Z + \overline{X}Y
\end{aligned}
$$

따라서, 전감산기는 2개의 반감산기와 1개의 OR 게이트를 구성할 수 있다. 위 논리식을 이용하여 전감산기를 구성하면 그림 7-7과 같다.

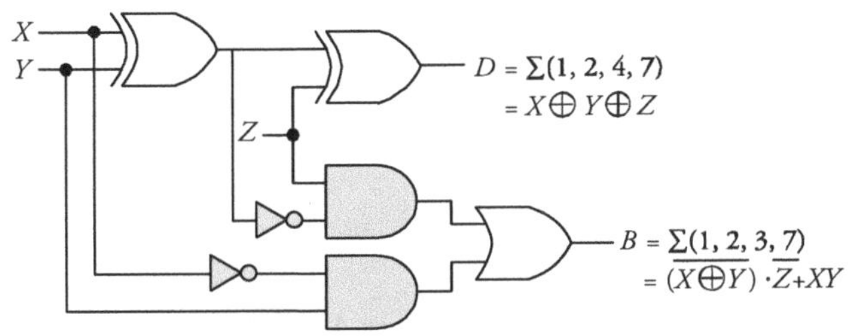

그림 7-7. 2개의 반감산기와 1개의 OR 게이트로 구성된 전감산기

7.3 비교기

7.3.1 크기 비교기(magnitude comparator)

두 수의 비교는 한 수가 다른 수보다 큰지, 작은지, 같은지를 결정하는 연산이다.

표 7-1. 크기 비교기

입 력		출 력		
A	B	$A=B$	$A>B$	$A<B$
0	0	1	0	0
0	1	0	0	1
1	0	0	1	0
1	1	1	0	0

위 진리표로부터 출력식을 구하면 다음과 같다.

$$A=B \qquad Y_1=\overline{A}\,\overline{B}+AB=\overline{A\oplus B}$$

$$A>B \qquad Y_2=A\overline{B}$$

$$A<B \qquad Y_3=\overline{A}B$$

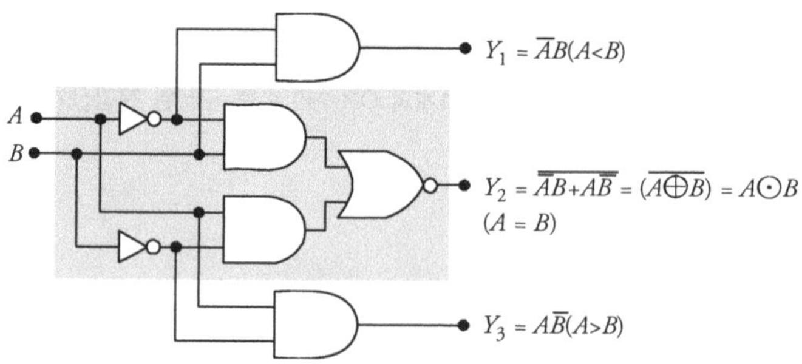

그림 7-8. 크기 비교기

크기 비교기는 두 수 A와 B을 비교하여 그들의 상대적 크기를 결정하는 조합논리회로이다. 즉, 크기 비교기는 2개의 2진 입력 크기를 비교하여 $A=B$, $A>B$, $A<B$의 3 경우를 판별한다.

7.4 인코더와 디코더

7.4.1 인코더(encoder)

인코더는 M개의 입력 중에서 단지 하나만 선택이 되면 그에 대응되는 코드가 출력되는 조합회로이다. 근본적으로 디코더의 역기능을 수행하는 조합논리회로로서, 입력이 2^M개 이하 비트라면 출력은 N[bit]가 된다.

일반적으로 인코더는 입력으로 10진수나 8진수의 숫자를 받아들여 BCD나 2진수와 같은 코드로 변환하거나 여러 가지 기호나 알파벳 문자를 코드화하기도 한다. 이러한 과정을 인코딩(encoding, 부호화)이라 한다.

다음 표 7-2는 8진대 2진 인코더를 보인 것이다. 이 인코더는 한 번에 하나의 입력만 1인 값을 갖는다. 이 진리표에서 출력식을 구하면 다음과 같다. 이 식은 3개의 OR 게이트로 구현 할 수 있다.

표 7-2. 8진대 2진 인코더

입 력								출 력		
D_7	D_6	D_5	D_4	D_3	D_2	D_1	D_0	X	Y	Z
0	0	0	0	0	0	0	1	0	0	0
0	0	0	0	0	0	1	0	0	0	1
0	0	0	0	0	1	0	0	0	1	0
0	0	0	0	1	0	0	0	0	1	1
0	0	0	1	0	0	0	0	1	0	0
0	0	1	0	0	0	0	0	1	0	1
0	1	0	0	0	0	0	0	1	1	0
1	0	0	0	0	0	0	0	1	1	1

$$X = D_4 + D_5 + D_6 + D_7$$

$$Y = D_2 + D_3 + D_6 + D_7$$

$$Z = D_1 + D_3 + D_5 + D_7$$

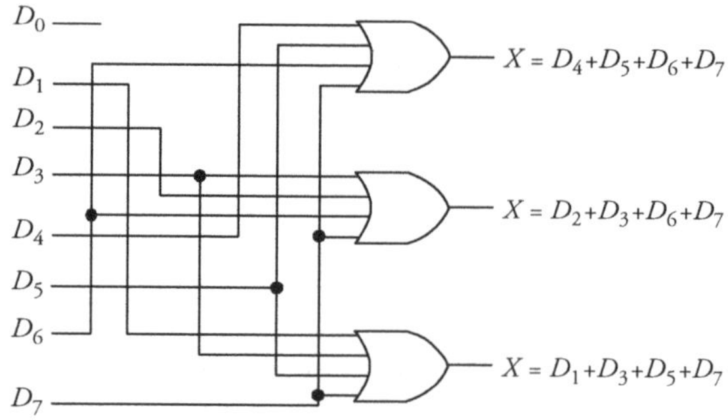

그림 7-9. 8진대 2진 인코더 구성

7.4.2 디코더(decoder)

부호화된 데이터로부터 정보를 찾아내는 조합논리회로로서, N개의 입력과 각 입력이 부호화되어 단지 한 개만의 출력이 선택되는 디코더의 개념도를 보여주고 있다. 디코더의 입력이 N[bit]라면 출력선은 2^N개 이하가 되어야 한다.

일반적으로 디코더는 2진수와 같이 코드화된 정보를 10진수나 문자와 같이 이해할 수 있는 형태로 변환하기 위해 사용된다. 이러한 과정을 디코딩(decoding, 복호화)이라 한다. 그림 7-10은 하나의 enable 입력(E)를 가진 2×4 디코더를 구성한 것이다.

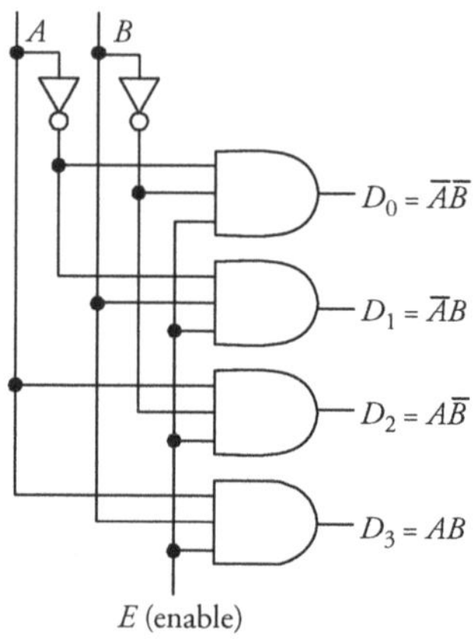

(a)

입력			출 력			
E	A	B	D_0	D_1	D_2	D_3
0	×	×	0	0	0	0
1	0	0	1	0	0	0
1	0	1	0	1	0	0
1	1	0	0	0	1	0
1	1	1	0	0	0	1

(b)

그림 7-10. 2×4 디코더

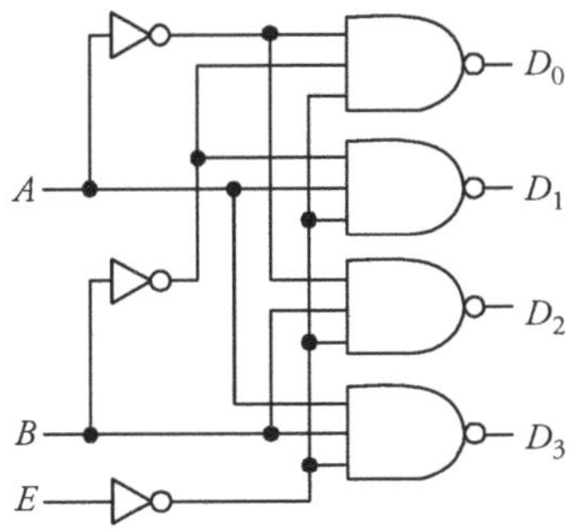

(a)

	입력		출 력			
E	A	B	D_0	D_1	D_2	D_3
0	0	0	0	1	1	1
0	0	1	1	0	1	1
0	1	0	1	1	0	1
0	1	1	1	1	1	0
1	×	×	1	1	1	1

(b)

그림 7-11. NAND를 이용 2×4 디코더

이 2×4 디코더는 입력이 2[bit]이고 출력은 4개이다. 이 디코더는 AND 또는 NAND를 이용하여 구성할 수 있다. NAND 게이트를 이용하여 구성하면 그림 7-11과 같다. 인에이블 단자 $E=1$일 때만 정상 동작을 한다. 일반적으로 n개의 입력과 m개($m \leq 2^n$)의 출력을 가지는 디코더를 n 대 m라인 디코더 또는 $n \times m$ 디코더라고 한다. 이 디코더를 이용하면 어떠한 조합논리회로도 설계할 수 있다. 디코더 진리표에서 ×는 임의 조건 즉, don't care를 의미한다.

예제 03 3×8 디코더를 사용하여 전가산기를 설계하라.

➔**해설** 전가산기는 설계하려면 3개의 입력에 대해 8개의 최소항이 있어야 하므로 3×8디코더가 필요하다.

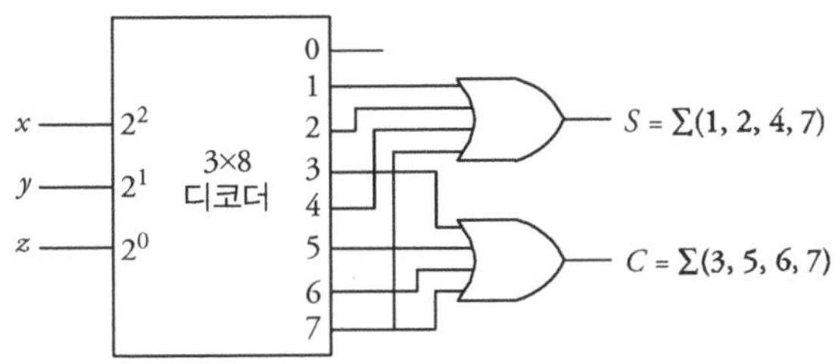

7.5 멀티플렉서와 디멀티플렉서

7.5.1 멀티플렉서(multiplexer : MUX)

멀티플렉서는 여러 개의 회로가 단일 선을 공동으로 이용하여 신호를 전송하는데 필요한 것이다. 즉, 여러 개의 입력선 중에서 어느 하나를 선택하여 출력 선에 실어주는 기능을 한다. 따라서 n개의 선택 입력에 따라 2^n개의 입력을 하나의 출력에 선택적으로 연결시켜 주는 조합회로이다.

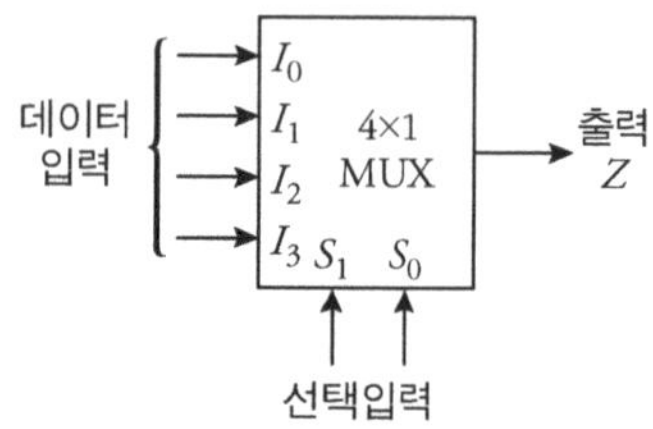

(a)

선택입력		출력
S_1	S_0	Z
0	0	I_0
0	1	I_1
1	0	I_2
1	1	I_3

(b)

그림 7-12. 4×1 멀티플렉서 구성

그림 7-12는 4개의 입력선과 1개의 출력선 그리고 2개의 선택선을 가지는 4×1 멀티플렉서를 구성한 것이다. 즉, 데이터 입력이 4개이므로 선택 입력이 2개가 필요하다. 2개의 선택선에 나타나는 비트 조합 00, 01, 10, 11에 따라 각각 입력 I_0, I_1, I_2, I_3 이 선택되어 출력 Z에 연결된다. MUX 진리표에서와 같이 $S_1S_0 = 10$인 경우 출력 Z는 입력 I_2의 값을 갖는다.

7.5.2 디멀티플렉서(demultiplexer : DEMUX)

DEMUX는 MUX의 정반대 동작을 수행하는 조합회로이다.

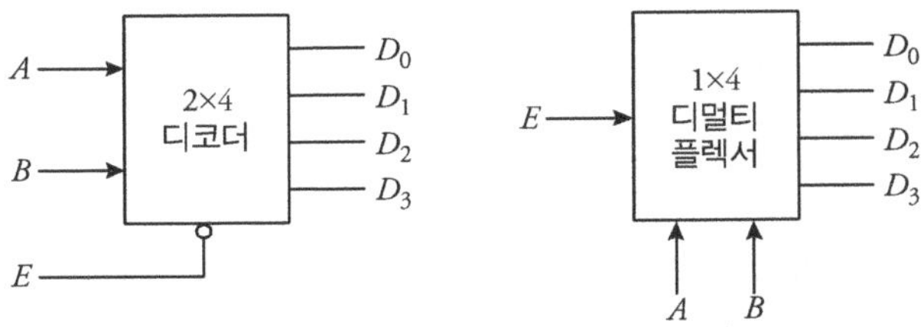

(a) (b)

그림 7-13. 74151 8-입력 멀티플렉서

즉, 하나의 입력을 받아들여 여러 개의 출력으로 분배해 주는 회로로서 데이터 분배기 (data distributor)라고도 한다.

- 하나의 enable을 가진 디코더는 디멀티플렉서로 동작할 수 있다.
- 디코더 회로에서 인에이블 E를 데이터 입력선으로 A, B를 선택선으로 간주하면 디멀티플렉서로 동작하게 된다.
- 인에이블 입력이 있는 디코더를 디코더/디멀티플렉서라고도 한다.

그림 7-14는 1×4 DEMUX의 진리표와 논리회로를 보인 것이다. 1×4 DEMUX는 제어 입력 S_1S_0에 따라 4개의 출력 중에 하나의 출력에만 입력이 출력되고 나머지는 0이 출력된다.

제어 입력		출 력			
S_{11}	S_0	D_0	D_1	D_2	D_3
0	0	E	0	0	0
0	1	0	E	0	0
1	0	0	0	E	0
1	1	0	0	0	E

(a)

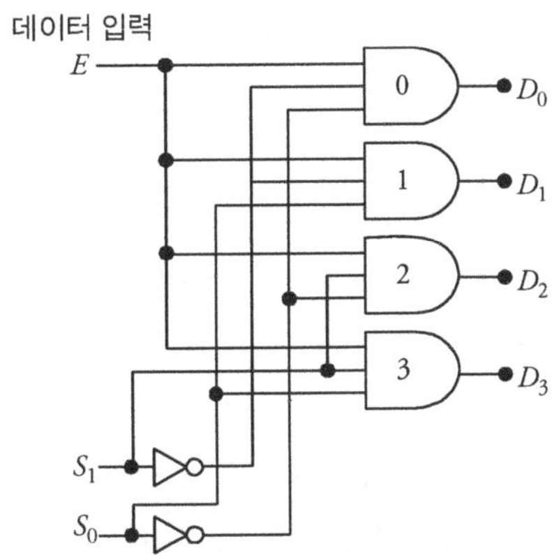

(b)

그림 7-14. 1×4 DEMUX의 진리표와 논리회로

7.6 부호 변환기의 설계

부호 변환기(code converter)는 2진 코드를 다른 형태의 2진 코드로 변환기에는 BCD-3초과 코드 변환기, BCD-binary, Binary-BCD, BCD-Gray code, Gray code-BCD, BCD-7-segment, ASCII-EBCDIC, EBCDIC-ASCII 등이 있다.

7.6.1 BCD-3초과 코드 변환기

BCD-3초과 코드 변환기를 설계해 보자. 먼저 진리표를 작성해보면 다음과 같다.

표 7-3. BCD-3초과 코드 변환기

MAP VALUE	BCD 코드				3초과 코드			
	A	B	C	D	W	X	Y	Z
0	0	0	0	0	0	0	1	1
1	0	0	0	1	0	1	0	0
2	0	0	1	0	0	1	0	1
3	0	0	1	1	0	1	1	0
4	0	1	0	0	0	1	1	1
5	0	1	0	1	1	0	0	0
6	0	1	1	0	1	0	0	1
7	0	1	1	1	1	0	1	0
8	1	0	0	0	1	0	1	1
9	1	0	0	1	1	1	0	0

BCD로 사용하지 않는 10~15의 6개 항은 don't care 항으로 처리한다. 다음으로 표 7-3의 진리표로부터 각 출력식을 카르노 맵으로 구하면 다음과 같다.

$$W = A + B(C + D)$$

$$X = B\overline{CD} + \overline{B}(C + D)$$

$$Y = CD + \overline{C}\,\overline{D}$$

$$Z = \overline{D}$$

위 논리식을 사용하여 논리회로를 구성하면 그림 7-15와 같다.

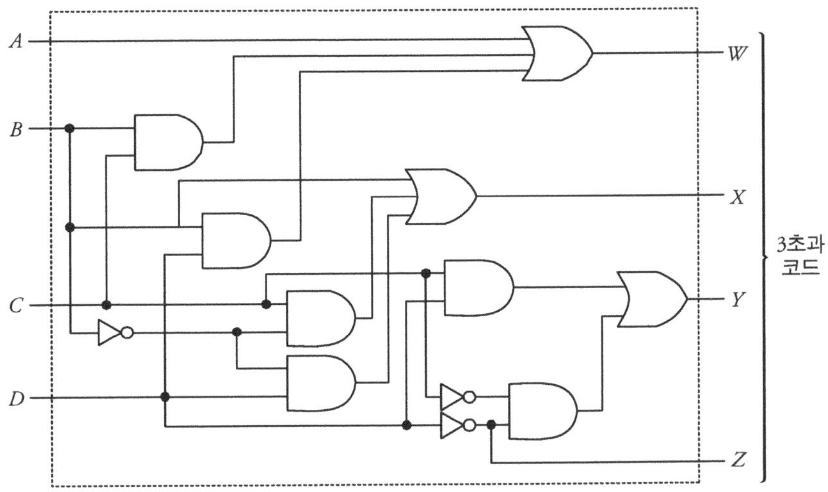

그림 7-15. BCD-3초과 코드 변환기 구성

7.6.2 그레이 코드-2진 부호 변환기

먼저 그레이 코드-2진 부호 변환기 표를 작성한다.

표 7-4. 그레이 코드-2진 부호 변환기 표

10진	그레이 코드				2진 코드			
	g_8	g_8	g_8	g_8	b_8	b_8	b_8	b_8
0	0	0	0	0	0	0	0	0
1	0	0	0	1	0	0	0	1
2	0	0	1	1	0	0	1	0
3	0	0	1	0	0	0	1	1
4	0	1	1	0	0	1	0	0
5	0	1	1	1	0	1	0	1

6	0	1	0	1	0	1	1	0
7	0	1	0	0	0	1	1	1
8	1	1	0	0	1	0	0	0
9	1	1	0	1	1	0	0	1
10	1	1	1	1	1	0	1	0
11	1	1	1	0	1	0	1	1
12	1	0	1	0	1	1	0	0
13	1	0	1	1	1	1	0	1
14	1	0	0	1	1	1	1	0
15	1	0	0	0	1	1	1	1

위 진리표로부터 각 출력에 대응하는 논리식을 구한다.

$$b_8 = g_8$$

$$b_4 = \overline{g_8}g_4 + g_8\overline{g_4} = g_8 \oplus g_4$$

$$b_2 = g_8 \oplus g_4 \oplus g_2 = b_4 \oplus g_2$$

$$b_1 = b_2 \oplus g_1$$

위 식으로부터 논리회로를 구성한다.

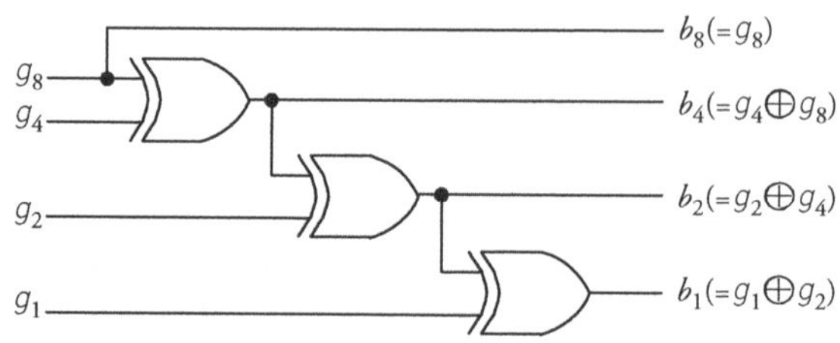

그림 7-16. 그레이 코드-2진 부호 변환기 구성

7.6.3 BCD-7 segment 디스플레이 코드 변환기

그림 7-17은 BCD-7 segment 디코더로서 BCD로 표현된 10진 디지트를 입력으로 받아

서 그 10진수를 전시할 수 있도록 해 주는 출력을 산출한다. 이 디코더의 출력들은 a, b, c, d, e, f, g이다.

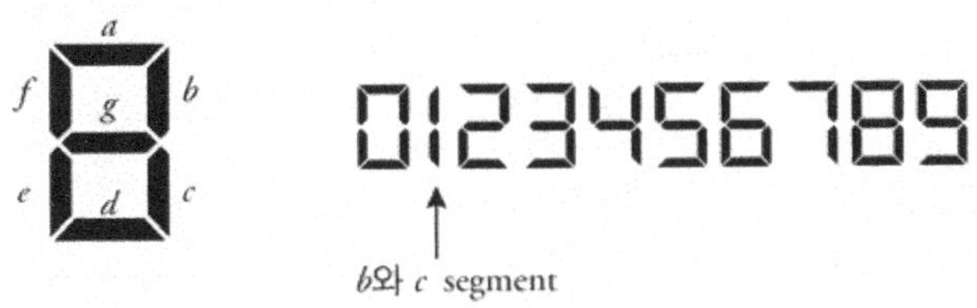

그림 7-17. BCD-7 segment

예를 들어 3은 a, b, c, d, g을 1로 하면 되고 5는 a, c, d, f, g을 1로 하면 된다. 이 BCD-7 segment 디코더를 설계하기로 한다.

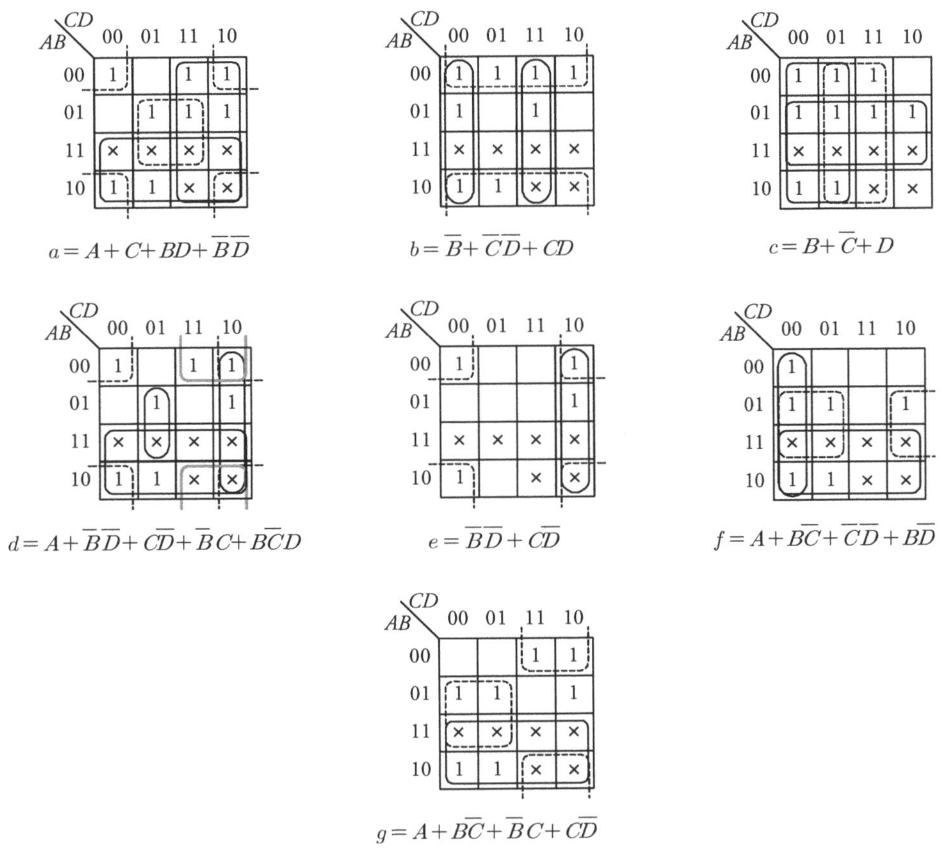

그림 7-18.

7.6.4 BCD-7 segment 디코더/구동기

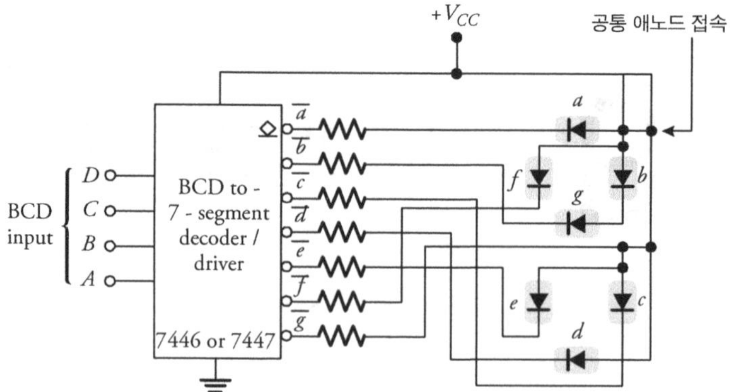

그림 7-19. BCD-7 segment 디코더/구동기

그림 7-19는 7 segment를 구동시키기 위해서 사용한 BCD-7 segment(TTL 7446 또는 7447)이다. LED의 애노드(anode)는 V_{CC}(+5[V])와 연결되어 있다.

요약(SUMMARY)

01. 조합논리회로는 논리 게이트의 조합만으로 이루어진 회로로서, 출력은 입력단자에 가한 입력 신호에 의해서만 결정되며, 기억능력이 없는 논리회로이다.

02. 반가산기는 2[bit]를 더하여 그 결과로 1[bit]의 합(S : Sum)과 1[bit]의 올림수(C : carry)를 발생하는 회로이고, 전가산기는 비트 2개와 낮은 자리에서 발생하는 입력 올림수까지 고려하여 입력 비트 3개의 합과 출력 올림수를 구하는 조합논리회로이다.

03. 2진수의 뺄셈은 보수를 구한 후, 가산기를 이용하여 구하는 것이 일반적이나 반감산기와 전감산기 같은 논리회로를 구현하여 직접 뺄 수도 있다.

04. 2진 비교기는 2진수 X와 Y의 크기를 비교하여 $X = Y$, $X > Y$, $X < Y$의 세 경우를 판별할 수 있는 조합회로이다.

05. 인코더는 수개의 입력 중에서 단지 하나만 1이 되면 그에 해당되는 출력이 선택되는 회로이며 디코더는 수개의 입력과 각 입력이 부호화되어 단지 한 개만의 출력이 선택되는 조합회로이다.

06. 멀티플렉서는 데이터 선택신호라고도 하며, 2^N개의 입력 데이터로부터 정보를 받아들여 단일 회선을 공동 출력선으로 이용하여 신호를 전송하는 회로이고, 디멀티플렉서는 데이터 분배회로라고도 하며, 한 개의 선으로부터 입수된 정보를 받아들여 2^N개의 가능한 출력선 중에서 하나를 선택하여 정보를 전송하는 조합회로이다.

07. 조합회로는 AND와 OR 게이트보다는 하드웨어 관점에서 직접화가 용이한 NAND와 NOR 게이트로 구성하는 것이 바람직하다.

연습문제

01. 다음 그림은 전가산기(FA)의 블록도에 대한 진리표이다. x, y, z는 가 입력일 때 출력 S, C을 결정하라.

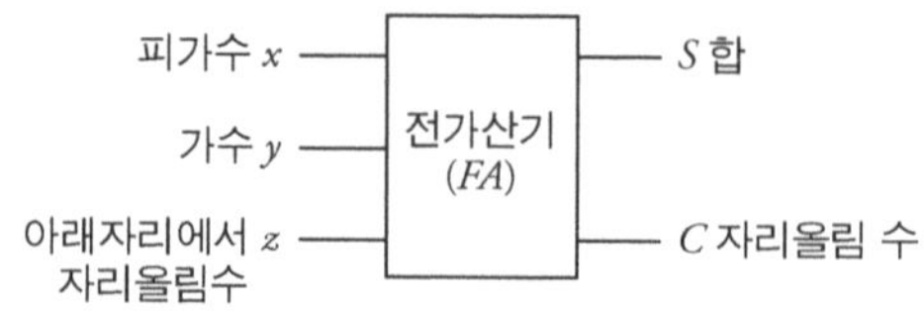

입력	x	0	0	1	1	0	0	1	1
	y	0	1	0	1	0	1	0	1
	z	0	0	0	0	1	1	1	1
출력	S								
	C								

02. 전감산기를 2개의 반감산기와 하나의 OR 게이트를 이용하여 설계하라.

03. 4[bit] 크기 비교기을 설계하라.

04. 3×8디코더 1개로 전가산기를 설계하라.

05. 디코더와 디멀티플렉서의 차이점을 들어라.

06. 멀티플렉서와 디멀티플렉서의 차이점을 기술하라.

07. 그레이 코드를 2진수로 변환하는 회로를 설계하라.

08. 다음 논리회로는 어떤 장치로 사용할 수 있는가?

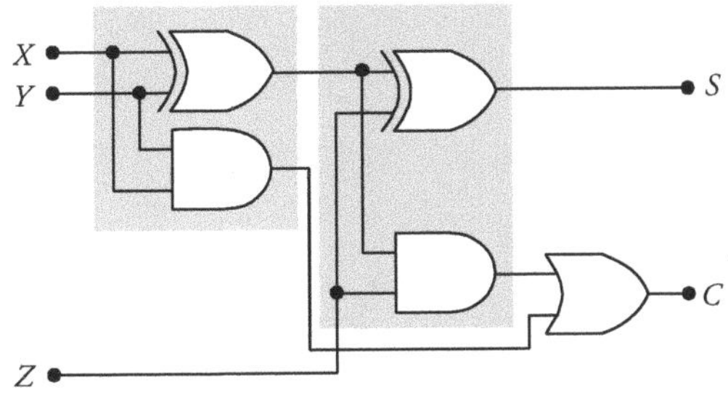

09. 다음 회로는 무슨 조합논리회로에 해당하는가?

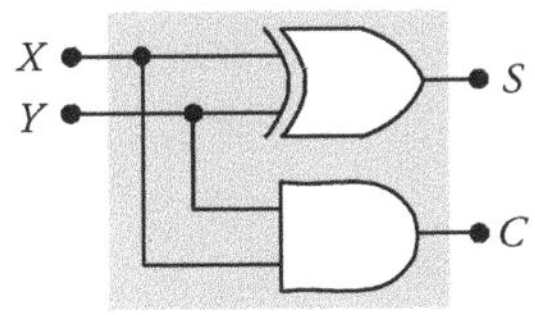

10. *BCD* 7-세그먼트를 구동회로로 기본 논리 게이트를 이용하여 설계하라.

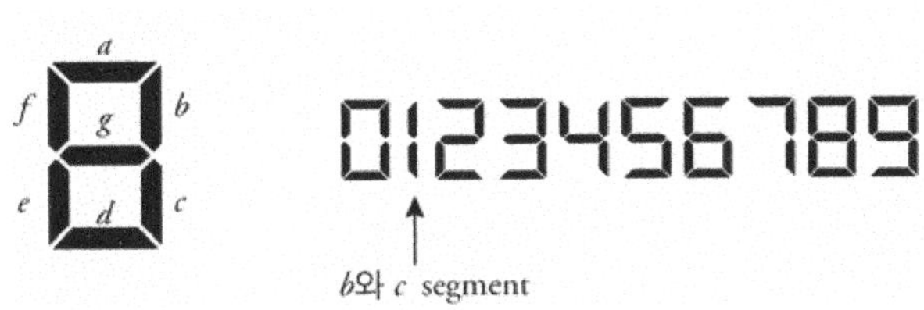

BCD-7 segment

Chapter 08 순서논리회로

(Sequential Logic circuits)

플립플롭(flip-flop)은 2개의 안정 상태를 가지고 있는 기억 소자로 쌍안정 멀티바이브레이터 또는 래치(latch)라고 한다. 트리거 신호에 의하여 어떤 상태를 만들어 주면 다음 트리거 신호가 들어올 때 까지 계속 그 상태를 유지하게 된다. 이러한 성질을 이용하여 한 자리의 2진수를 기억시키는 기억 소자로 쓰인다. 플립플롭은 이와 같은 기억 능력을 가지고 있으므로 계수기 또는 데이터 처리 장치 등에 많이 쓰인다.

8.1 기본 플립플롭

가장 기본적인 플립플롭 회로는 2개의 NAND 게이트 또는 2개의 NOR 게이트로 구성할 수 있다. 이를 NAND 게이트를 이용한 SR 래치, NOR 게이트를 이용한 SR 래치라고 한다. 먼저 NAND 게이트 이용한 SR 래치의 동작을 살펴본다.

8.1.1 NAND 래치

NAND 게이트 래치에서 S와 R의 입력들은 일반적으로 HIGH 상태를 유지하고 있고 출력을 변화시키고자 할 때에는 두 입력 중 하나에 LOW펄스를 가해준다.
$Q(t)$는 현재 상태이고 $Q(t+1)$은 다음 상태를 의미한다. 2입력 NAND 게이트로 구성된 SR 래치에서 모든 입력 조건에 대한 출력 Q의 상태를 살펴보면 다음과 같다.

- $S=R=1$일 때 : 불변 상태로 전 상태를 그대로 유지한다.
- $S=0$, $R=1$일 때 : 세트 상태(출력 $Q=1$)가 된다.
- $S=1$, $R=0$일 때 : 리세트 상태(출력 $Q=0$)가 된다.
- $S=R=0$일 때 : 부정(금지) 상태이다.

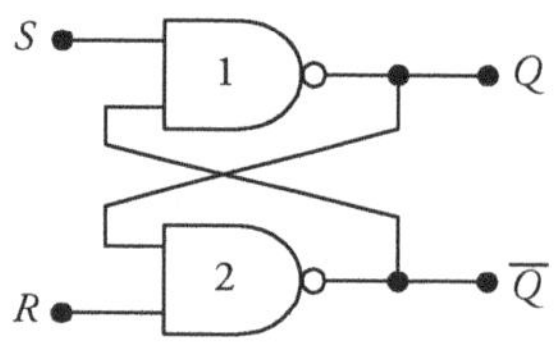

(a)

S	R	$Q(t+1)$	상태
1	1	$Q(t)$	불변(유지)
0	1	1	SET
1	0	0	RESET
0	0	0	부정(금지)

(b)

그림 8-1. NAND 게이트 래치

예제 01 NAND 게이트를 이용한 SR 래치를 구성하고 그 동작을 진리표로 작성한 후 설명하라.

➔**해설** $Q(t)$는 현재 상태이고 $Q(t+1)$은 다음 상태를 의미한다. 이 NAND 게이트 래치에서 S와 R의 입력들은 일반적으로 HIGH 상태를 유지하고 있고 출력을 변화시키고자 할 때에는 두 입력 중 하나에 LOW펄스를 가해준다.

2입력 NAND 게이트로 구성된 SR 래치에서 모든 입력 조건에 대한 출력 Q의 상태를 살펴보면 다음과 같다.

1. $S=R=1$일 때 : 불변 상태로 출력 상태에 아무런 영향을 끼치지 않고 전 상태를 그대로 유지한다.
2. $S=0$, $R=1$일 때 : 출력 $Q=1$인 상태(세트 상태)가 된다.
3. $S=1$, $R=0$일 때 : 출력 $Q=0$인 상태(리세트 상태)가 된다.
4. $S=R=0$일 때 : 두 출력 모두 $Q=\overline{Q}=1$ 이 되어 불안정한 상태가 되므로 이런 상태는 피해야 한다.

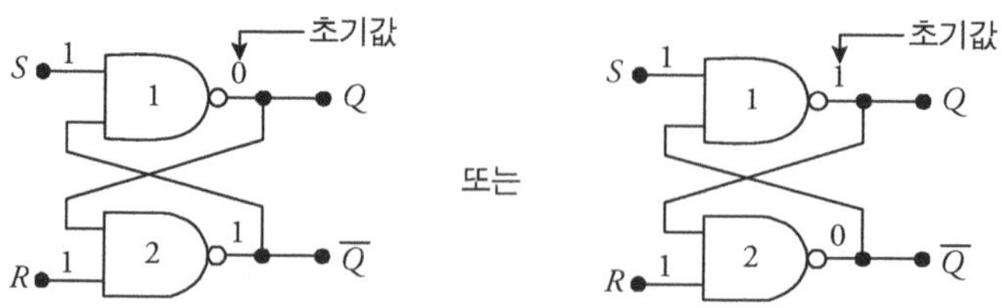

(a) $S=R=1$ 일 때 출력 상태는 불변

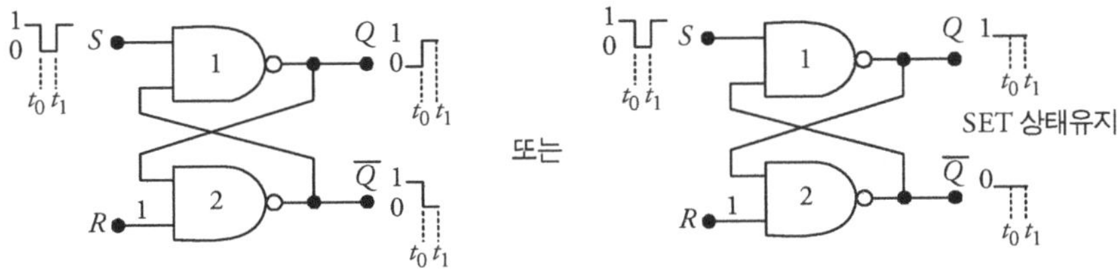

(b) $S=0, R=1$ 일 때 $Q=1, \overline{Q}=0$

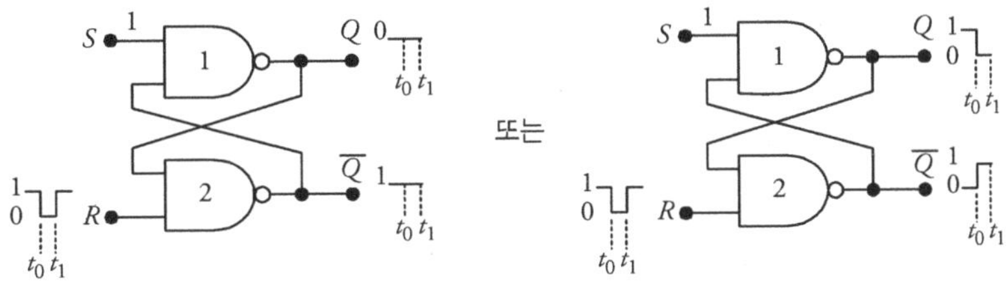

(c) $S=1, R=0$ 일 때 $Q=0, \overline{Q}=1$

8.1.2 NOR 래치

다음은 NOR 게이트 이용한 SR 래치의 동작을 살펴본다. 이 NOR 게이트 래치에서는 1개의 입력이 LOW이면 출력은 다른 입력의 상태로 결정되고 1개만이라도 HIGH이면 다른 입력에 관계없이 출력은 LOW가 된다. 2입력 NOR 게이트로 구성된 SR 래치에서 모든 입력 조건에 대한 출력 Q의 상태를 살펴보면 다음과 같다.

- $S=R=0$일 때 : 불변 상태로 전 상태를 그대로 유지한다.
- $S=1,\ R=0$일 때 : 세트 상태(출력 $Q=1$)가 된다.
- $S=0,\ R=1$일 때 : 리세트 상태(출력 $Q=0$)가 된다.
- $S=R=1$일 때 : 부정(금지) 상태이다.

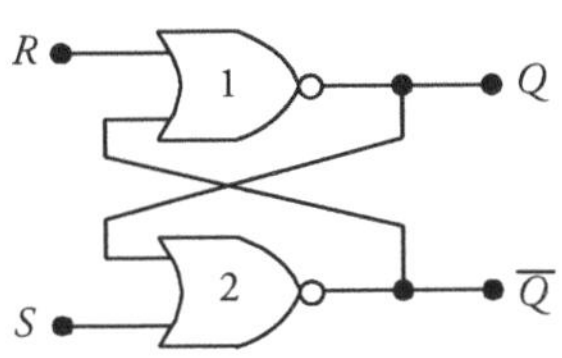

(a)

S	R	$Q(t+1)$	상태
0	0	$Q(t)$	불변(유지)
1	0	1	SET
0	1	0	RESET
1	1	0	부정(금지)

(b)

그림 8-2. NOR 게이트 래치

예제 02 NOR 게이트를 이용한 SR 래치를 구성하고 그 동작을 진리표로 작성한 후 설명하라.

해설 $Q(t)$는 현재 상태이고 $Q(t+1)$은 다음 상태를 의미한다. 2입력 NOR 게이트로 구성된 SR 래치에서 모든 입력 조건에 대한 출력 Q의 상태를 살펴보면 다음과 같다.

1. $S=R=0$일 때 : 불변 상태로 출력 상태에 아무런 영향을 끼치지 않고 전 상태를 그대로 유지한다.
2. $S=1$, $R=0$일 때 : 출력 $Q=1$인 상태(세트 상태)가 된다.
3. $S=0$, $R=1$일 때 : 출력 $Q=0$인 상태(리세트 상태)가 된다.
4. $S=R=1$일 때 : 두 출력 모두 $Q=\overline{Q}=0$ 이 되어 불안정한 상태(부정)가 되므로 이런 상태는 피해야 한다.

이 SR 래치는 주기적인 펄스를 사용하지 않고 각 부의 동작은 하나 전의 동작이 끝나면 그 출력 상태에 따라 다음 회로가 동작하는 방식이므로 비동기식 SR 플립플롭이라고도 한다.

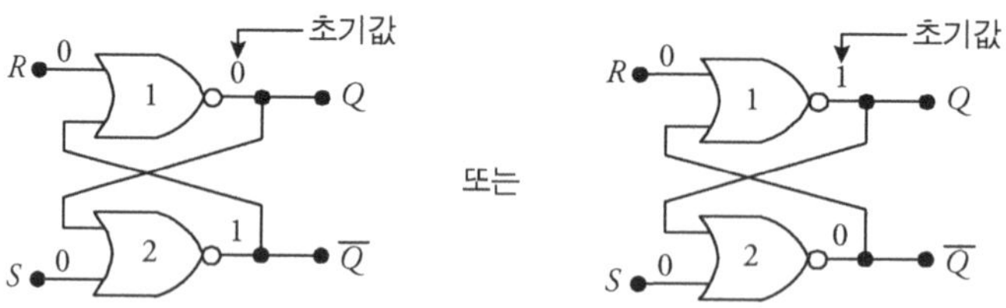

(a) $R=S=0$ 일 때 출력 상태는 불변

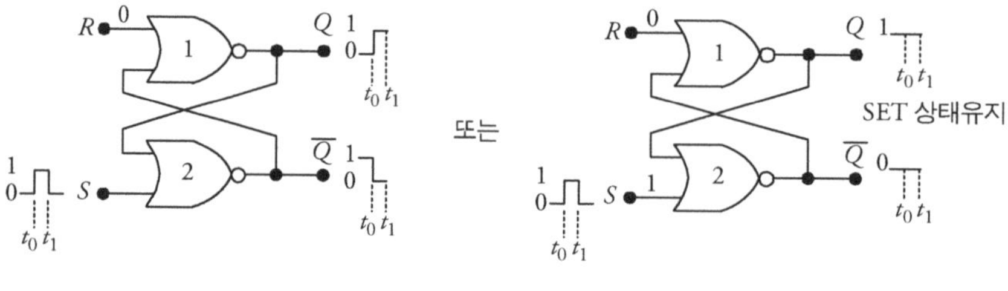

(b) $R=0$, $S=1$ 일 때 $Q=1$, $\overline{Q}=0$

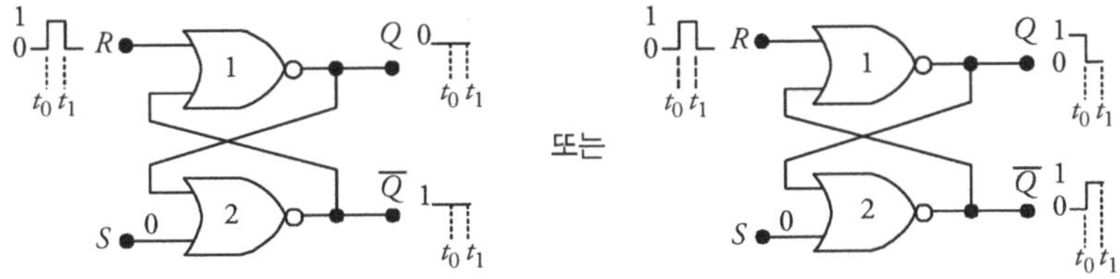

(c) $R=1$, $S=0$ 일 때 $Q=0$, $\overline{Q}=1$

그림 8-3.

8.2 동기식 *SR* 플립플롭

클럭 신호 동기식 플립플롭은 클럭(clock)이라고 하는 신호에 의해 출력단의 변화가 결정된다. 이 클럭은 *CP*, *CK* 또는 *CLK*라는 기호를 사용한다. 이 클럭이 0에서 1로 천이할 때를 PGT(positive-going transition), 반대로 1에서 0으로 천이할 때를 NGT (negative going transition)이라고 한다.

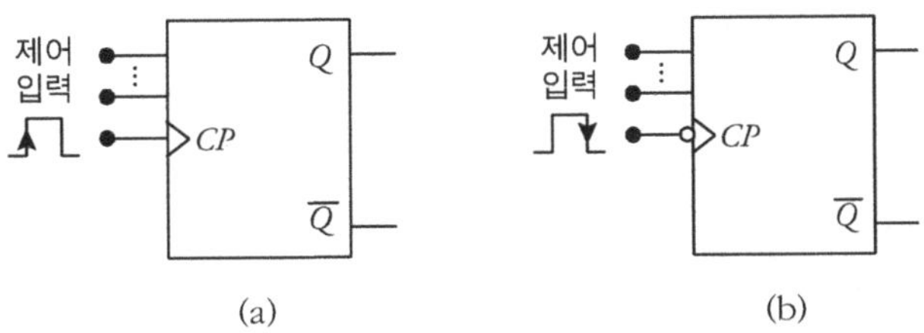

그림 8-4.

8.2.1 에지 트리거 *SR* 플립플롭

클럭 펄스에 의해 동기 되어 동작하는 플립플롭으로 에지 트리거 *SR* 플립플롭이라고 한다. 그림 8-5(a)는 상승 에지 클럭 신호에 의해 그림 (c)는 하강 에지 클럭 신호에 의해 트리거 된다.

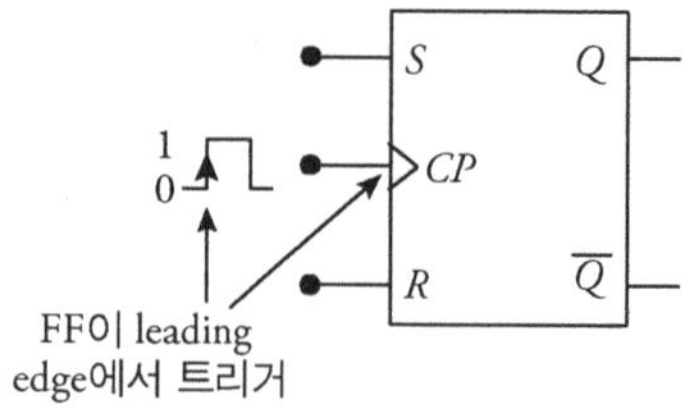

(a)

S	R	CP	$Q(t+1)$
0	0	↑	$Q(t)$
1	0	↑	1
0	1	↑	0
1	1	↑	?

(b)

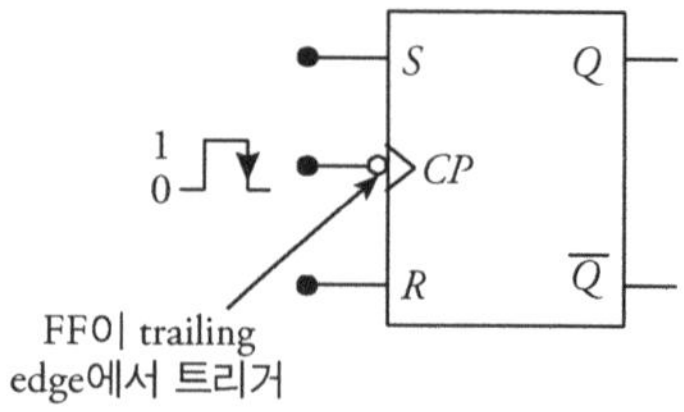

(c)

S	R	CP	$Q(t+1)$
0	0	↑	$Q(t)$
1	0	↑	1
0	1	↑	0
1	1	↑	?

(d)

그림 8-5.

8.2.2 동기식 SR 플립플롭

그림 8-6은 4개의 NAND 게이트를 이용하여 동기식 SR 플립플롭(clocked SR flip-flop) 구성한 것이다. 이 회로는 NAND 래치에 2개의 NAND 게이트를 부가하여 구성된 것이다.

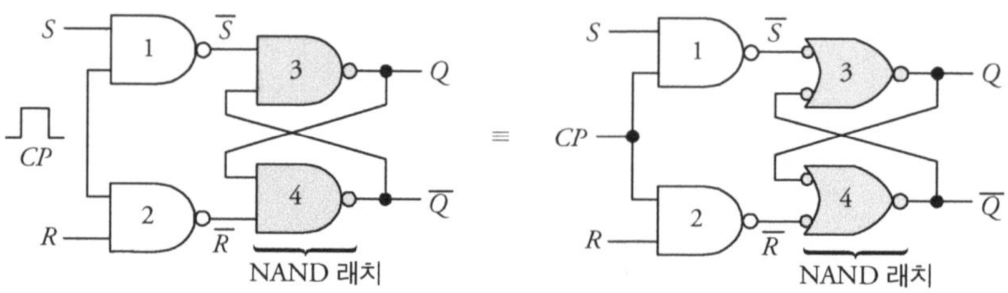

(a) (b)

그림 8-6.

이 회로의 동작은 다음과 같다.

- $CP=0$이면 S와 R에 어떤 입력을 가해도 래치가 동작하지 않으므로 출력 상태는 변하지 않는다.
- $CP=1$이면 S와 R의 값에 따라 래치가 동작하므로 출력 상태가 변한다.

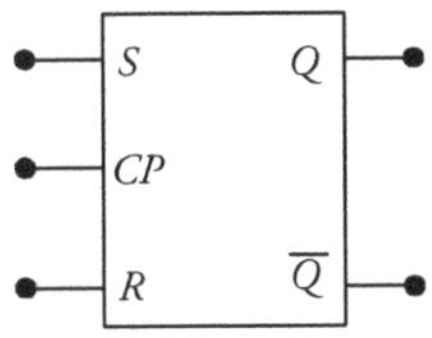

(a)

S	R	CP	$Q(t+1)$
×	×	0	$Q(t)$
0	0	1	$Q(t)$
0	1	1	0
1	0	1	1
1	1	↑	?

(b)

그림 8-7.

8.2.3 에지 검출 회로

이 회로는 CP가 가해지면 좁은 폭의 클럭 펄스 CP^*(수 ns동안 HIGH 유지)를 내보낸다. 그림 8-8는 PGT와 NGT를 검출하는 회로이다.

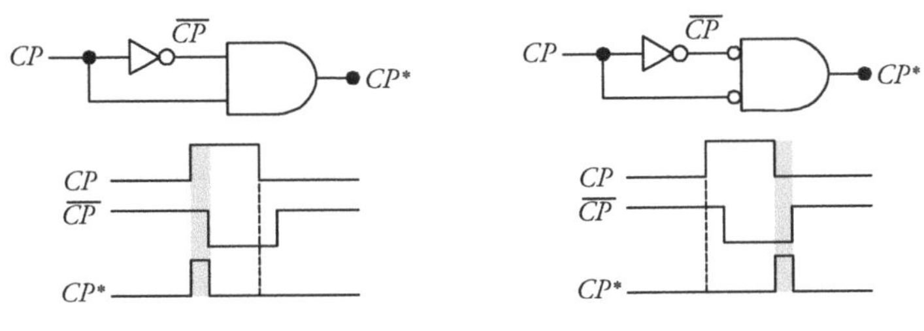

그림 8-8.

그림 8-8(a)는 PGT로 동작하는 플립플롭에서 트리거의 내부 회로, 즉 내부적으로 인버터 통과시간만큼의 전파 지연(수 ns) 후 $\overline{CP}$가 되어 AND 게이트를 통해서 에지 트리거 신호인 CP^*이 발생하게 된다. 즉, CP^*의 신호는 ns동안만 HIGH가 되기 때문에 플립플롭의 출력 Q는 CP의 짧은 시간 동안만 S와 R의 영향을 받게 된다. 마찬가지

로 NGT로 동작하는 플립플롭에서도 그림 (b)의 NGT 검출 회로에서 짧은 시간 동안 CP^*를 발생시킨다.

예제 03 다음 동기식 SR 플립플롭에서 출력 Q의 파형을 그려라. 단, 플립플롭의 초기는 리세트(reset) 상태라고 가정한다.

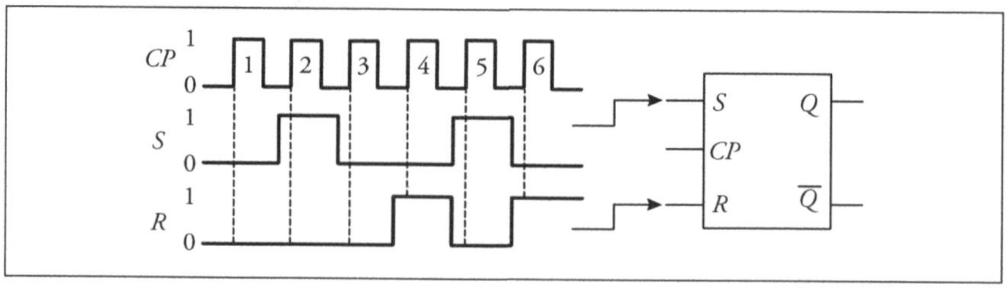

➔ 해설

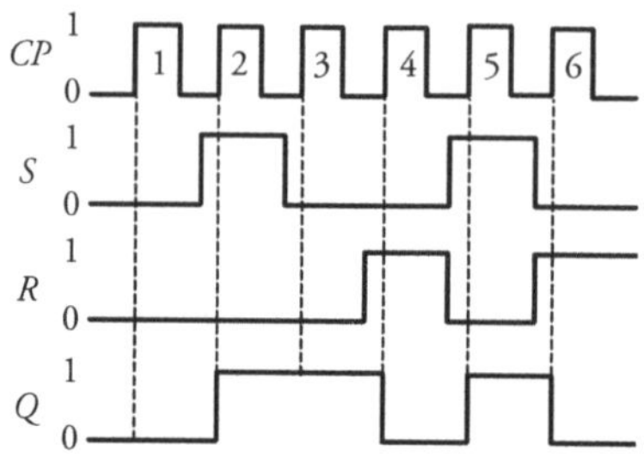

예제 04 동기식 SR 플립플롭의 특성표를 작성하고 특성식을 구하라.

➔ 해설

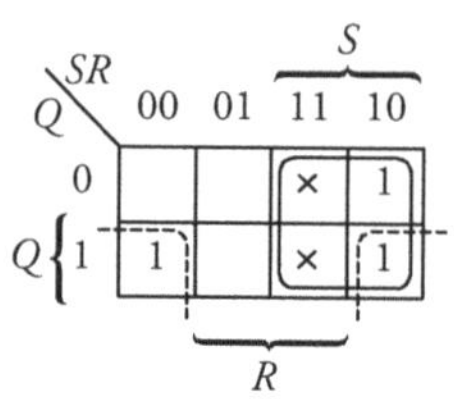

(a)

Q	S	R	$Q(t+1)$
0	0	0	0
0	0	1	0
0	1	0	1
0	1	1	불안정
1	0	0	1
1	0	1	0
1	1	0	1
1	1	1	불안정

(b)

위 진리표로부터 특성식을 구하면 다음과 같다.

$$Q(t+1) = S + \overline{R}Q$$

8.3 *JK* 플립플롭

동기식 *SR* 플립플롭에서는 $S=R=1$일 때 출력이 불안정 상태가 된다. 따라서 *JK* 플립플롭에서는 $J=K=1$인 경우 클럭 펄스가 가해지면 에지(Edge)에서 출력이 반전(toggling) 되도록 하여 애매모호한 출력 상태가 나타나지 않도록 개량한 것이다. 그림은 하강 에지 클럭 신호에 의해 트리거 되는 *JK* 플립플롭을 보인 것이다.

그림 8-9의 진리표에서 클럭 입력이 가해진 경우 $J=K=0$인 경우 출력은 불변(hold) 상태, $J=1, K=0$인 경우 출력은 세트(set) 상태, $J=0, K=1$인 경우 출력은 리세트(reset)상태, $J=K=1$인 경우 출력은 반전 상태이다.

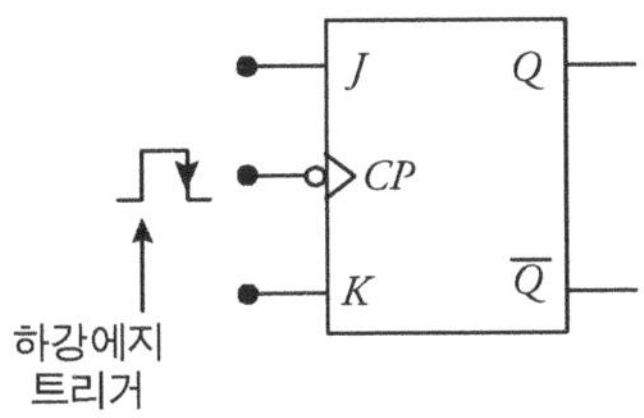

(a)

J	K	CP	$Q(t+1)$	동작상태
0	0	↓	$Q(t)$	불변
1	0	↓	1	SET
0	1	↓	0	RESET
1	1	↓	$\overline{Q(t)}$	반전(토글링)

(b)

그림 8-9.

예제 05 *JK* 플립플롭의 특성표(characteristic table)를 작성하고 특성식을 구하라.

➔해설

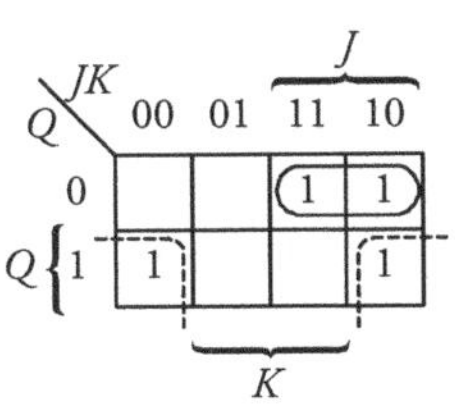

Q	J	K	$Q(t+1)$
0	0	0	0
0	0	1	0
0	1	0	1
0	1	1	1
1	0	0	1
1	0	1	0
1	1	0	1
1	1	1	0

위 진리표로부터 특성식을 구하면 다음과 같다.

$$Q(t+1) = J\overline{Q} + \overline{K}Q$$

예제 06 다음 JK 플립플롭에서 J, K 및 CP에 대한 입력파형이 주어 졌을 때 출력 Q의 파형을 그려라. 단, 초기 Q의 상태는 클리어 되어 있다고 가정한다.

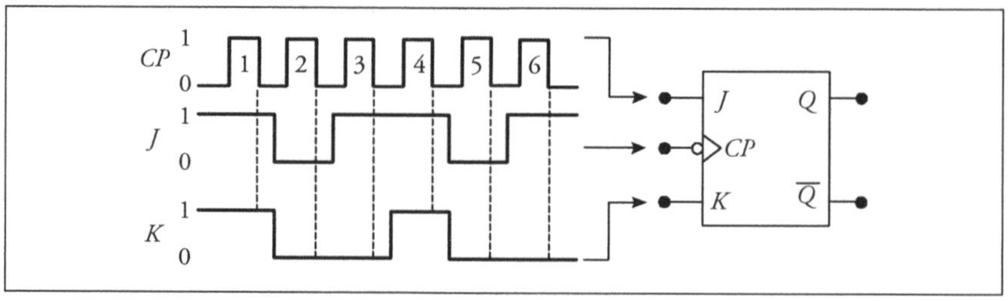

➔ 해설

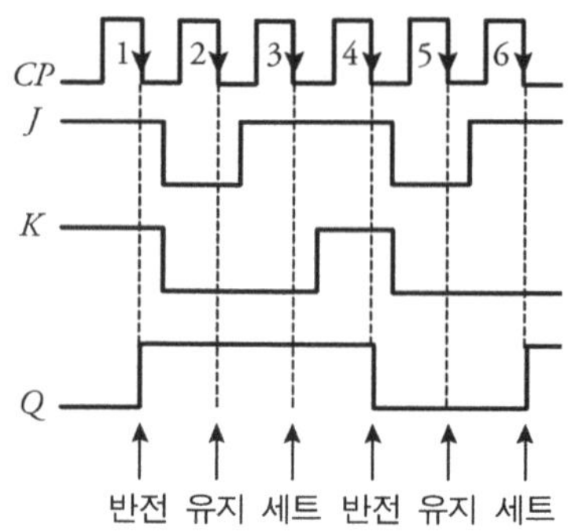

8.4 D 플립플롭

D 플립플롭은 오직 하나의 동기식 제어 입력 D를 가지고 있으며, 클럭 펄스가 인가될 때 출력 Q는 D입력과 같다.

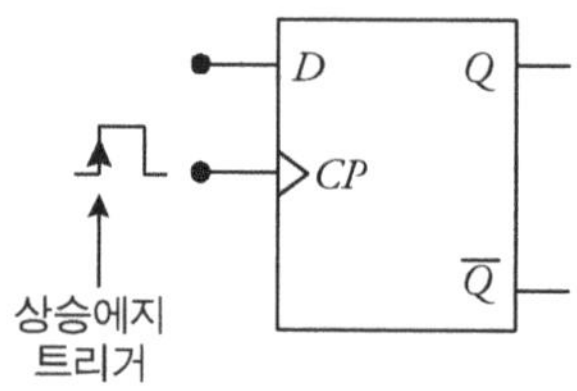

(a)

D	CP	$Q(N+1)$
0	↑	0
1	↑	1

(b)

그림 8-10.

D 플립플롭은 에지 트리거드 JK 플립플롭과 1개의 인버터를 사용하여 쉽게 구성할 수 있다.

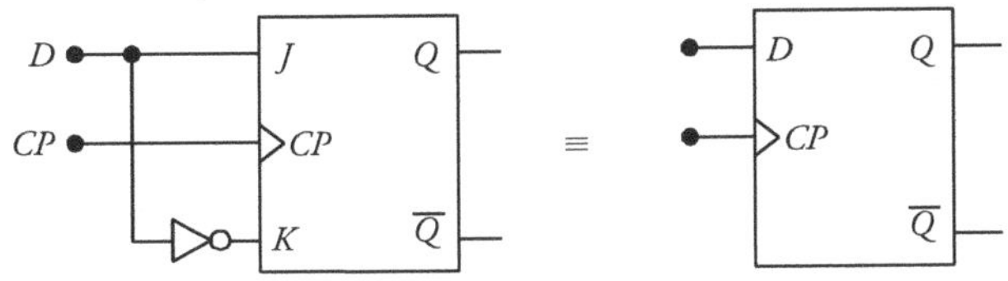

(a) (b)

그림 8-11.

위 그림 8-11은 PGT로 트리거 되는 D 플립플롭이다. 즉, 상승 에지에서만 Q값이 입력 D의 값을 갖는다는 의미이다. 이 D 플립플롭은 시프트 레지스터(shift register)나 기억 레지스터와 같은 일시적인 기억 장치를 실현하는데 이용되고 있다.

예제 07 D 플립플롭의 특성표(characteristic table)를 작성하고 특성식을 구하라.

➔ **해설**

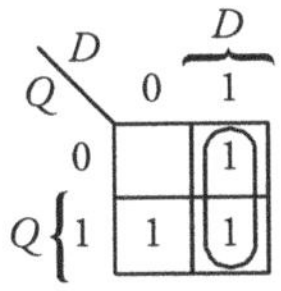

Q	D	$Q(t+1)$
0	0	0
0	1	1
1	0	0
1	1	1

위 진리표로부터 특성식을 구하면 다음과 같다.

$$Q(t+1) = D$$

예제 08 다음 D 플립플롭에서 D 및 CP에 대한 입력파형이 주어 졌을 때 출력 Q의 파형을 그려라. 단, 초기 Q의 상태는 세트(set) 상태라고 한다.

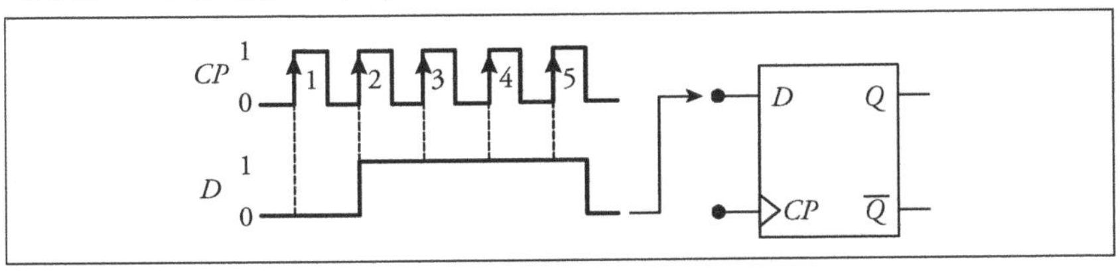

➔ **해설**

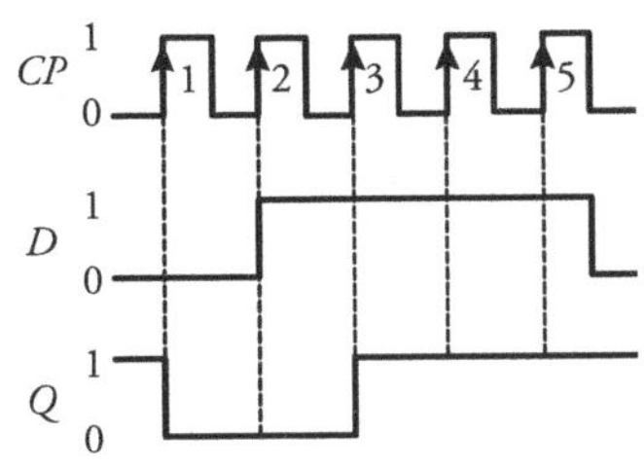

8.5 T 플립플롭

T 플립플롭은 JK 플립플롭에서 J와 K에 동일한 신호, 즉 $J=K=0$ 또는 $J=K=1$인 경우만을 이용한다.

$T=1$이면 에지 트리거에서 출력이 반전(toggle)되고 $T=0$이면 이전 상태를 그대로 유지한다. 따라서 이 회로를 토글 플립플롭이라고 한다.

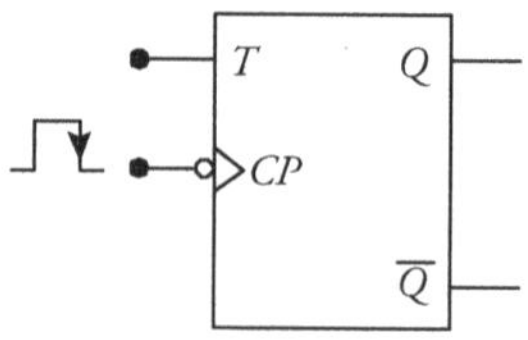

(a)

T	CP	$Q(N+1)$
0	↓	$Q(N)$
1	↓	$\overline{Q(N)}$

(b)

그림 8-12.

다음 그림은 PGT로 트리거 되는 T 플립플롭이다.

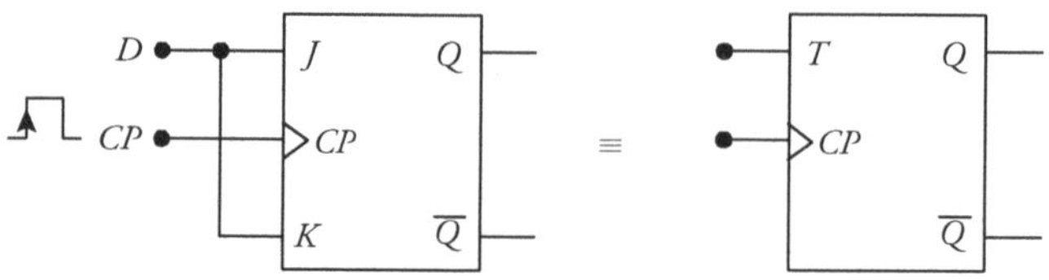

(a) (b)

그림 8-13.

예제 09 에지 트리거드 D 플립플롭을 이용하여 에지 트리거드 T 플립플롭을 구성하라.

➔해설

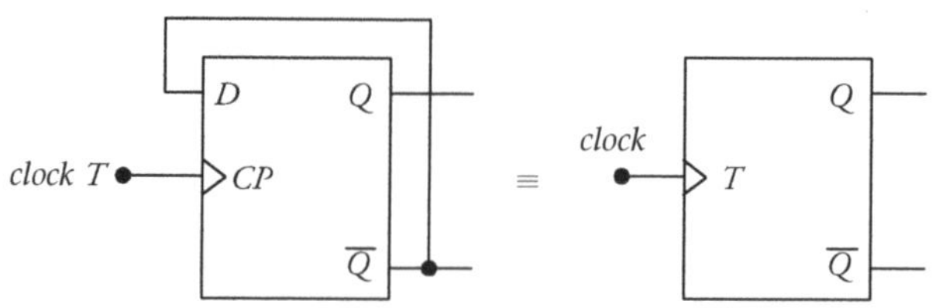

(a) (b)

예제 10 에지 트리거드 *SR* 플립플롭과 *JK* 플립플롭을 이용하여 각각 *T* 플립플롭을 구성하라.

➔해설

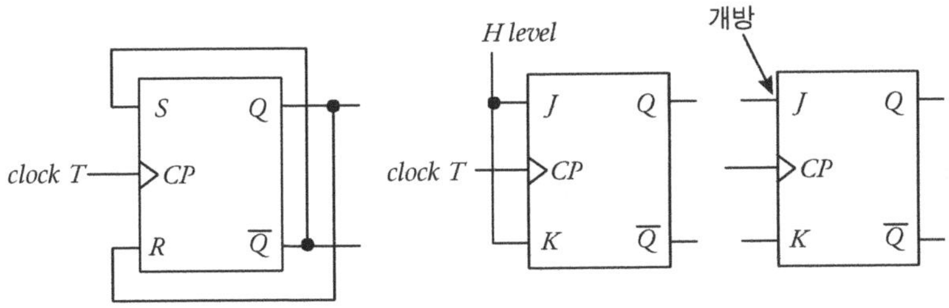

(a) (b)

예제 11 에지 트리거드 *T* 플립플롭에 클럭 펄스를 가할 때 출력 파형을 그려라.

➔해설

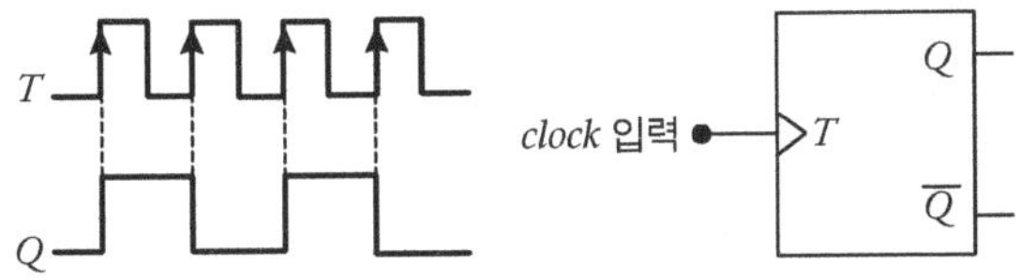

(a) 상승 에지(positive edge)트리거 *T* 플립플롭

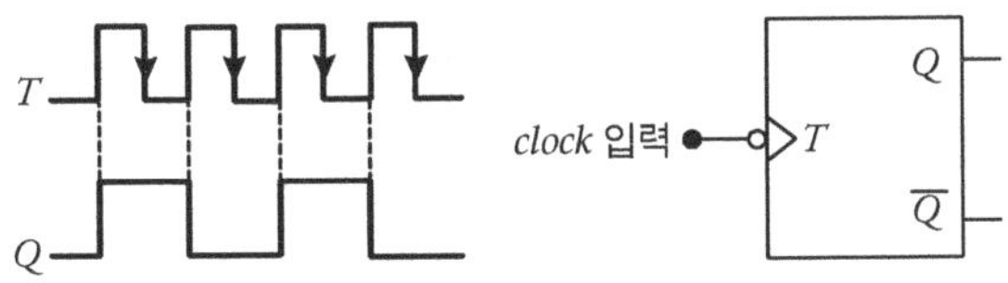

(b) 하강 에지(negative edge)트리거 *T* 플립플롭

예제 12 *T* 플립플롭의 특성표(characteristic table)를 작성하고 특성식을 구하라.

➔해설

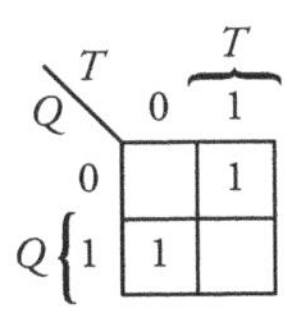

(a)

Q	T	$Q(t+1)$
0	0	0
0	1	1
1	0	1
1	1	0

(b)

위 진리표로부터 특성식을 구하면 다음과 같다.

$$Q(t+1) = T \oplus Q$$

8.6 마스터-슬레이브 플립플롭

마스터-슬레이브(master-slave) 플립플롭은 2개의 플립플롭으로 구성되어진다. 클럭의 상승 에지 트리거에서 마스터가 동작하고 하강 에지 트리거에서 슬레이브가 동작한다. 이 플립플롭은 홀드 시간이 짧은 에지 트리거 플립플롭이 개발되기 이전에 많이 사용되어 왔으나 지금은 거의 사용되지 않고 있다. 대부분의 경우 마스터-슬레이브는 NGT 플립플롭으로 해석하면 된다.

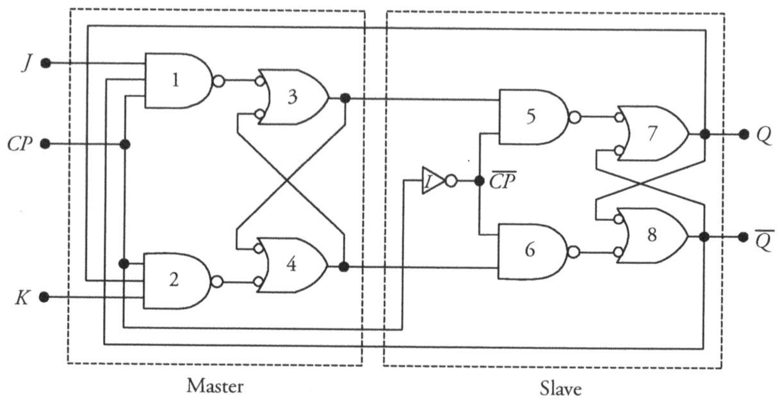

그림 8-14.

8.7 카운터(counter)

입력 펄스가 인가될 때마다 수를 하나 증가/감소하는 회로로, 플립플롭의 갯수에 따라 수를 세게 된다.

(1) 동기 카운터와 비동기 카운터

- 동기 카운터(synchronous counter) : 입력 펄스는 모든 플립플롭의 CP입력에 동

시에 인가되므로 모든 플립플롭이 동시에 동작되는 방식이다.

- 비동기 카운터(asynchronous counter) : 리플 카운터(ripple counter) : 플립플롭의 출력 천이는 다음 단의 플립플롭을 트리거시키는 신호로 이용되는 방식이다.

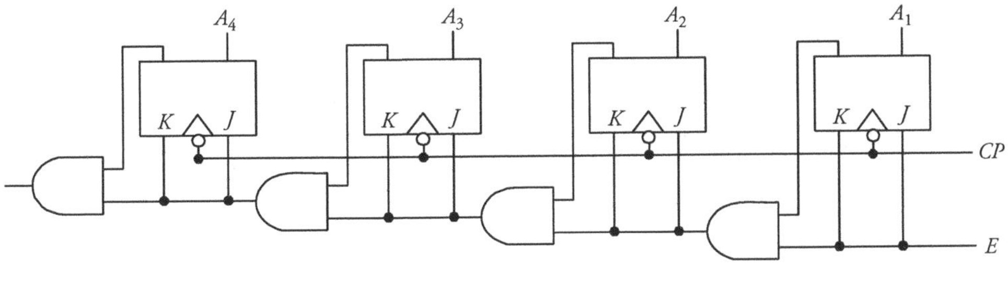

(a) 4[bit] 동기식 2진 리플 카운터

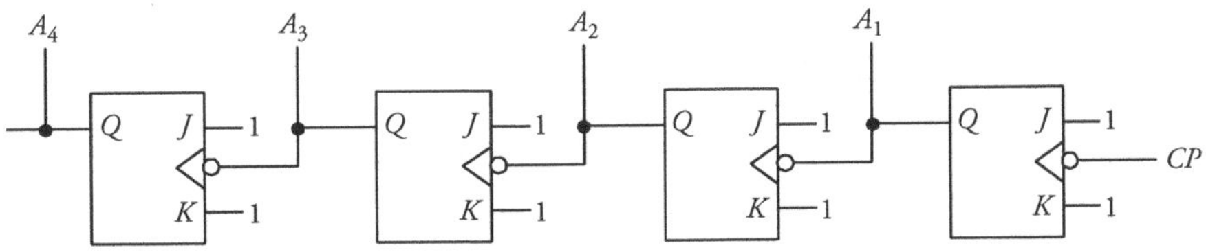

(b) 4[bit] 2진 리플 카운터

그림 8-15. 카운터 회로

(2) 상향 2진 카운터와 하향 2진 카운터

카운터 회로를 계수 순서에 따라 구별하면 상향 2진 카운터와 하향 2진 카운터가 있다.

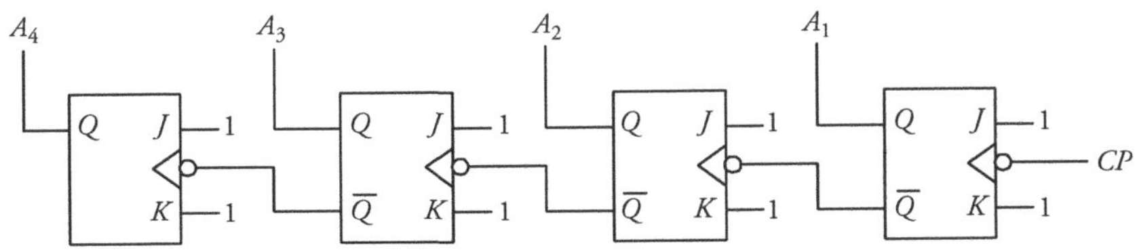

그림 8-16. 4[bit] 2진 다운 리플 카운터

8.8 레지스터

레지스터(register)는 2진 정보를 저장하는데 사용되는 2진 셀(cell)의 모임으로 다수의 플립플롭으로 구성된다. 2진 정보를 오른쪽 또는 왼쪽으로 한 비트씩 이동시킬 수 있는 레지스터를 시프트 레지스터(shift register)라 하고, 좌우로 시프트(shift)시킨 후 출력으로 빠진 정보가 다시 입력으로 들어오는 레지스터를 로테이트(rotate) 또는 순회형 레지스터라 한다.

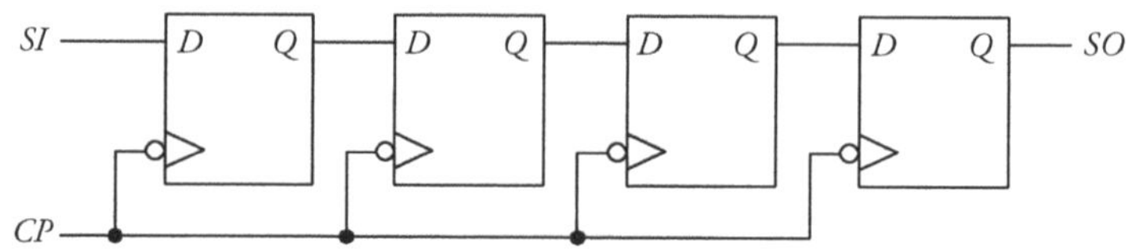

그림 8-17. 시프트 레지스터

레지스터(register)란 여러 비트를 일시적으로 저장하는 기억장치로서 n[bit]의 데이터를 저장하기 위해서는 n개의 플립플롭이 필요하다.

8.9 순서회로의 응용

8.9.1 주파수 카운터(frequency counter)

주파수 카운터는 임의의 주기적 파형의 주파수를 측정하고 디스플레이 할 수 있는 디지털 계기이다.

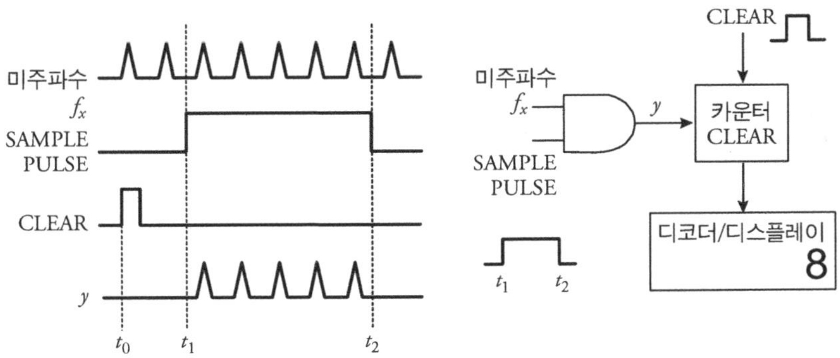

그림 8-18. 주파수 카운터

8.9.2 디지털시계(digital clock)

카운터의 응용 중 가장 일반적인 것이 디지털시계이다. 디지털시계에서는 기준 주파수로 60[Hz]를 사용한다. 이 60[Hz]를 펄스 정형 회로로 전송하여 구형파로 바꾼 후 MOD-60 카운터를 사용하여 60분주하면 1[Hz], 즉 1PPS(pulse per second)를 얻는다. 1PPS의 신호는 "초"를 카운트하는 부분으로 0~59초를 디스플레이 하는데 사용된다. 여기서 BCD와 MOD-6은 60초, 즉 1분당 1개의 펄스(1pulse/min)를 "분"을 카운트하는 부분으로 "분"은 0~59까지 카운트하고 60분, 즉 1시간당 1개의 펄스(1pulse/hr)를 "시간"을 카운트하는 부분으로 공급한다. "시간"은 MOD-12 카운터로서 12가지의 상태를 가지고 시간을 나타낸다. 다음 그림 9-20은 디지털시계를 설계한 것이다. 이 그림에서 MOD-60 카운터는 "초"를 카운트하기 위한 부분이고, BCD와 MOD-6 카운터는 "분"을 카운트하는 부분이다. 그리고 MOD-12 카운터는 "시간"을 카운트하는 부분으로 구성된다는 것을 알 수 있다.

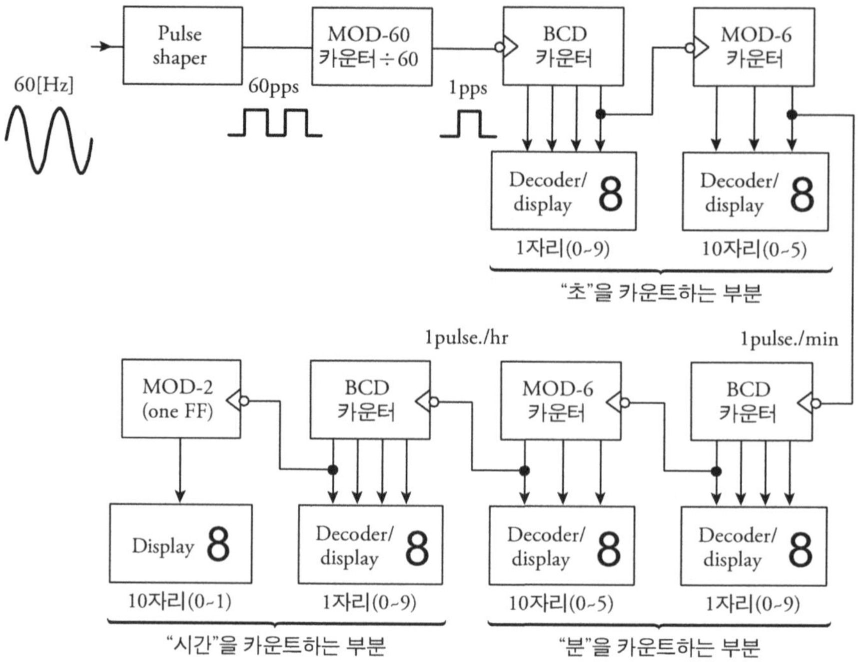

60[Hz]
Pulse shaper
60pps
MOD-60 카운터÷60
1pps
BCD 카운터
MOD-6 카운터
Decoder/ display
Decoder/ display
1자리(0~9)
10자리(0~5)
"초"을 카운트하는 부분
1pulse./hr
1pulse./min
MOD-2 (one FF)
BCD 카운터
MOD-6 카운터
BCD 카운터
Display
Decoder/ display
Decoder/ display
Decoder/ display
10자리(0~1)
1자리(0~9)
10자리(0~5)
1자리(0~9)
"시간"을 카운트하는 부분
"분"을 카운트하는 부분

그림 8-19. 디지털시계

요약(SUMMARY)

01. 플립플롭(flip-flop)은 2개의 안정 상태를 가지고 있는 기억 소자로 쌍안정 멀티바이브레이터 또는 래치(latch)라고 한다.

02. NAND 게이트 래치에서 S와 R의 입력들은 일반적으로 HIGH 상태를 유지하고 있고 출력을 변화시키고자 할 때에는 두 입력 중 하나에 LOW펄스를 가해준다.

03. NOR 게이트 래치에서는 1개의 입력이 LOW이면 출력은 다른 입력의 상태로 결정되고 1개만이라도 HIGH이면 다른 입력에 관계없이 출력은 LOW가 된다.

04. 클럭이 0에서 1로 천이할 때를 PGT(positive-going transition), 반대로 1에서 0으로 천이할 때를 NGT(negative-going transition)이라고 한다.

05. 4개의 NAND 게이트를 이용하여 구성된 동기식 SR 플립플롭의 특성식 $Q(t+1) = S+\overline{R}Q$이다.

06. 동기식 SR 플립플롭에서는 $S=R=1$일 때 출력이 불안정 상태가 된다.

07. JK 플립플롭에서는 $J=K=1$인 경우 클럭 펄스가 가해지면 에지에서 출력이 반전(toggling) 되도록 하여 애매모호한 출력 상태가 나타나지 않도록 개량한 것이다.

08. JK 플립플롭에서는 클럭 입력이 가해진 경우 $J=K=0$인 경우 출력은 불변(hold) 상태, $J=1$, $K=0$인 경우 출력은 세트(set) 상태, $J=0$, $K=1$인 경우 출력은 리세트(reset)상태, $J=K=1$인 경우 출력은 반전 상태이다.

09. JK 플립플롭의 특성식은 $Q(t+1)=J\overline{Q}+\overline{K}Q$이다.

10. D 플립플롭은 클럭 펄스가 인가될 때 출력 Q는 D입력과 같다.

11. D 플립플롭은 에지 트리거드 JK 플립플롭과 1개의 인버터를 사용하여 구성할 수 있다. 이 D 플립플롭은 시프트 레지스터나 기억 레지스터와 같은 일시적인 기억 장치를 실현하는데 이용되고 있다.

12. D 플립플롭의 특성식은 $Q(t+1)=D$이다.

13. T 플립플롭은 JK 플립플롭에서 J와 K에 동일한 신호, 즉 $J=K=0$ 또는 $J=K=1$인 경우만을 이용한다.

14. T 플립플롭에서 $T=1$이면 에지 트리거에서 출력이 반전(toggle)되고 $T=0$이면 이전 상태를 그대로 유지한다. 따라서 이 회로를 토글 플립플롭이라고 한다.

15. T 플립플롭의 특성식은 $Q(t+1)=T\oplus Q$이다.

16. 비동기 입력 PRESET는 출력을 강제로 1로 만들며, CLEAR 입력은 출력을 0으로 만든다. 이 비동기 입력들은 클럭 펄스와는 무관하게 동작한다.

17. 마스터-슬레이브(master-slave) 플립플롭은 2개의 플립플롭으로 구성되어진다. 클럭의 상승 에지 트리거에서 마스터가 동작하고 하강 에지 트리거에서 슬레이브가 동작한다.

18. 마스터-슬레이브 플립플롭은 홀드 시간이 짧은 에지 트리거 플립플롭이 개발되기 이전에 많이 사용되어 왔으나 지금은 거의 사용되지 않고 있다. 대부분의 경우 마스터-슬레이브는 NGT 플립플롭으로 해석하면 된다.

19. 설계 과정에서 출력을 원하는 상태로 변화시키려면 어떠한 입력 신호가 필요한 가를 알기 위해서 사용되는 표를 여기표라고 한다. JK 플립플롭의 여기표는 다음과 같다.

$Q(t)$	$Q(t+1)$	J	K
0	0	0	×
0	1	1	×
1	0	×	1
1	1	×	0

20. 순차 회로 설계 과정은 다음과 같다.

> 1. 상태도 작성 ⇒ 2. 상태표 작성 ⇒ 3. 상태 감소화 ⇒ 4. 2진수 부여 ⇒ 5. 플립플롭의 수와 종류 결정 ⇒ 6. 여기표 및 출력표 작성 ⇒ 7. 카르노도로 출력함수 및 입력 함수 결정 ⇒ 8. 회로도 작성

연습문제

01. 래치와 RS 플립플롭을 비교 설명하라.

02. 다음 NAND 래치에 대한 출력 Q의 다음 상태 $Q(t+1)$을 나타내어라.

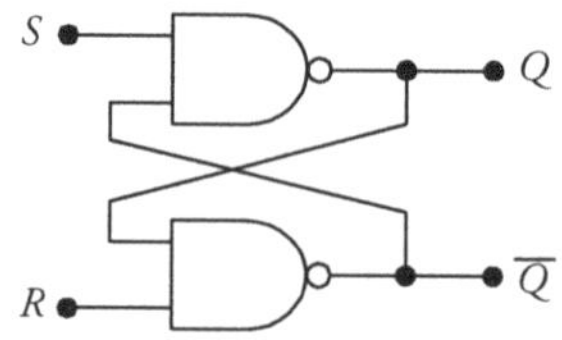

S	R	$Q(t+1)$
1	1	A
0	1	B
1	0	C
0	0	D

03. 다음 NOR 래치에 대한 출력 Q의 다음 상태 $Q(t+1)$을 나타내어라.

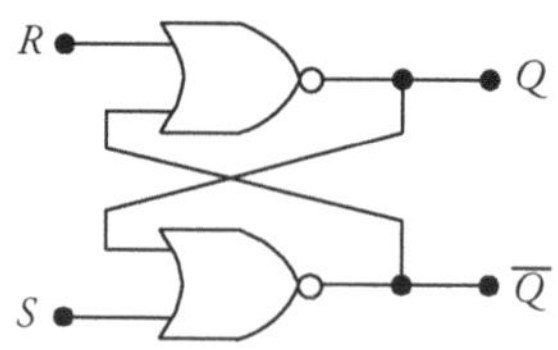

S	R	$Q(t+1)$
0	0	A
1	0	B
0	1	C
1	1	D

04. 그림의 RS 플립플롭에서 $R=1$, $S=0$일 때 출력 Q와 $\overline{Q}$의 값을 구하라.

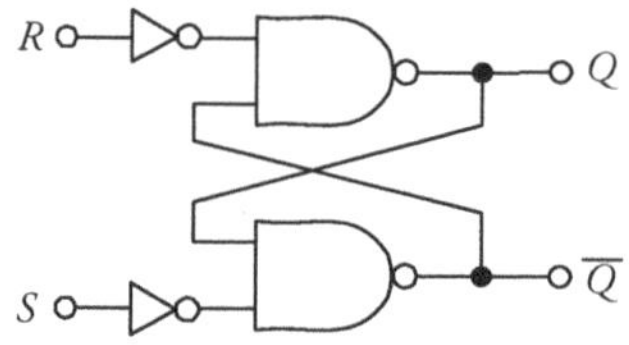

05. 그림(a)는 NGT에서 트리거 되는 JK 플립플롭이고 그림(b)는 진리표이다. 출력 Q의 다음 상태 $Q(t+1)$를 완성하여라.

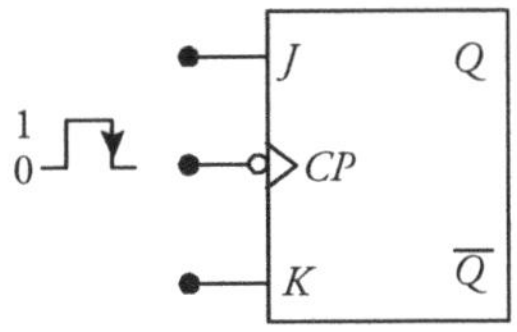

(a)

J	K	CP	$Q(t+1)$
0	0	↓	A
0	1	↓	B
1	0	↓	C
1	1	↓	D

(b)

06. JK형 플립플롭에 NOT 게이트를 추가하여 만들면 어떤 기능을 갖는 플립플롭인가?

07. 그림의 명칭을 써라.

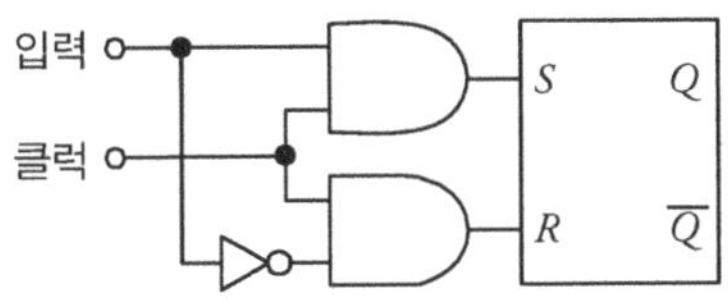

08. D 플립플롭과 T 플립플롭의 회로 및 용도상의 차이점을 기술하라.

09. JK 플립플롭을 RS 플립플롭, D 플립플롭, T 플립플롭 등으로 대치 사용하기 위한 조치를 그림으로 그리고 설명하라.

10. Master-slave 플립플롭이란 무엇이며, 이것은 주로 무엇을 해결하기 위한 것인가?

11. Rase 현상이란 무엇이며, 이것을 해결하기 위한 방책을 논의하라.

12. 에지 트리거 플립플롭의 동작원리를 기술하라.

Chapter 09 A/D 및 D/A 변환기 회로

(D/A and A/D Converter circuits)

생체신호는 대개 아날로그 신호, 디지털 신호로 변환이 요구되는데 생체신호의 심전도, 근전도, 뇌전도, 온도, 속도, 압력 등 우리 몸의 대부분의 현상들은 연속적으로 일어나는 물리적인 양이다. 이를 일반 전자회로에서 취급하는 아날로그 전류나 전압으로 변환하여 사용하기도 하고, 단순히 0과 1의 조합인 디지털 신호로 다시 변환하여 컴퓨터나 디지털회로에서 사용하기도 한다. A/D 변환기는 아날로그 정보를 디지털 데이터로 바꾸는 변환 장치이고 D/A 변환기는 디지털 시스템에서 만들어진 디지털 정보를 아날로그 형태로 변환하는 장치이다. 이 장에서는 ADC(Analog-to-Digital Converter)와 DAC(Digital-to-Analog Converter)의 구조와 동작 특성에 대해 논의하기로 하자.

그림 9-1은 생체계측 대상에서 계측된 물리적인 양으로부터 아날로그 신호와 디지털 신호로 변환한 다음 다시 아날로그로 변환한 후 제어신호로 바뀌는 신호 변환과정을 보여주고 있다.

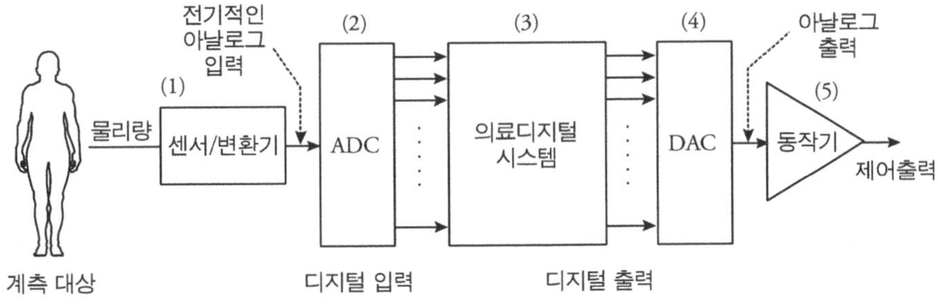

그림 9-1. 아날로그 신호와 인터페이스를 위한 변환 개념도

그림 9-1에서 각단에 표기된 번호 순으로 논의하기로 하자.

(1) 센서/변환기(Transducer)

심전도, 근전도, 뇌전도, 온도 등의 물리적인 양을 전기적인 신호로 변환하는 장치로서 전극, 써미스터(thermister), 포토 다이오드(photo diode), 압력변환계(pressure transducer) 등이 있다. 이들 소자는 물리적인 양의 크기에 비례하는 아날로그 전류 또는 전압을 출력 한다.

(2) ADC(Analog-to-Digital Converter)

입력 변환기에서 변환된 아날로그 전류 또는 전압신호를 몇 개의 비트로 구성된 디지털 신호로 변환하는 장치이다. 컴퓨터 등의 디지털 시스템에서 처리할 수 있는 데이터 형태로 변환한다.

(3) 의료 디지털 시스템

컴퓨터에 내장되어 있는 명령어를 수행함으로써 입력된 디지털 데이터를 처리 및 저장하고, 필요에 따라 결과를 DAC로 전송한다.

(4) DAC(Digital-to-Analog Converter)

디지털 시스템에서 처리된 디지털 신호에 비례하는 아날로그 전류나 전압 신호로 변환한다.

(5) 동작기(Actuator)

실질적인 장치들을 제어하거나 표시하기 위하여, DAC로부터 출력된 아날로그 전류 또는 전압이 동작기(Actuator)에 인가된다.

아날로그와 디지털을 인터페이스하기 위해 필요한 ADC와 DAC소자의 구조나 동작에 있어서, DAC는 ADC보다 간단하므로 ADC의 한 부분으로 포함되기도 한다. 이러한 이유로 본장에서는 변환개념과는 반대로 DAC부터 논의하기로 한다.

9.1 A/D 변환기의 기본

A/D 변환기(Analog-to-Digital converter)는 아날로그 신호를 디지털 형태의 데이터로 변환하는 일종의 부호기이다. 이 A/D 변환은 D/A 변환보다 더 복잡하고 더 많은 시간이 소요되며, 주로 많이 사용되는 A/D 변환기에는 디지털 램프(digital-ramp)형, 연속근사(successive approximation)형, 병렬(parallel)형 등이 있다.

A/D 변환기에서 분해능(resolution)은 내부의 D/A 변환기 분해능과 같다. 즉, 분해능이란 식별할 수 있는 두 전압이 얼마나 서로 접근되어 있는가를 나타낸다.

이 A/D 변환기의 분해능을 출력 비트의 수에 의해 결정된다.

$$\% \text{ 분해능} = \frac{1}{2^n - 1} \times 100\,\%$$

여기서, n은 출력 비트의 수이다.

예를 들어, 4[bit] A/D 변환기의 분해능을 구해 보자.

$$\% \text{ 분해능} = \frac{1}{2^4 - 1} \times 100\,\% = 6.7[\%]$$

A/D 변환기에서 분해능이 100[mV]라는 것은 무엇을 의미하는지를 생각해 보자. 이는 100[mV] 미만인 두 전압을 식별되지 않고 동일한 값으로 나타내는 것을 의미한다.

9.2 디지털-램프 A/D 변환기

디지털 램프 A/D 변환기(Digital-ramp A/D converter)는 계수형 또는 카운터-램프(Counter-ramp) A/D 변환기라고도 한다. 이 변환기는 업 카운터(up-counter), D/A 변환기, 비교기(comparator), 제어 AND 게이트로 구성된다.

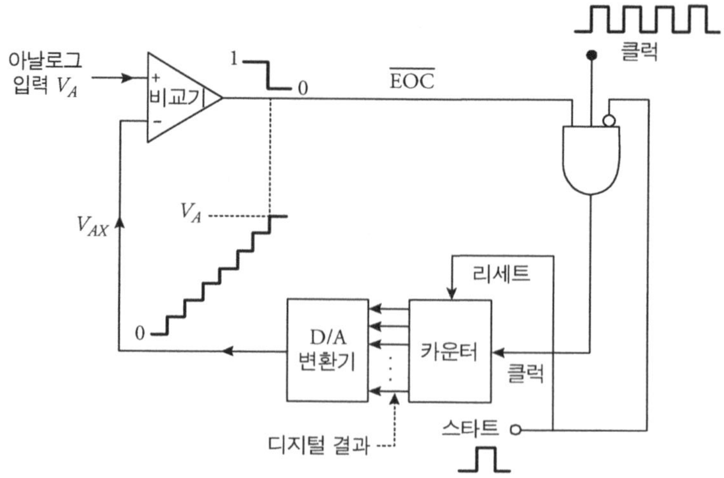

그림 9-2. 디지털 램프 A/D 변환기 구성

이 디지털 램프 A/D 변환기는 클럭 펄스에 의해 $V_A \le V_{AX}$가 되는 시간까지 값이 증가되는 2진 카운터를 레지스터로 사용한다. 이 V_{AX} 파형은 카운터가 증가함에 따라 한 계단씩 증가하여 계단 형태의 램프 파형을 만든다. 이 변환기에서 변환 시간이란 아날로그 입력 전압을 2진 디지털 데이터의 출력으로 변환하는데 필요한 시간이다.

n[bit] 카운터가 f[Hz]의 출력 주파수에 의해 구동된다고 할 때 최대 변환 시간 ($t_{c(\max)}$)은 다음과 같다.

$$t_{c(\max)} = \frac{2^n - 1}{f} = (2^n - 1) \times T$$

이 디지털 램프 A/D 변환기는 회로가 간단하고 값이 싸다는 면은 있으나 변환 속도가 느리다는 단점이 있다.

예제 01 8[bit] 디지털-램프 A/D 변환기에서 500[MHz]의 클럭 주파수를 가질 때 최대 변환 시간은 얼마인가?

➔해설 n[bit] 디지털-램프 A/D 변환기에서 500[MHz]의 클럭 주파수, 즉 주기 $T = 1/(500 \times 10^3) = 2 \times 10^{-6} = 2[\mu s]$를 가질 때 최대 변환 시간($t_{c,\max}$)은

$t_{c,\max} = (2^n - 1) \times 클럭주기 = (2^8 - 1) \times 2 = 510[\mu s]$

예제 02 1[MHz]의 클럭 주파수를 사용하는 12[bit] 디지털 램프 A/D 변환기에서 최대 변환 속도(cps)는 약 얼마인가?

➔**해설** 최대 변환 속도(cps) $u_{c,\max}$는 다음과 같다.

$$u_{c,\max} = \frac{1}{t_{c,\max}} = \frac{f}{2^n - 1} = \frac{10^6}{2^{12} - 1} = 244[\text{cps}]$$

9.3 연속 근사 A/D 변환기

연속 근사 A/D 변환기(Successive-approximation A/D converter)는 MSB로부터 한 번에 한 비트씩 처리함으로서 아날로그 전압을 근사시키는 방식이다. 이 변환기는 D/A 변환기, 비교기(comparator), 레지스터, 제어 논리(control logic) 회로로 구성된다.

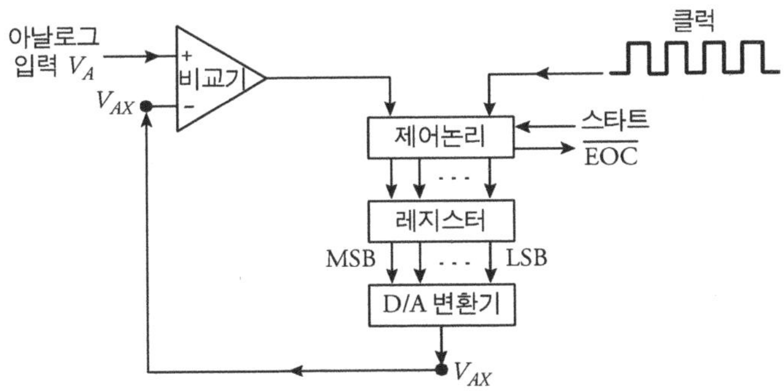

그림 9-3. 연속 근사 A/D 변환기 구성

이 n[bit] 연속 근사 변환기에서 제어논리회로는 레지스터의 모든 비트에 대해서 0이나 1을 갖게 결정해준다. 이 때 한 비트 당 한 개의 클럭 주기가 필요하므로 n[bit]일 때 총 변환 시간은 다음과 같다.

$$\text{총 변환 시간} = \text{비트 수}(n) \times \text{클럭 주기}(T)$$

이 연속 근사 A/D 변환기는 D/A 변환기에 입력을 공급하기 위해 카운터를 사용하지 않고 레지스터를 사용한다. 이 연속 근사 A/D 변환기는 회로 구성이 복잡하나 디지털-램프 보다 변환 속도가 빠르다. 입력 전압에 관계없이 변환 시간이 일정하다.

예제 03 10[bit] 연속 근사 A/D 변환기가 1[MHz]의 클럭 주파수에 의해 구동된다고 할 때 총 변환 시간을 구하라.

➔**해설** 10[bit] 연속 근사 A/D 변환기에서 총 변환 시간(t_c)은

$$t_c = 10\text{비트} \times 1[\mu s] = 10[\mu s]$$

가 되므로 디지털-램프 변환기보다 100배 정도 빠르다.

9.4 D/A 변환기

D/A 변환기(Digital-to-Analog Converter)는 디지털 신호를 아날로그 신호로 변환하는 장치로서 일종의 복호기이다.

이 D/A 변환기는 저항 회로(resistor network)와 가산 증폭기(summing amplifier)로 구성된다. 저항 회로에는 저항 분할기(resistor divider)와 래더망(ladder network)이 있다.

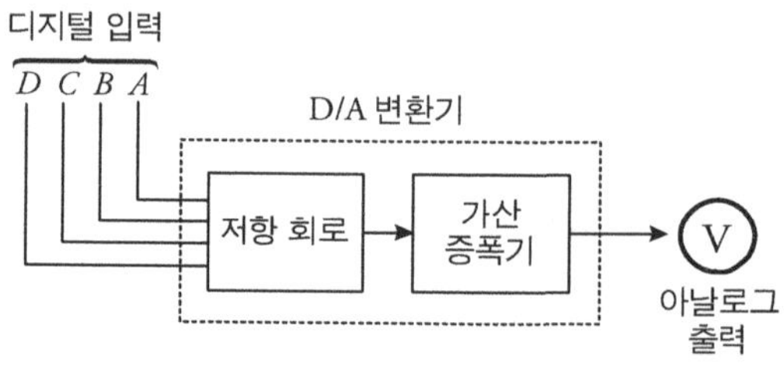

그림 9-4. D/A 변환기 구성

예제 04 5[bit] D/A 변환기가 00001_2의 입력에 대해 0.2[V]의 출력을 갖는다고 한다. 이 변환기 입력에 11011_2을 가했을 때의 출력 전압 V_o를 구하라.

➔**해설** 0.2[V]는 LSB의 자리값이다.

$$\text{아날로그 출력} = K \times \text{디지털 입력}$$

에서 $K=0.2/1=0.2$, 입력 $11011_2=27_{10}$ 이므로 $V_o=0.2\times 27=5.4$[V]이다. 다른 방법으로는 LSB의 자리값이 0.2[V]이므로 다른 입력 비트의 값은 0.4[V], 0.8[V], 1.6[V], 3.2[V]이다. 그러므로 입력 11011_2에 대한 출력 전압 V_o는 다음과 같이 구할 수 있다.

$$V_o=3.2+1.6+0+0.4+0.2=5.4[\mathrm{V}]$$

다음 그림의 4[bit] D/A 변환기에서 $DCBA=0000$일 때 출력 전압 V_o는 $V_o=0$[V]이고 1111일 때 $V_o=15$[V]라고 한다. 스텝 크기(step size)와 % 분해능을 구해 보자. D/A 변환기에서 분해능이란 출력에서 발생할 수 있는 최소 아날로그량의 변화로서 디지털 입력의 LSB가 갖는 자리값과 같다. 이 분해능을 스텝 크기라고 한다. n[bit] D/A 변환기에서 스텝 크기, 즉 분해능은 다음과 같다.

$$\text{분해능}=\text{스텝 크기}=\frac{\text{최대출력}}{2^n-1}$$

따라서, $n=4$인 경우 스텝 크기는 다음과 같다.

$$\text{스텝 크기}=\frac{15}{2^4-1}=1[\mathrm{V}]$$

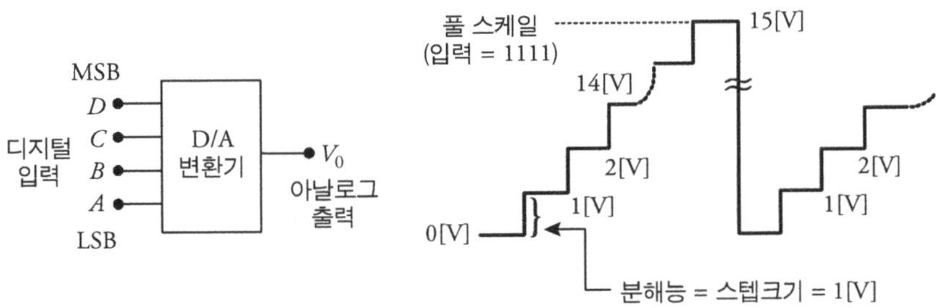

예제 05 5[bit] D/A 변환기가 00001_2의 입력에 대해 0.2[V]의 출력을 갖는다고 한다. 이 변환기의 분해능을 구하라.

➔해설 분해능이란 변환기의 LSB의 자리값과 같다. 이 분해능을 스텝 크기라고 한다.

$$\text{분해능}=LSB\text{의 자리값}=\text{스텝 크기}=\frac{\text{최대출력}}{2^n-1}=0.2[\mathrm{V}]$$

%분해능(percentage resolution)이란 분해능과 최대 출력과의 비를 백분율로 나타낸 것이다.

$$\%\text{분해능}=\frac{\text{분해능}}{\text{최대출력}}\times 100\%$$

n[bit] 2진 디지털 입력의 경우 % 분해능은 다음 식으로도 구할 수 있다.

$$\%\text{ 분해능}=\frac{1}{2^n-1}\times 100\%$$

따라서, $n=4$인 경우 %분해능을 구하면 6.67%이다.

예제 06 10[bit] D/A 변환기가 10[mV]의 분해능을 갖는다고 할 때 최대 출력 전압과 %분해능을 구하라.

➔해설 $2^{10}-1=1023$개의 계단이 10[mV]의 계단 크기를 가지므로 최대 출력 전압은 $V_o=10[\text{mV}]\times 1023=10.23[\text{V}]$이다. %분해능은 다음 식으로 구한다.

$$\%\text{분해능}=\frac{\text{분해능}}{\text{최대출력전압}}\times 100\%$$
$$=\frac{10[\text{mV}]}{10.23[\text{V}]}\times 100\%=0.1\%$$

9.5 저항 분할기

저항 분할기는 각 디지털 비트에 대해서 한 개의 입력 저항이 있어야하며 LSB부터 시작해서 다음 저항은 그 전 저항값의 1/2이다.

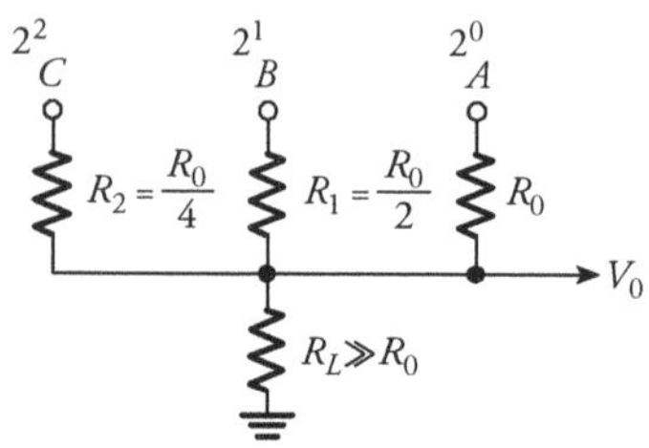

(a)

디지털 입력			아날로그 출력
C	B	A	V_o[V]
0	0	0	0
0	0	1	+1
0	1	0	+2
0	1	1	+3
1	0	0	+4
1	0	1	+5
1	1	0	+6
1	1	1	+7

(b)

그림 9-5. 저항 분할기

저항 분할기에서 입력 비트의 수를 n이라고 할 때 아날로그 출력 전압 V_o는 다음 식으로 구할 수 있다.

$$V_o = \frac{V_{n-1}2^{n-1} + \cdot \cdot \cdot + V_1 2^1 + V_0 2^0}{2^n - 1}$$

그림 9-5에서 디지털 입력 신호 101에 대한 아날로그 출력 전압 V_o를 구해 보자. 여기서 0 상태는 0[V]이고 1 상태는 +7[V]라고 할 때

$$V_o = \frac{7(2^2 + 0 + 2^0)}{2^3 - 1} = \frac{35}{7} = +5[\mathrm{V}]$$

9.6 2진 래더

2진 래더(binary ladder) 회로는 R-2R 래더망(ladder network)이라고도 한다.

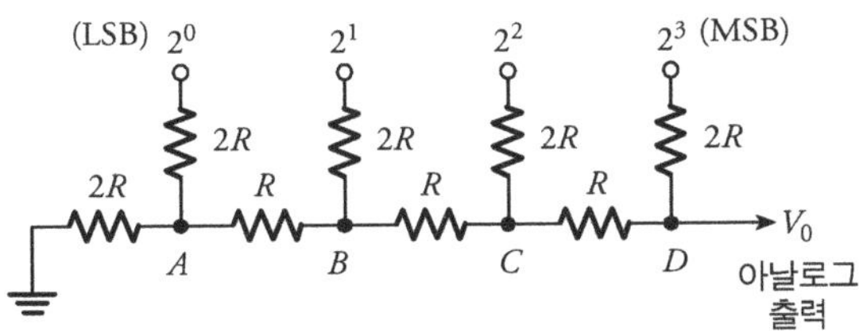

그림 9-6. R-2R 래더망

입력 단자가 n[bit] 일 때 아날로그 출력 전압 V_o는 다음과 같다.

$$V_o = \frac{d_{n-1} V_{n-1} 2^{n-1} + \cdot \cdot \cdot + d_1 V_1 2^1 + d_0 V_0 2^0}{2^n}$$

그림 9-6은 4[bit] 래더를 보인 것이다. 여기서 논리 0을 0[V], 1을 +10[V]라고 할 때 디지털 입력 1010이 가해진다면 이때의 출력 전압을 구해 보자.
입력 단자가 $n = 4$[bit]이므로 아날로그 출력 전압 V_o는 다음과 같다.

$$V_o = \frac{1\times2^3+0\times2^2+1\times2^1+0\times2^0}{2^4}\times10[\mathrm{V}] = 6.25[\mathrm{V}]$$

예제 07 4[bit] 래더에서 입력 레벨이 논리 0을 0[V], 1을 +10[V]라고 할 때 디지털 입력 11010에 대한 출력 전압은?

➔ **해설** 디지털 입력 11010에 대한 출력 전압 V_o를 구하면 다음과 같다.

$$V_o = \frac{1\times2^4+1\times2^3+0\times2^2+1\times2^1+0\times2^0}{2^5}\times10[\mathrm{V}] = \frac{260}{32} = 8.125[\mathrm{V}]$$

예제 08 다음 3[bit] 래더에서 $A = B = 4[\mathrm{V}]$, $C = 0[\mathrm{V}]$일 때 출력 전압은?

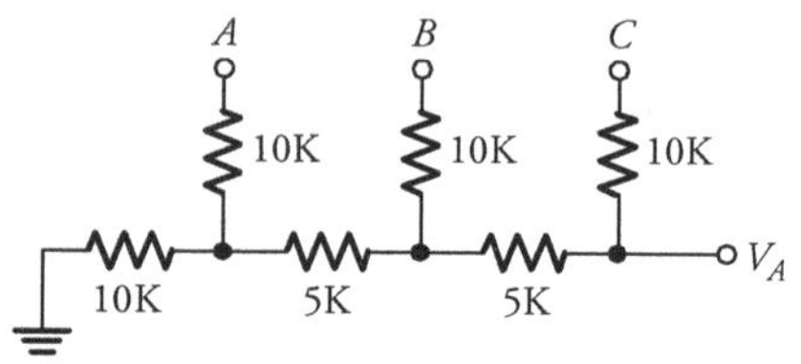

➔ **해설** 3[bit] R-2R 래더 저항망이다.

$$V_o = \frac{0\times2^2+1\times2^1+1\times2^0}{2^3}\times4[\mathrm{V}] = \frac{12}{8} = 1.5[\mathrm{V}]$$

9.7 래더형 D/A 변환기

래더형 D/A 변환기는 저항 회로와 가산 증폭기로 구성된다. 그림 9-7은 4[bit] R-2R D/A 변환기이다.

이 변환기에서 2진 디지털 입력 $(D_3D_2D_1D_0)_2 = (B)_{10}$에 대한 출력 전압 V_o를 구하면 다음과 같다.

$$V_o = -\left(V_R \times \frac{B}{8}\right)$$

위 4[bit] R-2R D/A 변환기에서 전압 $+V_R = -1$ 이라고 할 때 디지털 입력 $(D_3D_2D_1D_0)_2 = (1010)_2$에 대한 출력 전압을 구해 보자.

$(D_3D_2D_1D_0)_2 = (1010)_2 = (10)_{10}$, $B = 10$ 이므로

$$V_o = -\left(V_R \times \frac{B}{8}\right) = -\left(-1 \times \frac{10}{8}\right) = 1.25[\mathrm{V}]$$

의 식으로 구할 수 있다.

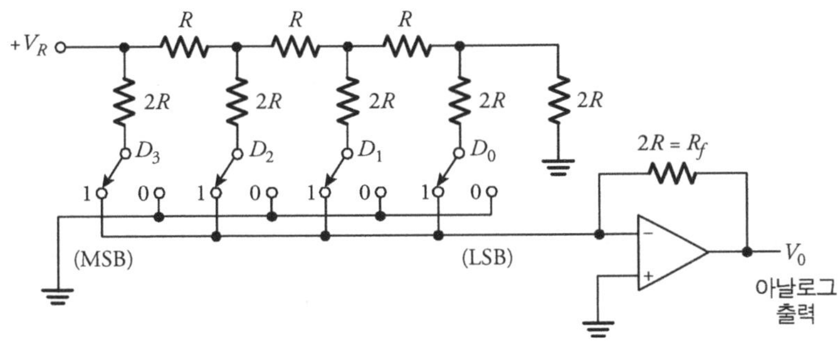

그림 9-7. 래더형 D/A 변환기

요약(SUMMARY)

01. 생체신호는 대게 아날로그 신호, 디지털 신호로 변환이 요구되는데 생체신호의 심전도, 근전도, 뇌전도, 온도, 속도, 압력 등 우리 몸의 대부분의 현상들은 연속적으로 일어나는 물리적인 양이다. 이를 일반 전자회로에서 취급하는 아날로그 전류나 전압으로 변환하여 사용하기도 하고, 단순히 0과 1의 조합인 디지털 신호로 다시 변환하여 컴퓨터나 디지털회로에서 사용하기도 한다.

02. D/A 변환기는 디지털 입력을 아날로그 전류나 전압으로 변환하여 출력하는 장치로서, 기본형 DAC, 정확한 기준 전원을 갖는 보완된 DAC, 전류출력을 갖는 DAC, R-2R-Ladder DAC 등이 있다.

03. A/D 변환기는 아날로그 입력전류나 전압을 해당하는 디지털 코드로 변환하는 장치로서, DR ADC, 동시형 ADC, 가장 광범위하게 사용되는 SA ADC 등이 있다.

04. DAC의 분해능은 디지털 입력의 변화에 대해서 아날로그 출력에서 발생하는 가장 작은 변화로서, 항상 디지털 입력의 LSB가 갖는 웨이트와 같으며, step size라고도 한다. ADC의 분해능은 내부에 구성되어 있는 DAC의 분해능과 같으며, 최대 출력에 대한 %로서 표현하는 %분해능을 사용하기도 한다.

05. 정확도는 DAC 처럼 분해능에 관계하는 것이 아니고 비교기와 DAC 내의 구성 소자들의 오차 한계 및 공급전원의 안정도 등에 따라 결정되며, 변환시간은 START 펄스의 끝나는 시점과 $\overline{\text{EOC}}$ 출력이 HI → LO로 변하는 시점까지의 간격이며, 컴퓨터가 아날로그 신호에서 디지털화된 데이터를 얻는 과정을 데이터 취득이라고 한다.

06. 555 타이머 IC는 외부에 저항과 캐패시터를 적절히 연결함으로써 무안정기능, 단안정기능 및 전압제어 발진기능 등을 수행할 수 있다.

07. RC 타이밍 회로는 소자가 갖는 기본적인 오차와 주변의 온도 변화나 전원 전압의 변동에 매우 민감하여 동작이 불안정하나 수정 발진회로는 유효숫자 5자리 이상 되는 정확도를 갖는 안정된 클럭 펄스를 발생시킬 수 있다. 발진 주파수 범위는 1 ~10[MHz]가 일반적이지만 분주기를 사용하여 더 낮은 주파수의 발진도 가능하다.

연습문제

01. 디지털 입력 00110010에 대해 1.0[V]의 출력을 갖는 8[bit] D/A 변환기의 출력 전압의 최대값을 구하라.

02. n[bit] D/A 변환기에서 %분해능을 구하는 공식을 써라.

03. 10[bit] D/A 변환기에서 백분율 분해능을 구하라.

04. R-2R 사다리형(2진 래더) D/A 변환기의 원리를 설명하라.

05. 카운터형의 A/D 변환기에 대하여 기술하라.

06. 계속 추정형 A/D 변환기의 변환 과정을 설명하라.

07. A/D 변환기의 종류를 들고 장단점을 기술하라.

08. 아날로그 신호와 인터페이스를 위한 변환 개념에 대하여 설명하라.

Chapter 10 마이크로 컴퓨터
(Micro Computer)

10.1 의료용 컴퓨터의 개요

의료용 컴퓨터란 의학에서 사용되는 의료기기는 컴퓨터를 기반으로 이루어지며 이를 의료용 컴퓨터(Computer)로 부르기도 한다.
의료용 컴퓨터는 논리 회로에 의한 여러 연산기능을 조합함으로써 수치 계산뿐만 아니라 자료에 대한 분류, 비교, 판단 및 논리적인 가치를 수행할 수 있는 장치로 "대량의 다양한 자료나 정보를 받아 들여 일련의 계획된 자료처리를 수행함으로써 원하는 형태로 정보를 출력할 수 있는 전자식 기계 조직체"라는 의미를 갖고 있다.

10.1.1 생체계측 시스템의 구성 요소

생체계측 시스템의 핵심요소인 프로세서의 구성요소는 하드웨어와 소프트웨어로 구분할 수도 있고 아날로그와 디지털 파트로 구분할 수도 있다.
일반적으로 아날로그신호 상태에서 수행되는 증폭과 필터링은 하드웨어의 형태로 구현되고, 디지털 데이터로 변환된 이후에 적절한 알고리즘을 사용하여 수행되는 디지털신호처리는 소프트웨어의 형태로 구현된다.
프로세서 구현의 가장 보편적인 형태는 PC를 사용하는 것인데, 특별히 소형으로 만들거나 제조단가를 줄일 필요가 있는 경우 내장형 시스템(embedded system) 형태로 구현된다. PC기반의 시스템은 다양한 사용자들의 요구 사항을 만족시킬 수 있도록 유연하게 설계되고 지속적인 업그레이드가 용이하지만, 가격이 비싸고 기동시간(booting time)이 길다는 단점이 있다.

반면에 내장형 시스템은 일반적으로 마이크로 컨트롤러(micro controller)나 디지털신호처리장치(DSP chip) 기반으로 구성되어 최적화된 설계에 따라 그 크기와 생산 비용을 줄일 수 있고 신뢰성과 성능을 향상시킬 수 있는 장점이 있다.

(1) 의학적 자료(Data)

생체에서 발생한 신호들을 표시(representation)하는 것으로 처리가 적합하도록 숫자, 의료영상, 물리적 신호 등을 이용하여 형식화한 것이다.

(2) 정보(Information)

정리되고 유용한 형태로 조직된 자료 즉, 자료처리의 결과로 생성된 관련된 지식이며 특별한 지식이라고 볼 수 있다.

10.1.2 의료용 컴퓨터의 특성

의료용 컴퓨터는 복잡한 계산이나 다량의 자료를 빠르고 정확하게 처리하고 비교 판단하는 능력을 갖기 위해서는 다음과 같은 특성을 갖는다.

(1) 자율성

프로그램에 의해 자료를 처리하는 동안 사람의 간섭이 필요하지 않다.

(2) 고속성

컴퓨터는 방대한 업무량을 순식간에 처리할 수 있다.

(3) 대용량성

한번 저장된 자료나 정보는 삭제하지 않는 한 영구 보존이 가능하며 보조 기억장치를 이용하면 무한정의 정보를 기억할 수 있다.

(4) 신뢰성

어떤 복잡한 계산이라도 착오 없이 정확하게 수행하므로 믿을 수 있다.

(5) 범용성

컴퓨터는 수치 자료, 영문자, 특수문자뿐만 아니라 사물의 형상을 나타낼 수 있으므로 여러 분야에서 널리 이용된다.

(6) 호환성

컴퓨터 상호간의 특성은 약간 다르나 소프트웨어의 교환 사용이 가능하다.

10.2 컴퓨터의 발달과정

10.2.1 컴퓨터의 역사

인간이 계산에 사용하기 위해 발명한 최초의 도구는 기원전 3000년경 중국에서 사용했다고 하는 주판(Abacus)이며, 17세기에 이러한 주판보다 성능이 우수한 여러 가지 계산도구들이 발명되기 시작되었는데 이들을 발달과정에 따라 분류해 보면 다음과 같다.

표 10-1. 컴퓨터의 발달과정

분류	컴퓨터명칭	설계 및 제작자	년도	특 징
기계식 컴퓨터	가산기	파스칼 (B.Pascal)	1642	• 최초의 기계식 계산기 • 톱니바퀴를 이용한 10진수 가감산 계산기
	승제산기	라이프니츠 (G.W.Leibniz)	1671	• 파스칼의 계산기를 개량하여 4칙연산 가능 • 가감산의 반복으로 승제산 처리
	Difference Engine	바베지 (C.Babbage)	1823	• 보감법을 이용해 대수와 삼각함수표를 자동으로 계산
	Analytical Engine		1833	• 최초의 자동 컴퓨터(미완성) • 현재의 계산기와 유사한 구조를 갖는다. - Mill : 산술연산을 행하는 연산기구 - Store : 톱니바퀴로 구성된 기억기구

				- 제어기구 : 수의 전송이나 동작순서 제어 - 입 · 출력기구 : 천공카드 사용
	PCS(Punch Card System)	홀러리스 (H.Hollerith)	1890	• 천공카드(Punch Card)를 이용한 자료 분류 및 집계 장치
전자식 컴퓨터	MARK-1	에이켄 (H.H.Aiken)	1944	• 최초의 자동 전기 기계식 계산기 • 릴레이 3000개와 72개의 톱니기구 사용 • 종이 테이프에 의한 자동 순서적 제어
	ENIAC	에커트(J.P.Eckart)와 머클리 (J.W.Mauchly)	1946	• 최초의 컴퓨터 • 18800개 진공관과 1500개 릴레이 사용 • 외부 프로그램 방식(plug board에 배선)
	EDSAC	윌키스(Wilkes)	1949	• 최초의 프로그램 내장 방식 도입
	UNIVAC- I	에커트(J.P.Eckart)와 머클리 (J.W.Mauchly)	1951	• 최초의 상업용 컴퓨터 • 보조기억장치로 자기 테이프 사용
	EDVAC	노이만 (Von Neumann)	1952	• 프로그램 내장 방식, 2진 표현 방식 채택 • 1024 단어의 주기억장치와 20000 단어의 보조기억장치 사용

Book Cafe

■ **프로그램 내장 방식(Stored Program)**

1946년 Von Neumann은 자료는 물론 자료 처리 명령들로 컴퓨터 내부(기억장치)에 저장할 수 있다는 프로그램 내장 방식을 제안하였다. 즉, 자료를 처리하기에 앞서 프로그램과 자료를 모두 기억장치에 기억시켜 놓고 처리 순서에 따라 자료 처리를 자동으로 하는 방식을 제안하였다. 현재 이용되고 있는 대부분의 컴퓨터는 이 방식을 채택하고 있으므로 '폰 노이만형 컴퓨터'라고 한다.

10.2.2 세대별 분류

컴퓨터는 1952년 이후에 실용화 단계에 들어섰으며 전자기술의 발달이 계산기의 발달을 특징짓는 중요한 기준이 되었다. 사용되는 구성소자에 따라 그 발달과정을 세대별로 구분하면 다음과 같다.

표 10.2 컴퓨터의 세대별 특징

세대구분	제1세대	제2세대	제3세대	제4세대	제5세대
연도	1940년대 중반~1950년대 초반	1950년대 후반~1960년대 중반	1960년대 중반 이후	1970년대 중반 이후	1980년대 중반 이후
연산속도	10-3초(ms)	10-6초(μs)	10-9초(ns)	10-12초(ps)	10-15초(fs)
회로소자	진공관, 릴레이	트랜지스터, 다이오드	직접회로(IC)	대규모 집적회로(LSI, VLSI)	VLSI, GLSI
주기억 장치	수은지연회로, 자기드럼	자기 코아	자기 코아, 반도체 기억소자	반도체 기억소자	반도체 기억소자
특징	• 전력소모가 크고 신뢰도가 낮으며 수명이 짧다. • 하드웨어 개발에 중점 • 고정소수점 연산 • 저급언어(기계어 및 어셈블리어 사용)	• 저전력, 처리속도 및 신뢰도 향상 • 하드웨어에서 소프트웨어 개발 • 부동소수점 연산 • 고급언어개발(FORTRAN, COBOL) • 인터럽트 개념 도입 • 다중프로그래밍 개념 채택 • 온라인 체제 확립	• 소형이고 신속, 대용량 • Mini computer 개발 • One-machine 개념으로 호환성 향상 • 마이크로프로그래밍 • 시분할방식 실현 • 온라인 실시간 시스템 실현 • 경영정보시스템(MIS) 확립	• 극소형, 대용량, 신속, 정확 • 마이크로프로세서 개발 • 구조적 프로그램 • 패키지 소프트웨어 개발 • 가상기억방식의 실용화 • 컴퓨터네트워크, 광통신, 로봇 • DMBS개발	• 초소형, 초고속화, 초대용량 • 분산처리 • LAN 시스템, 레이저 사용
적용분야	연구용	과학계산용, 사무처리용	범용	범용, OA, FA	CAD/CAM, 유전자공학, 천문학, AI
대표기종	UNIVAC-I IBM 701	UNIVAC-II NCR 304, IBM 650	IBM 360/370 PDP-8, CDC 3000	IBM 43, 44시리즈 FACOM	cary-II DESKPRO-386

Book Cafe

■ **계산기의 속도 표시**

- MIPS(Million Instruction Per Second) : 1초 동안에 실행되는 백만 단위의 기계어 명령 수
- FLOPS(Flating-point Operation Per Second) : MFLOPS(Million FLOPS) 1초 동안에 수행할 수 있는 부동소수점 연산의 수

10.3 컴퓨터의 구성

의료용 컴퓨터는 두 가지 기본 요소인 하드웨어와 소프트웨어로 구성되어 있다. 하드웨어(Hardware)는 전자회로 및 각종 장치로 이루어진 기계의 본체를 말하여 중앙처리장치, 기억장치 및 입·출력장치로 이루어진다. 소프트웨어(Software)는 하드웨어를 동작시키는데 사용되는 프로그램이나 이에 따르는 운영기술을 말한다.

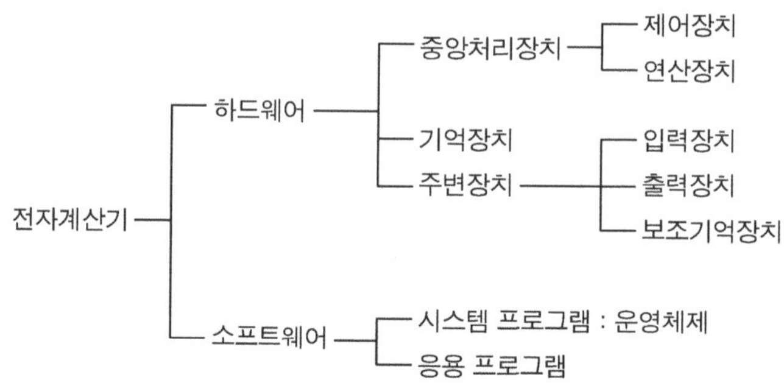

그림 10-1. 의료용 컴퓨터의 구성

Book Cafe

■ **중앙처리장치**

넓은 의미로 기억, 연산, 제어 장치를 중앙처리장치라고 하는 경우가 있으나 구조학적인 면에서 제어, 연산 장치로 구성된 경우를 많이 사용한다.

컴퓨터의 기본 구조는 1946년 폰 노이만이 제안한 이래 현재까지 개발된 거의 모든 컴퓨터가 크기나 기종에 관계없이 그림 10-2와 같이 5가지의 기본적인 기능을 갖고 있는 장치들로 구성되어 있으며, 이들 장치들은 자료 처리라는 공동의 목표를 수행하기 위해서 유기적으로 결합되고 있으며 각 장치마다 그에 대응한 기능을 가지고 있는데 이들 입력, 기억, 연산, 제어, 출력 등의 기능을 '컴퓨터의 5대 기능'이라고 한다.

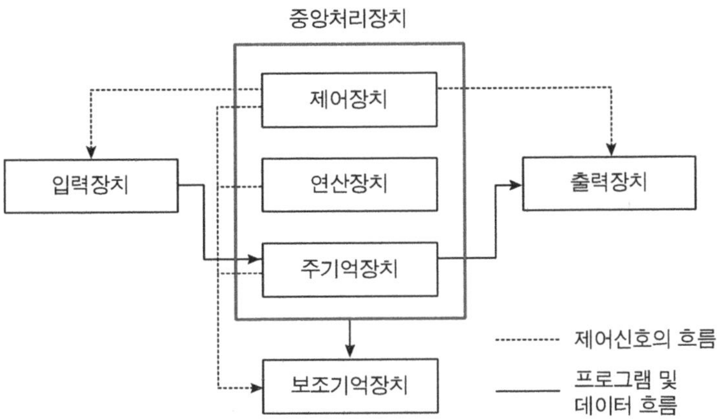

그림 10-2. 컴퓨터의 구성

(1) 입력장치(Input Unit)

처리하고자 하는 프로그램이나 자료를 기억장치로 읽어 들이는 장치로, 읽어 들인 자료를 주기억 장치나 중앙처리장치로 보낸다.

(2) 출력장치(Output Unit)

컴퓨터가 기억하고 있는 내용이나 처리 결과를 인간이 알아보거나 사용할 수 있는 형태로 표현하는 장치이다.

(3) 기억장치(Storage Unit, Memory Unit)

입력장치에 의해 읽혀진 자료를 기억하거나 처리된 자료를 재 기억하는 장치로 다시 주기억 장치와 보조기억장치로 구분하기도 한다.

(4) 연산장치(ALU : Arithmetic & Logical Unit)

제어장치의 지시에 따라 기억되어 있는 자료에 대한 산술 연산 및 논리 연산을 수행하는 장치이다.

(5) 제어장치(Control Unit)

기억장치에 저장되어 있는 자료 처리 순서를 기록한 프로그램의 각 명령을 해독함으로써 필요한 제어신호를 만들어 낸다. 이 제어신호는 컴퓨터를 구성하고 있는 하드웨어의 동작을 제어한다.

10.4 컴퓨터의 분류

컴퓨터는 여러 가지 방법으로 분류할 수 있겠지만 일반적으로 자료의 표현에 의한 분류, 처리 능력에 의한 분류, 사용 목적에 의한 분류 방법 등이 널리 사용되고 있다.

10.4.1 사용 목적에 의한 분류

(1) 특수 목적용 컴퓨터(Special Purpose Computer)

어떤 특정 분야의 업무만을 수행하도록 설계된 컴퓨터로 고정된 프로그램과 일정한 자료만을 취급한다. 단층 촬영기, CAD/CAM, 산업용 로봇 등에 이용되고 있다.

(2) 범용 컴퓨터(General Purpose Computer)

광범위한 분야의 문제 해결을 위하여 설계 제작된 컴퓨터로 용도에 따라 시스템을 다양하게 확장할 수 있다. 범용 컴퓨터는 크게 사무 처리용과 과학기술 계산용으로 나누어진다.

(3) 개인용 컴퓨터(Personal or Home Computer)

소형으로 비교적 가격이 저렴하고 사용하기가 간편해서 개인은 물론 가정, 학교, 교육용으로 널리 활용되고 있다.

10.4.2 자료의 형태에 따른 분류

(1) 디지털 컴퓨터(Digital Computer)

불연속적인 양, 즉 숫자나 문자를 코드화하여 필요한 처리를 한 후 그 결과를 부호나 숫자, 문자 등의 정보로 얻을 수 있는 컴퓨터로 계수형 컴퓨터로 부르기도 한다.

(2) 아날로그 컴퓨터(Analog Computer)

연속적인 양, 즉 전압, 길이, 회전량, 각도 등의 입력을 가하여 얻어진 물리량을 계측해서 결과를 구하는 컴퓨터로 상사형 컴퓨터로 부르기도 한다.

자료 발생 시점에서 고속으로 자료를 모으거나 즉시 그 결과를 얻을 수 있어 공장의 제어 등에 이용된다.

표 10.3 디지털 컴퓨터와 아날로그 컴퓨터의 특성 비교

형태 \ 항목	디지털 컴퓨터	아날로그 컴퓨터
입력형태	부호화된 숫자와 문자	연속적인 물리량(변량)
출력형태	숫자, 문자, 부호	곡선, 그래프 등 연속된 자료
정밀도	필요한 만큼 얻을 수 있다.	정밀도가 제한된다(0.01% 까지)
프로그래밍	필요하다.	필요없다.
연산형식	순차연산(가감승제가 기본)	병렬연산(미적분이 기본)
적용성	범용성	전용성
연산속도	느리다.	빠르다.
구성회로	논리 회로	증폭회로
기억능력	기억이 용이하고 반영구적	기억능력이 제한된다.
가격	비교적 고가이다.	비교적 저가이다.
처리대상	과학기술계산용, 사무계산용	미적분 방정식의 해, 시뮬레이션
프로그램 보존	용이하다.	어렵다.
보수	고도의 기술이 필요	비교적 용이함

(3) 하이브리드 컴퓨터(Hybrid Computer)

아날로그 컴퓨터의 값이 싸고 직관적인 판단이 용이하다는 특성과 디지털 컴퓨터의 정밀도가 높고 융통성이 큰 장점을 혼합한 형태의 컴퓨터로, 의료 관련 시스템, 항공기, 미사일, 인공위성 등의 복잡한 설계 및 기술 계산용으로 이용되고 있다.

10.4.3 처리 능력에 의한 분류

가격, 기억용량, 크기, 속도 등 여러 가지 요소를 기준으로 하여 소형, 중형, 대형 등으로 분류하였으나 전자기술의 발전으로 점차 소형화되며 처리능력이 향상되고 있어 이러한 기준의 요소는 분명하지 않게 되었다.

(1) 마이크로 컴퓨터(Micro Computer)

다른 컴퓨터에 비해 상대적으로 크기가 작고 가격이 저렴한 컴퓨터를 마이크로 컴퓨터라고 부른다. 마이크로 컴퓨터는 마이크로프로세서를 중앙처리장치로 하고 여기에 기억장치, 입력장치, 출력장치 등을 연결하여 완전한 하나의 독립된 컴퓨터 기능을 하도록 설계된 컴퓨터이다. 한편 마이크로 컴퓨터를 개인용 컴퓨터와 혼용하여 사용하기도 한다.

(2) 미니컴퓨터와 메인 프레임 컴퓨터

미니컴퓨터(Minicomputer)와 메인 프레임 컴퓨터(Mainframe Computer)는 규모가 크고 프로그램 수행이 빠르며 온라인 디스크 장치의 용량이 매우 크다. 이러한 컴퓨터는 단일 사용자(Single User)가 아닌 다수 사용자(multi-user)들이 컴퓨터 자원을 공유하여 동시에 사용할 수 있다.

(3) 슈퍼 컴퓨터(Super Computer)

슈퍼 컴퓨터는 가장 성능이 우수하고 가장 비싼 컴퓨터이며 일 년에 소량의 제품만이 주문 생산되고 있는 실정이나 에너지탐사, 우주탐험, 의약분야, 산업 등의 분야에서 중요한 위치를 점하고 있다.

현존 슈퍼 컴퓨터는 초당 1억개 이상의 과학적 산술 연산을 수행할 수 있도록 여러 개의 처리장치들로 구성되는 병렬처리기법을 사용 설계하고 있다.

10.5 중앙처리장치의 기능

중앙처리장치(CPU : Central Processing Unit)는 명령에 따라 산술 연산과 비교 판단 등을 처리하는 연산장치, CPU 내의 기억 장치인 레지스터(Register), 이들에 의해 명령이 수행되도록 기계의 전체 기능을 감독 조절하는 제어장치와 장치 상호간의 신호전달을 위한 버스로 구성되어 있다.
중앙처리장치의 하드웨어 요소들을 기억기능, 연산기능, 전달기능, 제어기능의 네가지 기능으로 살펴보도록 하자.

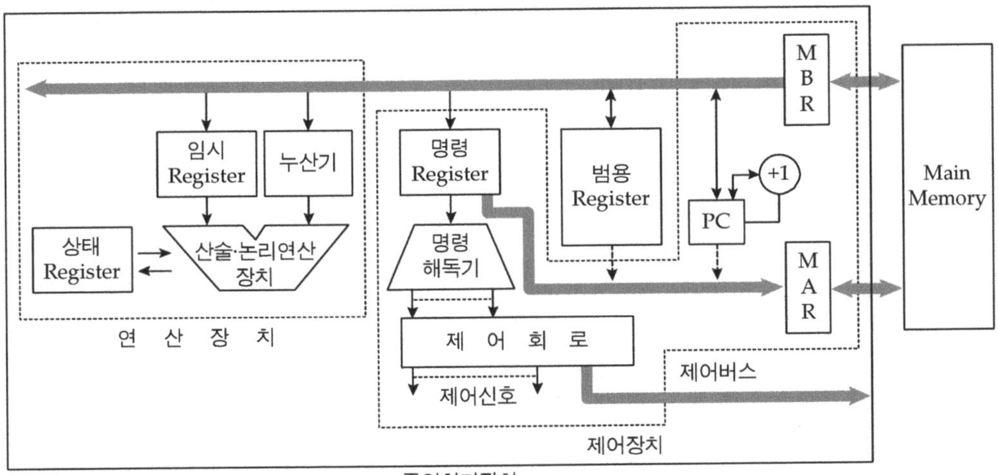

그림 10-3. 중앙처리장치의 기본 구조

10.5.1 기억기능

기억기능을 수행하는 요소를 레지스터(Register)라 하는데 각 레지스터는 직렬로 연결된 플립플롭(Flip-flop)이나 래치(latch)들로 구성되어 있다.
레지스터는 당장 혹은 가까운 장래에 사용할 자료나 당장 얻은 자료를 기억시키는데 사용되며, 그 사용 용도별로 구분하면 다음과 같다.

(1) 프로그램에 의해 기억 내용을 변경시킬 수 있는 레지스터

- 연산용 레지스터(Arithmetic Register) : 연산기의 입력 자료나 산술 및 논리 연산의 결과를 일시적으로 기억하는 레지스터를 말하며 중앙처리장치 내에 연산용 레지스터가 한 개 뿐일 때에는 누산기(Accumulator : AC)라고 한다.
- 인덱스 레지스터(Index Register) : 약식 주소나 계산에 의한 주소로부터 유효 주소(Effective Address)를 계산하는데 필요한 주소의 일부를 기억한다.

Book Cafe

■ **범용 레지스터**

연산용과 인덱스 레지스터의 구별 없이 사용하는 레지스터를 범용 레지스터(General Purpose Register)라 하며, 대부분의 범용 컴퓨터는 4~6개의 범용 레지스터를 갖고 있다. 범용 레지스터는 주로 고정소수점 자료를 취급하며, 부동소수점 자료를 취급하기 위해서는 별도의 부동소수점 레지스터(floating point register)를 두어 사용한다.

(2) 프로그램에 의해 변경시킬 수 없는 제어용 레지스터

- 명령 레지스터(Instruction Register : IR) : 현재 수행하는 명령을 기억하고 있는 레지스터로 그 명령이 올바르게 수행되도록 제어 정보를 제공한다.
- 프로그램 카운터(Program Counter : PC) : 다음에 수행할 명령의 주소를 기억하고 있는 레지스터로 프로그램이 계획된 순서에 따라 수행되도록 제어 정보를 제공한다.

(3) 기억 장치와의 정보 교환 레지스터

- 메모리 주소 레지스터(Memory Address Register : MAR) : 기억 장치에 저장되어 있는 자료나 명령을 호출하기 위한 주소를 기억하는 레지스터를 말한다. MAR의 크기에 따라 직접적으로 접근할 수 있는 기억 장치의 워드 수(주소수)를 알 수 있다.
- 메모리 버퍼 레지스터(Memory Buffer Register : MBR) : 메모리로부터 읽어낸 워드를 받아들이거나 메모리에 저장할 값을 보존하며 MBR의 크기는 자료 워드를 구성하는 비트 수에 따라 결정된다.

(4) 상태 레지스터(Status Register)

중앙처리장치의 동작에 있어서 연산 결과의 상태를 나타내는 플래그(Goag) 비트들의 집합으로 플래그 레지스터라고도 한다. 그 내용은 보통 Z(결과가 0) 플래그, S(부호) 플래그, C(올림수 발생) 플래드 등으로 구성된다.

10.5.2 연산기능

중앙처리장치 내의 연산기능을 가진 요소는 연산기(ALU)이며, 산술연산과 논리연산 등의 기능을 갖고 있다. ALU는 여러 가지 논리기능을 가진 장치(device)로 구성되며, 논리장치를 선택하는 선택 신호(select signal)에 의해 연산이 수행되도록 한다.
소형 컴퓨터에는 연산기가 하나뿐이지만 고성능 컴퓨터에는 처리 속도를 빠르게 하기 위해 주소 계산용 연산기 및 자료나 연산의 종류에 따라 별도의 연산기를 사용하기도 한다.

10.5.3 전달기능

전달기능을 갖는 요소는 연산기와 레지스터들 간의 자료 전달을 위해 사용되는 신호 회선(signal path)으로, 이를 버스(bus)라고 부른다. 특히 연산장치와 레지스터들 사이의 신호 회선(signal path)을 내부 버스(internal bus), 중앙처리장치와 기억장치 혹은 주변장치들 사이의 신호 회선을 외부 버스(external bus)라고 한다.
버스의 종류에는 데이터 버스, 어드레스 버스, 제어 버스가 있는데 이들의 내부에 흐르는 정보들은 각기 해당 버스만을 통해서 교환이 가능하다.

(1) 데이터 버스(Data bus)

중앙처리장치에서 메모리나 입·출력 장치에 자료를 전송하든가 반대로 메모리나 입·출력 장치에서 중앙처리장치에 자료를 읽어 들일 때 사용하는 버스이다. 이 버스는 어떤 곳으로도 자료를 전송할 수 있으므로 양방향 버스라고 한다.

(2) 어드레스 버스(Address bus)

중앙처리장치에서 메모리나 입·출력 장치의 번지를 지정할 때 사용되는 버스이다.

이 버스는 중앙처리장치에서만 주소를 지정할 수 있으므로 단방향 버스라고 한다.

(3) 제어 버스(Control bus)

중앙처리장치가 무엇을 하고 있는 가를 메모리나 입·출력 장치에 알려주거나 중앙처리장치에게 어떤 동작을 취하라고 지시하기 위한 제어 신호를 보내는 데 사용하는 버스로 단방향성의 기능을 갖고 있다.

10.5.4 제어기능

제어기능을 갖는 요소는 제어기(Control Unit)로 수행 순서와 명령에 대한 세부적인 제어를 한다. 즉, 프로그램이 의도한 순서대로 명령들이 수행되도록 PC를 관리하며 필요한 조작을 실행하기 위하여 ALU의 논리 소자가 연속적으로 동작하도록 제어신호를 순차적으로 발생시키고 레지스터간의 자료의 흐름이나 레지스터의 선택 등을 제어한다.

표 10.4 제어장치의 구성 및 기능

장치명	기 능
명령 계수기 (instruction counter)	현재 실행하고 있는 명령을 끝낸 후 다음에 실행할 명령의 주소를 기억하고 있는 레지스터, PC와 유사
명령 레지스터 (instruction register)	명령 레지스터는 명령부와 주소부로 되어 있다. 명령부에는 실행할 명령 코드(instruction code)가 있으며, 이 명령 코드는 명령 해독기로 보내져 해독된다. 한편, 주소부에는 자료가 기억되어 있는 주소가 있어서 이 주소가 주소 해독기에 보내져 해독된다.
명령 해독기 (instruction decoder)	명령을 해독하는 부호기로 그 해독된 내용을 전송하는 역할을 한다.
주소 해독기 (address decoder)	명령 레지스터의 주소부에 기억되어 있던 주소를 해독하여 그 해독된 주소에 기억된 내용을 버퍼 레지스터로 호출하는데 필요한 신호를 보내는 장치이다.
부호기 (encoder)	명령 해독기에서 전송되어 온 명령을 실행하기 위한 적합한 신호로 변환하여 각 장치로 전송하는 역할을 한다.

10.6 마이크로프로세서의 개요

마이크로 컴퓨터는 마이크로프로세서와 기억장치, 입·출력 인터페이스 모듈이 모여서 하나가된다. 마이크로프로세서는 어느 컴퓨터에서나 볼 수 있는 중앙처리장치(CPU)이며 LSI와 VLSI로 만들었다는 점이 다르다. 32[bit] 마이크로프로세서 중에는 예외가 있지만 대부분의 마이크로프로세서들은 제어 및 연산회로가 모두 포함되어 있는 단일 칩(chip)으로 되어 있다.

마이크로프로세서는 CPU의 모든 내용이 하나의 조그만 칩 속에 내장됨으로써 가격이 훨씬 싸지며 줄어든다는 중요한 장점이 있다.

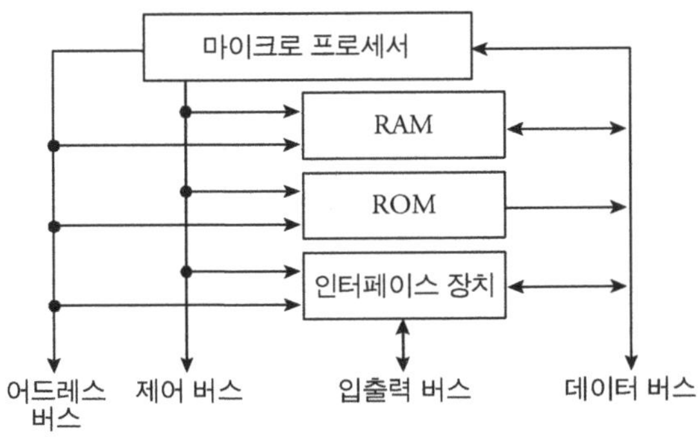

그림 10-4. 마이크로프로세서와 외부 인터페이스

마이크로프로세서는 명령을 해독, 수행하여 자료를 처리하며 기억장치는 자료와 명령을 보관하고 입·출력 인터페이스는 컴퓨터와 외부의 대화를 가능하게 한다.

10.6.1 입·출력 인터페이스(Input-Output Interface)

입·출력 인터페이스는 입·출력 버스와 입·출력 장치 사이에 존재하며 그들 사이에 데이터 전송이 지정 없이 원활하게 이루어지도록 하는 회로들로 구성된다. 데이터 전송이 8[bit] 병렬로 이루어지는 경우에 사용되는 인터페이스를 병렬 인터페이스라고 한다. 이것에 비해 1[bit]씩 직렬로 데이터 전송이 이루어질 때 사용되는 것을 직렬 인터페이스라고 부른다. 인터페이스에는 직렬에서 병렬로 혹은 그 반대로의 변환을 위한 기능이 포함된다.

(1) 인터페이스의 기능

인터페이스는 기억 장치와 입·출력 장치 사이의 동작상의 차이점을 극복하기 위해서 다음과 같은 기능을 하게 된다.

- 두 장치 사이에 결합/분해 레지스터를 두어 정보의 단위가 다른 차이점을 극복한다. 결합/분해 레지스터는 시프트 레지스터로 만들 수 있다.
- 결합/분해 레지스터의 상태를 나타내는 B(BUSY)와 D(DONE) 플래그를 두어 동작속도의 차이점을 해결한다. 이 레지스터를 버퍼(buffer)라고도 하는데, 기억장치 단어의 길이와 같아야 한다.
- 각 장치의 인터페이스에는 장치번호 해독기가 있어 그 자신과 입·출력을 원하는지 판별하는 기능을 갖는다.
- 입·출력 과정에서 발생하는 오류를 식별하기 위해 패리티 검사 회로(parity check circuit)를 두거나 되울림(echo back) 기능을 두어 오류를 확인할 수 있도록 한다.

(2) 더블 버퍼링

입·출력 제어장치가 데이터 수신을 CPU에 알리면 CPU가 이것을 받아 수신된 데이터를 읽게 되는데, 그 전에 다음 데이터가 미리 입·출력 제어 장치에 도착해 버리면 그 앞의 데이터를 잃어버리게 되는 것을 오버런(over-run)이라 한다.

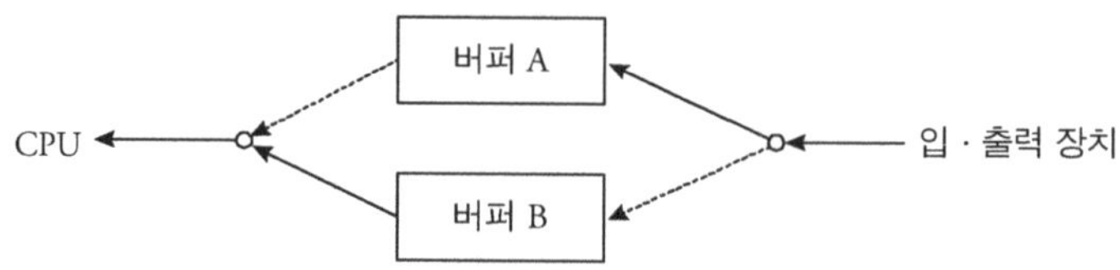

그림 10-5. 더블 버퍼링

더블 버퍼링(double buffering)은 그림 10-5와 같이 수신 버퍼를 2개 준비하여 데이터 판독용과 수신용으로 교대로 작용하게 하는 방식으로 직렬 입·출력 방식에서 데이터 전송속도가 높을 때 사용된다.

(3) 입 · 출력 포트(I/O port)

CPU가 CPU에 접속되어 있는 복수의 입 · 출력 장치를 구별하기 위해 붙인 논리적인 주소로, 이를 구성하는 데는 메모리 맵 방식과 격리형 방식이 있다.

- I/O mapped I/O : 기억 장치의 주소와 전혀 다른 주소를 입 · 출력 포트가 갖는 경우로 격리형(isolated) I/O라고도 한다. 뚜렷한 입 · 출력 명령을 가지며, 각 명령은 인터페이스 레지스터의 주소를 갖고 있다.
- memory mapped I/O : 입 · 출력 포트가 기억 장치 주소 공간의 일부인 경우로 기억 장치의 데이터에 대한 명령과 같은 명령을 입 · 출력 포트(즉, 입 · 출력 장치)에 대해서도 실행할 수 있다.

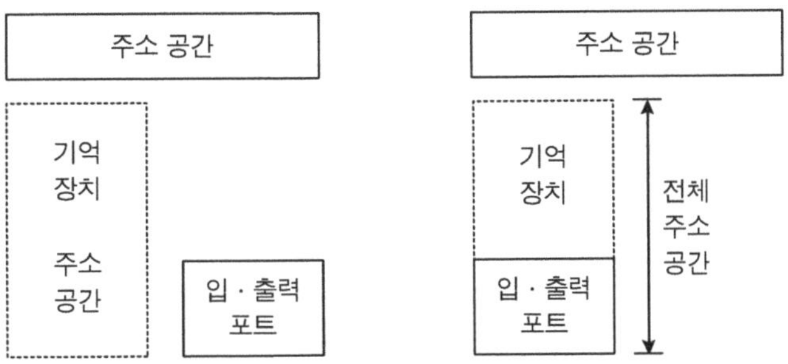

그림 10-6. I/O mapped I/O와 memory mapped I/O

10.6.2 인터럽트(Interrupt)

CPU 외부의 하드웨어적인 요청에 의해서 정상적인 프로그램의 실행순서를 변경하여 보다 우선순위의 작업을 먼저 실행한 후에 다시 원래의 프로그램으로 복귀하는 것을 인터럽트(Interrupt)라고 한다.

의공학 책을 읽다가 전화가 오게 되면 의공학 책을 읽던 부분에 책갈피를 꽂아 놓고 전화를 받고, 통화가 끝나게 되면 의공학 책을 표시해 놓은 부분부터 다시 읽는 것과 같다. 인터럽트는 주변장치의 서비스 요청에 CPU가 가장 빠르게 대응할 수 있는 방법이며, 이것을 이용하면 주변장치 측으로부터의 발생 시기를 예측하기 어려운 비동기적인 일을 CPU가 빠르게 처리할 수 있어 인터럽트는 서로 비동기적으로 동작하는 CPU와 주변장치 사이에서 효율적으로 일을 수행하는 중요한 수단이 된다.

인터럽트가 발생하면 서브루틴의 경우에서처럼 나중에 되돌아 올 복귀주소가 자동적으로 스택(Stack)에 저장되었다가 인터럽트 서비스 루틴의 마지막에서 복귀명령을 만나면 다시 자동적으로 주소를 되찾아서 인터럽트 발생 전의 위치로 정확하게 되돌아간다.

10.6.3 마이크로프로세서의 응용

응용전자산업분야에서 가장 많이 사용되고 제어, 통신, 계측기에서의 디지털 논리회로가 마이크로프로세서로 대치되면서 하드웨어적인 논리소자의 조합 대신 마이크로프로세서 프로그램이 많은 역할을 담당하고 있다.

- 컴퓨터 시스템, 통신, 산업, 사무, 교육, 군사, 의료 등 여러 분야에서 사용한다.
- 회로의 부품이 감소, 저렴한 단가의 대량생산, 안정성 향상, 쉬운 업그레이드와 주기적 기능의 부가가 가능하다.

응용전자산업분야에서의 다양한 활용은 표 10-5에서와 같다.

표 10-5. 산업분야에서의 컴퓨터 활용

산업 분야	마이크로프로세서의 응용분야
자료처리분야	데이터의 처리, 변환, 검색, 재고관리, 공정관리, 과학기술재산, 전표발행, 고객관리, 의료기록 등이다.
공정제어분야	로봇에어, 공정제어, 공장설비, 시컨스 제어 등
정보통신분야	데이터 전송, 네트워크 원격, 데이터 송수신, 전화기 등
의료분야	의료 시스템(초음파, CT, MRI, OCT, 심전도, 근전도, 호흡기..., 등)
계측분야	파형계측, 각종 계측장비, 온도, 습도 유해가스, 센서장치 등
교육분야	교통신호기, 주차관리
일반분야	생활 분야에서의 응용에 많이 쓰인다.

10.7 임베디드 시스템

10.7.1 임베디드 시스템의 정의

하드웨어와 소프트웨어, 기타 추가 장치(버튼, 스위치 , 모터 등의 장치)로 구성되어 있고 이와 같은 구성을 이용하여 특정한 기능을 수행하도록 만들어진 시스템, 예를 들면 전기 밥솥, PDA, 자동차, 엘리베이터 등 현재 사용하고 있는 대부분의 전자, 전기 제품이 임베디드 시스템이다. 이러한 임베디드 시스템을 제어하는 소프트웨어를 임베디드 소프트웨어라고 한다.
임베디드 시스템이란 마이크로프로세서(Microprocessor) 혹은 마이크로컨트롤러(Micro-controller)를 내장하여 시스템 제작자가 의도한 몇 가지 혹은 특수한 기능만을 수행하도록 제작된 장치이다.

10.7.2 임베디드 시스템의 구성

임베디드 시스템에 주로 사용되고 있는 마이크로프로세서의 종류로는 인텔의 80계열 MCU, 애플과 IBM, 그리고 모토로라사가 합작하여 개발한 PowerPC, TI 사의 OMAP, 히다치 사의 SuperH, ARM 사의 ARM, MIPS Technology의 MIPS 등이 있다. 임베디드 시스템은 외부 입력 장치 혹은 센서를 통한 입력 데이터에 따라 정해진 작업을 실행하고 그 결과를 출력하는 동작 유형을 가진다. 임베디드 시스템의 운영체제는 다양한 기능과 편리한 인터페이스보다는 어떤 상황이 발생하였을 경우, 이를 즉각적으로 인식하고 주어진 문제에 대해 실시간 내에 응답할 수 있는 실시간 운영체제를 더 많이 사용한다.

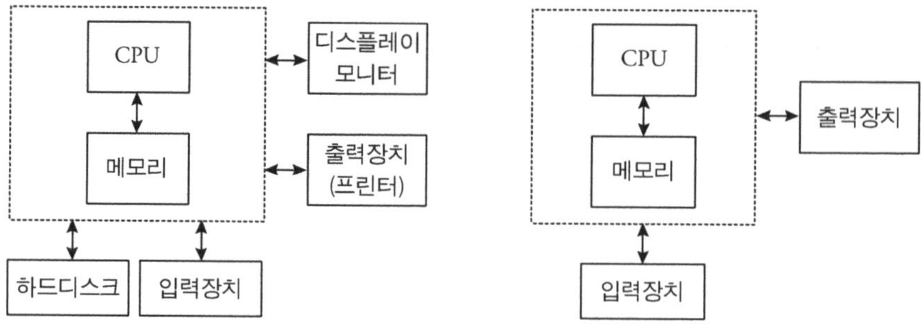

(a) 기존의 컴퓨터(personal computer) (b) 임베디드 시스템

그림 9-7. 임베디드 시스템의 구성

10.7.3 임베디드 소프트웨어

시스템 소프트웨어로는 운영체제, 드라이버 프로그램, TCP/IP를 비롯하여 시스템을 네트워크로 연결하는데 필요한 각종 소프트웨어, 프로그램을 개발하는데 사용되는 여러 프로그래밍 언어(Labview, C, C++, 어셈블리 언어), 컴파일러, 디버거 등이 있으며 응용 소프트웨어로는 PC처럼 대부분 RAM에서 동작하지만 갑작스러운 주변장치 고장, 예상하지 못한 이유로 인한 데이터 손실을 방지하기 위해 ROM과 FLASH 메모리 등을 부가하여 동작하도록 설계되어 있다.

요약(SUMMARY)

01. 의료용 컴퓨터란 의학에서 사용되는 의료기기는 컴퓨터를 기반으로 이루워지며 이를 의료용 컴퓨터(Computer)로 부르기도 한다.

02. 의료용 컴퓨터는 논리 회로에 의한 여러 연산기능을 조합함으로써 수치 계산뿐만 아니라 자료에 대한 분류, 비교, 판단 및 논리적인 가치를 수행할 수 있는 장치로 "대량의 다양한 자료나 정보를 받아들여 일련의 계획된 자료처리를 수행함으로써 원하는 형태로 정보를 출력할 수 있는 전자식 기계 조직체"라는 의미를 갖고 있다.

03. 생체계측 시스템의 핵심요소인 프로세서의 구성요소는 하드웨어와 소프트웨어로 구분할 수도 있고 아날로그와 디지털 파트로 구분할 수도 있다.

04. 의료용 컴퓨터의 특성은 컴퓨터의 복잡한 계산이나 다량의 자료를 빠르고 정확하게 처리하고 비교 판단하는 능력을 갖기 위해서는 자율성, 고속성, 대용량성, 신뢰성, 범용성, 호환성을 가져야한다.

05. 인터럽트(Interrupt)는 CPU 외부의 하드웨어적인 요청에 의해서 정상적인 프로그램의 실행순서를 변경하여 보다 우선순위의 작업을 먼저 실행한 후에 다시 원래의 프로그램으로 복귀하는 것을 인터럽트(Interrupt)라고 한다.

06. 입 · 출력 인터페이스는 입 · 출력 버스와 입 · 출력 장치 사이에 존재하며 그들 사이에 데이터 전송이 지정 없이 원활하게 이루어지도록 하는 회로들로 구성된다. 데이터 전송이 8[bit] 병렬로 이루어지는 경우에 사용되는 인터페이스를 병렬 인터페이스라고 한다. 이것에 비해 1[bit]씩 직렬로 데이터 전송이 이루어질 때 사용되는 것을 직렬 인터페이스라고 부른다.

07. 의용전자분야에서 가장 많이 사용되고 제어, 통신, 계측기에서의 디지털 논리회로가 마이크로프로세서로 대치되면서 하드웨어적인 논리소자의 조합 대신 마이크로프로세서 프로그램이 많은 역할을 담당하고 있다.

연습문제

01. 생체계측 시스템의 구성 요소에 대하여 기술하라.

02. 마이크로 컴퓨터 구성요소에 대하여 설명하라.

03. 디지털 컴퓨터와 아날로그 컴퓨터의 특성을 비교 설명하라.

04. 디지털 컴퓨터 입·출력 인터페이스(Input-Output Interface)에 대하여 설명하라.

05. 폰 노이만의 프로그램 내장방식에 대하여 설명하라.

06. 임베디드 시스템이 기존의 컴퓨터 구성과의 차이점을 기술하라.

07. 중앙처리장치의 주요한 내부 구성을 그리고 각 부분에 대하여 설명하라.

08. 마이크로프로세서의 특징에 대하여 설명하라.

09. 연산기와 레지스터들 간의 자료 전달을 위해 사용되는 신호 회선(signal path)인 버스(bus)에 대하여 설명하라.

10. 마이크로 컴퓨터(Micro Computer)에 대하여 설명하라.

Chapter 11 생체신호 계측 및 처리

(Bio Signal measurement and process)

생체신호는 계측과 처리 부분으로 나눌 수 있다. 생체계측은 사전적인 의미로 생물 몸의 여러 부위의 크기나 모양을 일정한 기구로 측정하여 그 개수를 정확하게 표현하고, 다른 개체와 비교하거나 통계적 방법으로 비교하는 것을 말한다. 또한 생체관찰의 일부에 속하고 인류학에서는 생체계측이라고 한다. 생체계측의 수량 값은 어디까지나 객관적 가치가 있어야 하며, 통일된 계측기와 그것을 쓰는 계측 기술에 숙련되어야 하는 것이 중요한 조건이 된다. 또한 동시에 계측 방법에도 통일이 필요하다.

생체신호처리는 인간으로부터 발생하는 심전도, 근전도, 뇌파 등 전기적 현상을 효과적으로 분석하여 그 분석 결과를 갖고 질병의 유·무 및 종류를 판단하기 위한 것으로 인간으로부터 생체 신호를 수집하는 접적부분과 집적된 신호를 처리하는 부분으로 나눈다. 또한 일반적으로 신호는 연속적인 성격을 갖는 아날로그 신호와 아날로그 신호를 이산신호화한 디지털 신호로 구분되며 신호를 처리하는 방법은 아날로그 신호 처리기법과 이산신호화된 신호를 처리하는 디지털 신호처리로 나눈다.

11.1 생체 계측의 개념

11.1.1 개요

생체계측이란 몸의 여러 부위의 현상을 규정된 장치로 측정하여 그 값을 가시적인 형태로 정확하게 표현하고, 필요시 다른 개체와 비교하거나 통계적 방법으로 처리하는 것을 말한다.

11.1.2 생체계측의 구성

계측이란 대상에서 필요한 정보를 검출 → 변환(전송) → 처리 → 표시의 과정을 포함하는 일련의 동작순서를 말하며, 그 중에서 의용계측시스템은 계측대상이 사람이다.

(1) 측정대상

생체계측에서의 측정대상이란 시스템이 측정하려고 하는 생체의 물리·화학적인 양, 성질, 또는 조건들을 말하며 그 대상으로서는 생체내부, 생체표면, 생체로 부터 발생되는 각종 신호, 생체로부터 분리된 생체조직 등이다. 측정종류로서는 전위, 전류, 임피던스, 압력, 온도, 유량, 크기, 변위, 화학농도 등이 있다.

(2) 센서/변환기

측정에 필요한 센서/변환기는 생체에서 취득하는 물리·화학적인 측정량을 관계자가 취급하기에 편리한 전기적 출력으로 변환하는 장치이다. 측정량을 전기적으로 출력하는 이유는 다른 기타 많은 신호에 비하여 전기변수 혹은 전기신호가 의료용으로 취급하기에 가장 적합하기 때문이다. 또한 센서/변환기는 생체에서 측정하고자 하는 대상에서 발생하는 현상만 반응하는 것이 이상적이다.

(3) 신호관리

센서에서 변화된 전기적 출력을 취급자가 요구하는 형태로 적절하게 처리하는 기술을 말한다. 목적에 적합하게 하기 위하여 변화된 신호를 증폭이나 감쇠 과정을 통하여 신호의 크기를 조정하며 여파기를 통하여 신호의 주파수성분을 선택하고 잡음을 제거하기도 한다.

(4) 저장 및 전송

컴퓨터나 마이크로프로세서를 기반으로 하여 저장 및 전송 기능을 수행한다. 컴퓨터 데이터의 형태로 수치, 신호 및 처리결과를 저장하거나 타 계측기기혹은 원거리 사용자를 위하여 통신포트 및 경로를 확보하여 전송한다.

(5) 출력장치

사용자가 시각이나 청각 등을 이용하여 측정결과를 모니터, 프린터, 스피커 등의 출력장치를 이용하여 인지할 수 있도록 표시하는 장치이다.

11.1.3 생체현상의 특수성

생체 시스템은 고유의 가변성을 갖고 있으며, 이것이 생체 시스템의 계측을 어렵게 만드는 가장 큰 요인이라고 할 수 있다. 여러 번 측정하는 경우 일관성의 것이 많고 재현성이 빈약하다(근전도, 뇌파 등). 생체는 순응, 피로, 기억, 예상하는 성질이 있고, 일정 조건에서의 데이터 채집이 곤란하다. 개체의 차가 크다. 그러나 개체 내에서는 항상성이 유지되어 있다. 절대값 보다 상대값이 중요하다. 생체시스템은 각 기관이 유기적으로 결합되어 있기 때문에 어느 부분에 대한 특정신호를 순수한 형으로 끄집어내기가 곤란하다(뇌파에 근전도가 혼합되는 것). 생체신호는 대부분의 경우, 확률신호 또는 불규칙 신호라고 생각할 수 있다. 생체신호는 미약하고 일반적으로 S/N비가 작다.

11.2 신호원 분류

11.2.1 신호의 종류

(1) 주기신호와 비주기적인 신호

- 주기신호 : 하나의 주파수로 구성된 신호로서 연속적으로 반복된 패턴으로 구성된 신호

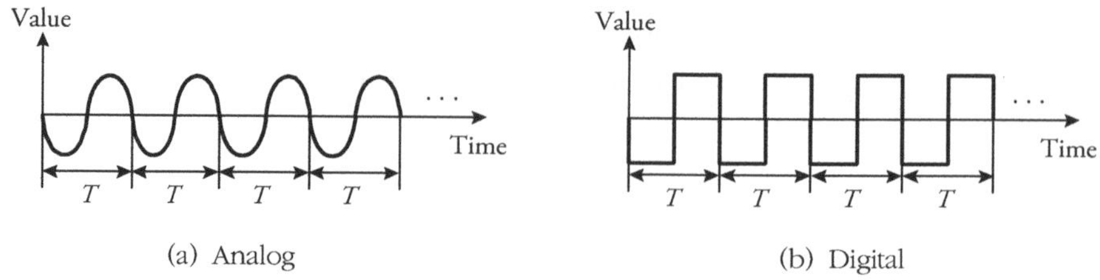

그림 11-1. 주기 신호

■ 비주기적인 신호 : 주기적 신호와는 반대로 시간이 지나는 동안 동일하게 반복되는 사이클이나 패턴 없이 불규칙하게 계속변하는 신호

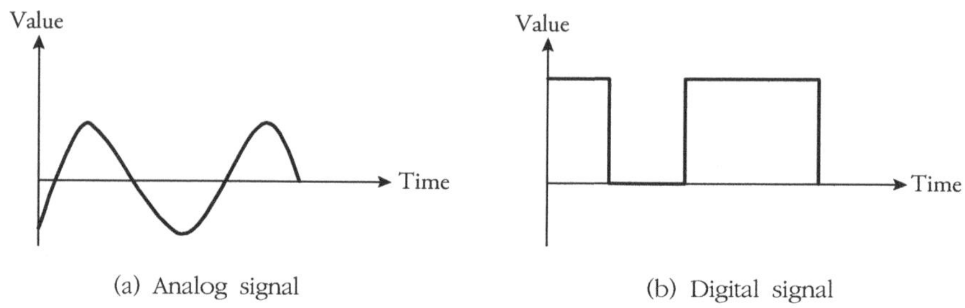

그림 11-2. 비주기 신호

(2) 아날로그 신호와 디지털 신호

■ 아날로그 신호
- 전압과 전류가 기간에 의존하여 연속적으로 변화하는 물리량에 대한 표현
- 음성과 같은 연속작인 변이형태 또는 센서에 의해 감지되는 생체 신호 등과 같이 연속적인 값

■ 이산신호(Discrete signal) : 시간축을 일정한 간격으로 표본화(sampling)하여 얻은 신호

■ 디지털 신호 : 디지털 신호는 0과 1로 구성되는 이산적인 데이터 값

(3) 신호의 특성

■ 아날로그 신호는 진폭, 위상, 주파수 특성을 가진다.

■ 진폭 : 신호의 진폭은 임의의 점에서 신호가 가지는 값으로 신호의 크기를 나타낸다.

■ 주기 및 주파수

- 주기는 신호가 한 사이클을 이루는 데 걸리는 시간을 나타냄
- 주기의 단위는 초(sec)
- 주파수는 1초당 발생하는 신호 주기의 수를 의미하며, 시간에 대한 변화율로서 초당 반복되는 패턴의 횟수임
- 주파수의 단위는 herz(Hz)
- 주파수와 주기는 역의 관계이다.

$$T = \frac{1}{f}, \quad f = \frac{1}{T}$$

∴ 여기서 T는 주기, f는 주파수를 의미한다.

■ 위상 : 진동이나 파동과 같은 주기적으로 반복되는 현상에 대해 어떤 지점에서의 변화의 상태로 파형의 상대적인 위치

11.2.2 생체 신호의 분류

생체신호에는 다양한 종류가 있으며, 여러 가지 방법에 의해 분류되어 질 수 있다. 이의 분류에 대한 몇 가지 방법을 기술 하면 아래와 같다.

(1) 신호원에 따른 분류

생체신호는 신호원 또는 물리적 특성에 따라 분류되어 질 수 있다. 이러한 분류는 처리과정에서 물리적 특성이 관심사 일 때 즉, 신호의 모델이 요구 되어 질 때 사용되어 질 수 있다.

(2) 신호 응용에 따른 분류

생체신호는 진단, 모니터링 또는 그 이외의 다른 목적에 의해 얻어지고 처리되어진다. 이때의 분류는 적용되는 분야, 즉 심장계, 신경계 등에 따라 이루어 질 수 있다. 그와 같은 분류는 목표가 생리적 시스템에 관한 연구일 때 적용되어 질 수 있다.

(3) 신호 특성에 따른 분류

신호처리라는 측면에서 볼 때 가장 적절한 분류 방법이며, 주요 목적이 신호처리일 때 신호원이 무엇이고 그것이 어떠한 생체 시스템에 속하는가는 그리 중요하지 않다.

- 생체전기신호(Bio-electric signals) : 생체전기신호(Bio-electric signal)는 신경세포나 근세포에 의해 발생되어 지는 전류 또는 전압 형태의 신호이다. 이의 근원은 막전위(membrane potential)인데, 이는 어떠한 조건하에서 활동전위(action potential)를 만들도록 자극 되어 질 수 있다. 단일세포에서의 측정은 특수한 미세전극을 이용할 수 있으며, 이때 활동 전위가 생체신호의 근원이 된다. 좀 더 큰 측정에서는 표면전극이 이용되어지며, 전극주변에 분포되어 있는 많은 세포의 활동에 의해 발생되는 전계를 측정하게 된다. 생체전기신호는 가장 중요한 생체신호 중의 하나이다. 생체시스템에서 흥분성 세포(excitable cell)를 이용 한다는 사실은 인체의 주요 기능 등을 연구하고 관찰하는데 생체신호의 이용을 가능하게 한다. 생체를 통해 전계가 전파되어지며 이때 전위는 체표면의 비교적 편리한 위치에서 얻어 질 수 있다. 생체신호를 얻는 데는 비교적 단순한 전극을 필요로 한다. 생체에서의 전기 전도는 이온에 의해 이루어지나 측정시스템에서는 전자에 의해 이루어지기 때문에 전극이 필요하게 된다. 이의 예로는 심전도, 근전도, 뇌전도 신호 등이 있으며, 진단을 위하여 가장 폭넓게 이용되어 진다.
- 생체임피던스신호(Bio-impedance signals) : 인체조직의 임피던스는 인체의 구성, 혈액량, 혈액분포, 내분비계 활동, 자율 신경계 활동 등에 관한 중요한 정보를 제공한다. 생체임피던스신호(Bio-impedance signals)는 보통 현파신호(50[KHz]-1[MHz]의 주파수 범위, 20[μA]-20[mA]의 전류 범위)를 조직에 주입함에 의해 측정되어진다. 주파수 범위는 전극의 분극현상을 최소화 하도록 선정되어지고 전류는 열효과에 의한 조직의 손상을 피할 수 있도록 저전류를 선택하여야만 한다.

  생체임피던스의 측정은 다수의 전극으로 이루어진다. 두 개의 전극은 전류원으로써 조직에 전류를 주입하기 위하여 이용되며 또 다른 전극은 조직 임피던스와 전류에 의해 만들어진 전압 강화를 측정 하는데 이용되어 진다. 이러한 임피던스 신호를 이용하는 의료장비로는 임피던스를 이용한 심박 출량계, 체지방 측정기 등을 들 수 있다.
- 생체 음향신호(Bio-acoustic signals) : 많은 생체현상들은 음향잡음(acoustic noise)을 발생한다. 이와 같은 음향을 측정함에 의해 인체로 부터의 근원적 생체 현상의

정보를 얻을 수 있다. 심장에서의 혈액의 흐름은 심장 판막 또는 혈관을 통과 하며, 중요한 음향잡음을 발생시키게 된다. 상·하 기도를 통한 공기의 흐름과 허파에서는 또 다른 음향 잡음을 발생시킨다. 기침, 코고는 소리, 흉부와 허파에서의 소리는 의학에서 중요하게 사용되어 진다. 이러한 소리들은 소화기 계통이나 관절에서도 발생한다. 근육의 수축도 음향 잡음을 발생시킨다. 이러한 에너지는 생체를 통하여 전달되기 때문에 음향 트랜스듀서(microphone 또는 accelerometers)를 이용하여 체표면에서 손쉽게 얻을 수 있다. 생체음향신호(Bio-acoustic signals)를 이용하는 대표적 장비로는 심음계(phonoecardiograph), 청진기 등이 있다.

- 생체자기신호(Bio-magnetic signals) : 뇌, 심장, 폐와 같은 많은 인체장기들은 아주 작으나마 자장을 형성한다. 이러한 자계의 측정은 다른 생체신호에서 포함하지 않는 정보를 제공하여 준다. 측정되어 지는 자계의 크기가 작기 때문에 생체자기신호(Bio-magnetic signals)는 보통 매우 낮은 신호대잡음비(SNR : signal and digital rate)를 갖는다. 그러므로 이러한 신호를 획득하기 위한 시스템을 설계하는데 에는 매우 조심할 필요가 있다.
- 생체역학신호(Bio-mechanical signals) : 생체시스템의 기계적 운동에 의해 발생되는 모든 신호를 포함한다. 이러한 신호들은 운동과 변위정보, 압력, 장력과 유속정보와 그 외의 다른 정보를 포함 한다. 생체역학신호의 측정을 위하여 다양한 트랜스듀서를 필요로 한다. 기계적인 현상은 전기적, 자기적, 음향정보와 같이 전파되어지지 않으므로 이의 측정은 정확한 신호 발생 부위에서 이루어 져야만 한다. 이로 인해 측정이 매우 복잡하며 비관혈적 측정을 어렵게 하기도 한다.
- 생화학신호(Bio-chemical signals) : 살아 있는 생체조직이나 샘플로부터 화학적으로 측정되어 지는 정보이다. 특수한 이온전극을 이용하여 세포의 주변이나 내부의 다양한 이온의 분포를 측정하는 것이 한 예이다. 또 다른 예로서 혈액이나 호흡계 내의 산소분압(pO_2)과 이산화탄소 분압(pCO_2)등이 있다. 대부분의 생화학적인 신호는 직류 신호이거나 일반적으로 아주 낮은 주파수 성분을 갖는다. 병원내의 임상병리과에서 이용되는 장비 및 마취장비들이 이와 같은 신호를 이용한다.
- 생체광학신호(Bio-optical signals) : 자연적으로 발생하든지 또는 측정되어지는 검체의 광학적 반응에 기인 한다. 혈액산화(blood oxygenation)는 여러 파장에서 조직으로부터 빛이 통과 또는 산란되는 정도를 측정함으로서 알 수 있다. 태아에 대한 중요한

정보는 양수의 형광특성을 측정함에 의해 얻을 수 있다. 심박출량의 추정은 혈관에 주입된 염료의 감쇄를 측정하는 염료 희석법에 의해 이루어 질 수 있다. 광섬유기술의 개발이 이와 같은 생체광학 정보를 응용하는데 적용되어지고 있다. 이러한 광 신호를 응용하는 의료장비로는 내시경, 심박출량 측정기, 펄스 옥시메터 등이 있다.

11.3 신호 변환

신호변환과정은 아날로그량의 본질적 내용은 달라지지 않은 채 디지털로 바뀌는 전자적 처리과정을 말한다. 아날로그 신호를 디지털 신호로 변환하는 이유는 디지털 신호들이 아날로그 신호보다 명확하고 규칙적이며, 무질서한 잡음으로부터 구분하는 전자회로를 쉽게 만들 수 있어서 더 효율적으로 전달 할 수 있기 때문이다. 연속변화량의 아날로그 신호를 받아 이산적으로 부호화된 신호를 변화시키는 장치를 아날로그 디지털 변환기(Analog to digital converter ; ADC 또는 AD 변환기)라고 한다. 그리고 디지털 신호를 아날로그 신호로 변환하는 장치를 디지털-아날로그 변환기(Digital to analog converter ; DAC 또는 DA 변환기)라 한다.

11.3.1 아날로그 - 디지털 신호 변환(A/D 변환)

아날로그 신호를 디지털 신호로 변환하는 과정은 그림 11-3과 같이 샘플링과 양자화 그리고 부호화 과정으로 나눌 수 있다.

(1) 표본화(sampling)

필요한 정보를 취하기 위해 연속적인 아날로그 신호를 불연속적인 디지털 신호로 바꾸는 과정이며, 원 신호 시간축성에서 일정한 주기로 추출하는 것을 말한다. 표본화란 추출된 신호의 진폭을 표본 값이라 하며, 이 표본 값은 일정한 간격으로 추출되는데 이 간격을 표본 간격이라 한다. 생체신호와 같이 연속적인 변하는 아날로그 신호를 불연속적인 디지털 신호로 바꾸어 전송함에 있어 그 파형을 모두 전송할 필요는 없다. 아날로그 신호의 본래의 특성을 잃어버리지 않는 범위에서 필요한 정보만을 효율적으로 추출하여 전송해야 한다.

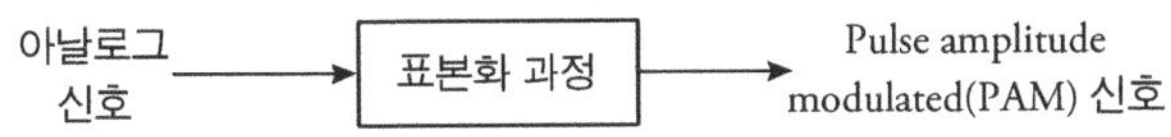

그림 11-3. 샘플링 과정

■ Shannon의 표본화 정리

- 표본화된 신호에서 원래의 신호를 왜곡 없이 복원하기 위해서는 신호의 최고 주파수와 표본화 주파수와의 관계는 다음과 같다.

$$f_s \geq 2f_m \quad \left(\text{여기서 } f_s = \frac{1}{T_s}\right)$$

- 표본화된 신호로부터 원래의 신호로 정상 복원하기 가능한 최소 샘플링 주파수를 나이키스트 주파수(Nyquist Frequency) 라 한다.

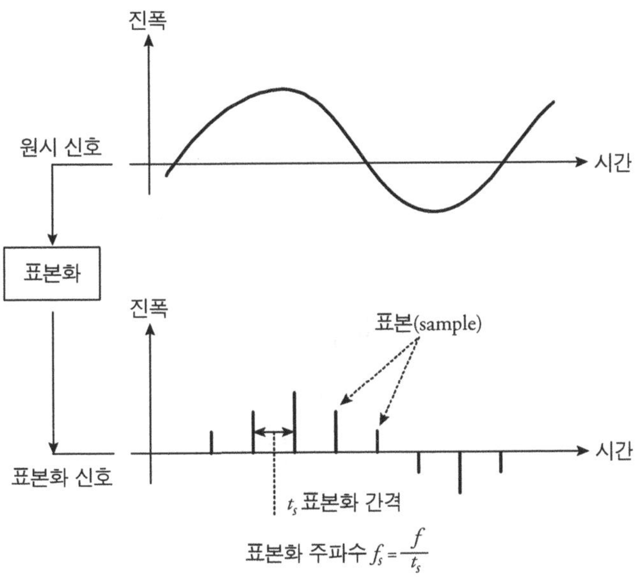

그림 11-4. 표본화 이론

■ 만일 아날로그 신호의 표본화시 표본화 주파수가 신호의 최대 주파수의 2배 보다 작거나 필터링이 부적절할 경우에는 인접한 주파수 스펙트럼이 겹쳐 생기는 신호 왜곡현상인 알리어싱(aliashing)이 발생한다.

Book Cafe

■ **알리어싱 현상**

- 출력 장치의 제한된 해상도로 인해 나타나는 영상의 부정확한 모습. 일반적으로 이런 현상은 원래는 둥글게 표시되어야 하는 곡선이 톱니 모양의 각진 직선 형태로 나타나는 것을 통해 살펴 볼 수 있다.
- 표본화율이 Nyquist 표본화율 보다 낮으면 주파수 스펙트럼 분포의 서로 이웃하는 부분이 겹쳐져서 원래의 신호를 정확하게 재생시킬 수 없어 발생되는 오차이다.

(2) 양자화

표본화된 신호의 크기들을 이산적으로 단계화하는 과정이다. A/D변환 과정의 핵심은 연속적인 신호를 일정한 기간 단위로 쪼개고 각 신간 단위에서의 신호의 크기 또한 정해진 단계만큼 계단화시키는 것이다. 연속적인 신호를 단계화하면서 어느 정도 오차가 발생하는데, 이러한 원신호와 양자화 신호와의 오차를 양자화 오차라고 한다. 원신호의 왜곡을 막기 위해선 신호의 성질과 상태에 따라서 양자화 하는 디지털 레벨의 수를 조절함으로써 적절한 수준의 양자화 에러를 유지해야 한다.

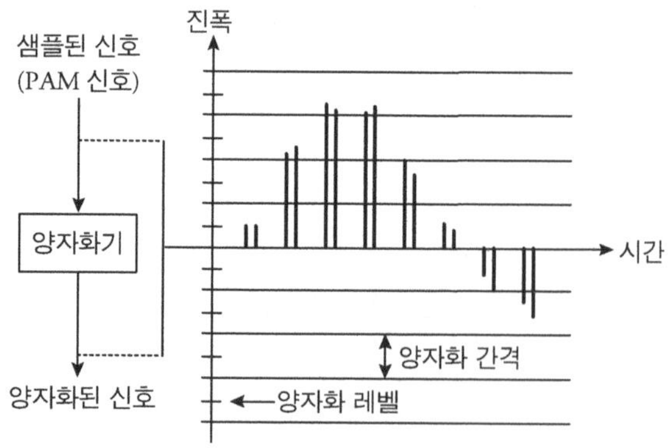

그림 11-5. 양자화

Book Cafe

■ **양자화 오차**

- ▸ 양자화 과정에서 연속되는 양을 이산값으로 근사화시킬 때 발생하는 오차이다.
- ▸ 디지털화에 따르는 품질저하의 요인이 되므로 이를 최소화해야한다.
- ▸ 양자화 잡음 제거 방법
  - ▹ 선형 양자화 : 양자화 잡음을 줄이기 위해 양자화 폭을 일정하게 고정하는 방법
  - ▹ 비선형 양자화 : 신호의 진폭이 작은 영역에 대해서는 양자화 폭을 넓게 하는 방법으로 전체에 대한 신호대 자음비(SNR : Signal-to-Noise Ratio)를 개선하는 양자화 방법

(3) 부호화

양자화된 신호들은 전송시 잡음에 매우 민감하므로 전소 및 처리에 적합하도록 2 진 데이터로 변환하는 과정으로 부호화에 있어서 대부분 2진 펄스의 형태가 전송 및 재생이 용이하다고 할 수 있다.

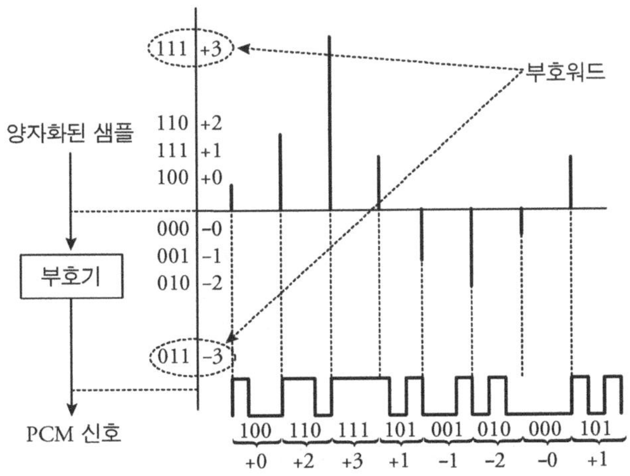

그림 11-6. 부호화의 예

11.3.2 디지털-아날로그신호 변환 (D/A변환)

D/A변환은 A/D변환의 역과정으로 디지털 신호를 다시 아날로그 신호로 변화시키는 과정을 말한다. 보통 컴퓨터에서 계산 또는 처리한 결과들을 다시 외부환경으로 나타내어

표현하는 경우이다. 대표적인 것이 컴퓨터 내에서 작성한 악보대로 소리가 나게 하는 경우이다. 컴퓨터에서는 음표의 높이와 길이만 있게 되는데, 이것이 D/A변환되어서 아날로그 신호인 소리의 형태로 표현되는 것이다. 그림 11-7에 D/A변환의 과정을 나타내었다. D/A의 과정은 시간에 대해서 불연속적으로 표시된 것을 일정한 시간간격으로 같은 값을 갖도록 해주어 아날로그 신호로 변환시킨 다음에 신호가 가운데의 그림과 같이 계단의 형태로 나타나므로 진폭에 관하여 연속적인 형태로 바꾸어 주기 위하여서는 저역통과 필터를 사용하여서 원래 파형에 가까운 형태로 만들어 준다. D/A변환을 담당하여주는 IC Chip을 D/A변환기라고 한다.

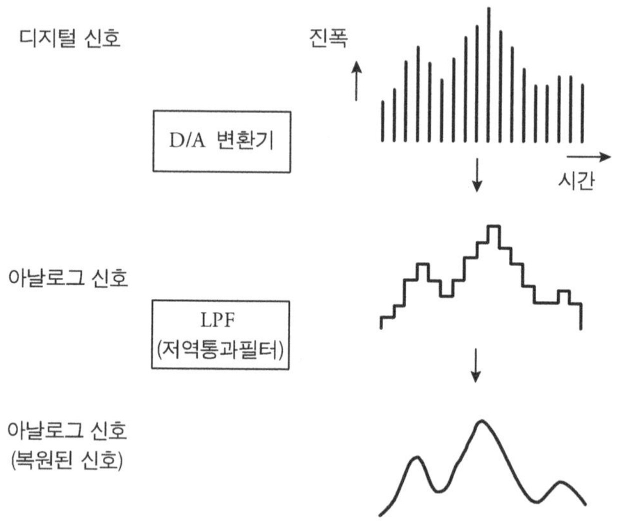

그림 11-7. 디지털변환 과정

11.3.3 데이터 취득(Data Acquisition)

그림 11-8에 실제로 실험을 통하여 데이터를 얻는 실험방법에 관하여 나타내었다. 제일 먼저 컴퓨터 내의 프로그램에서, 기본적으로 실험에 필요한 준비를 하고 실험대상을 자극할 자극신호를 발생시킨다. 이 자극신호는 디지털 신호이므로, D/A변환된 후에 적당한 크기로 증폭기를 통하여 자극신호 또는 동기신호로서 실험대상체에 가해지게 된다. 실험대상체에서는 이 자극에 대한 반응으로 신호를 발생하게 되는데, 발생되는 신호는 증폭기를 통하여서 증폭된 후, 잡음의 영향을 줄이거나 제거하기 위하여 필터를 통과하

게 된다. 필터를 통과한 신호는 A/D변환된 후 컴퓨터에 입력된다.

컴퓨터에서는 데이터수집 프로그램으로 데이터를 수집하고, 이 수집된 데이터를 이용하여서 필요한 분석을 시행할 수 있는 프로그램을 작성하여서 적용시킨다.

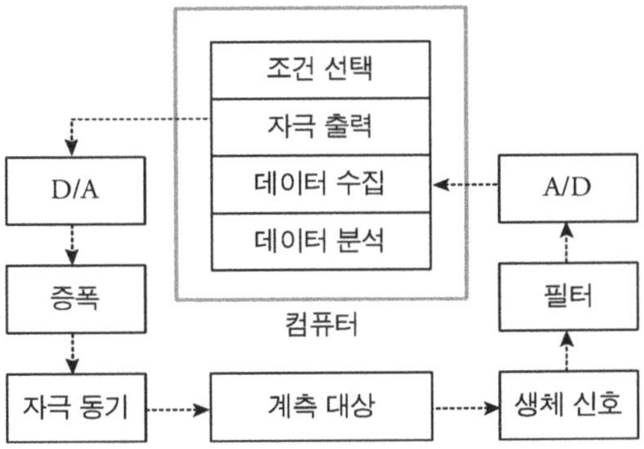

그림 11-8. 생체신호 획득 및 실험 과정

11.4 생체신호 계측

11.4.1 생체계측의 특수성

- 측정대상이 인간이므로 안전성을 충분히 고려하여야 한다.
- 개체차가 상당히 크고, 장치의 설계나 데이터의 해석에 다양성을 요구한다.
- 데이터의 시간적 변화분이나 다른 상태량과의 상대적 균형에 주목하는 것이 중요하다.
- 측정량의 배후(서로를 제어하는 피드백 기구)에 있는 시스템을 고려한 계측법과 설계
- 하나의 변수를 측정할 때 그 변수에 대한 변수를 분석적으로 해석이다.
- 인체에 침해를 주지 않는 측정이다.
- 필요(생체신호는 미소하고 저주파인 것이 많음)
- 측정상태로 인한 생리 상태를 크게 변화시킬 수 있다.
- 반복되지 않는 현상을 검출하기 때문에 즉시성이 중요하다.

■ 계측기의 취급이 용이해야 한다.

11.4.2 생체계측기기의 특성

(1) 정적특성

직류입력 또는 매우 낮은 주파수 성분의 입력에 대한 성능.

■ 정확도

- 참값과 측정된 값과의 차이를 참값으로 나눈 것.
- 보통 퍼센트(%)로 표시.
- 정확도는 측정되는 양의 범위에 따라서 다르게 됨.
- 정확도는 오차의 종류나 발생원에 상관하지 않는 모든 오차의 양을 측정.
- 정확도는 측정치의 퍼센트, 전범위에 대한 퍼센트, 디지털 표시방법인 경우에는 표시숫자의 수, 아날로그인 경우에는 가장 작은 간격의 반으로 나타냄.

■ 정밀도

- 측정치를 표시할 수 있는 유효숫자의 표시.
- 고정밀도의 측정은 고정확도의 측정을 의미하지 않음.
- 정밀도는 참값과의 비교가 되지 않음.

■ 해상도

- 측정될 수 있는 최소의 증감치, 혹은 감별해 낼 수 있는 최소량.
- 거의 같은 값을 갖는 양이 구별될 수 있는 정도.

■ 재현성

- 일정한 기간 동안에 동일한 입력에 대해 같은 출력을 제공할 수 있는 기기의 능력정도.
- 재현성 = 표준화/평균값 × 100%
- 재현성은 정확성을 의미하지 않음.

■ 정적 감도

- 입력의 증감에 대한 출력의 증감의 비.
- 입력변수를 정상 작동 구간 내에서 변화시키면서 출력의 변화를 측정하여 그린 교정곡선상의 기울기로 표시.

- 입력과 출력간의 관계를 회귀직선으로 나타낼 때 기울기에 해당하는 것이 감도가 됨.
- 입 · 출력 데이터가 직선인 경우 이 직선의 기울기(m)와 y축의 절편.

■ 영점표류

- 교정곡선 상에서의 모든 출력값이 동일한 양만큼 증가 혹은 감소하는 현상.
- 영점표류에 영향을 주는 것은 생산공정 중에서 잘못 조정된 경우, 주위 온도의 변화, 히스테리시스, 진동, 충격, 원하지 않는 방향으로부터의 힘에 대한 감도 등.
- 심전도 전극에서의 직류 오프셋 전압의 변동은 영점표류의 한 예임.

■ 감도표류

- 방해입력이나 변형입력들의 영향으로 교정곡선의 기울기가 변하는 현상.
- 생산공정상의 허용범위, 전원의 변동, 비선형성, 주위 온도와 압력의 변화 등에 기인.
- 심전도 증폭기에서 직류전압의 변동 또는 주위 온도의 변화에 의한 전압이득의 변화는 감도표류의 한 예임.

■ 직선성, 선형성

- 시스템이나 소자가 다음과 같은 특성을 가질 때 선형적이라고함.
- 입력 x_1에 대한 출력은 y_1, 입력 x_2에 대한 출력은 y_2일 때, 입력 $(x_1 + x_2)$에 대한 출력이 $(y_1 + y_2)$로 선형적이라 한다.
- 교정곡선이 완전한 직선이면 선형성을 만족됨.
- 그러나 높은 정확성이 필수조건은 아님.

■ 입력범위

- 주어진 조건을 만족시킬 수 있는 최대한의 입력크기와 최소한의 입력크기 사이의 차이.
- 최대 동작 범위는 기기에 손상을 주지 않는 최대의 입력전압을 가리킴.
- 이 범위의 위쪽부분에서는 비선형적일 가능성이 보다 크게 나타남.

■ 입력임피던스

- 생체공학 분야에서는 센서나 기기들은 비전기적인 양을 전압이나 전류로 변환하는 것이 보통이기 때문에 일반화시킨 입력임피던스의 개념 사용함.
- 일반화된 입력임피던스 Z_x는 다음과 같이 정의됨.

$$Z_x = \frac{X_{d1}}{X_{d2}} (X_{d1} : \text{작용입력변수} \ X_{d2} : \text{유동 입력변수})$$

- 전력 P는 측정매질을 통과하는 시간에 따른 에너지의 전달률.
- P의 값을 최소화하기 위해여, 작용변수 X_{d1}을 측정할 때 일반적인 입력임피던스를 최대로 하여야 함.

$$P = X_{d1} * X_{d2} = \frac{X_{d1}^2}{Z_x} = Z_x X_{d2}^2$$

(2) 비선형특성

입·출력 특성이 직선에서 벗어나는 모든 경우가 비선형에 해당된다.

- 포화 : 일정 크기의 이상 혹은 이하의 입력에 대해서는 출력이 무한대로 증가 혹은 감소한다.
- 브레이크다운 : 한계 이상 혹은 이하의 압력에 대해서는 출력이 무한대로 증가 혹은 감소한다.
- 불감대 : 입력의 일정 범위 내에서는 출력이 반응하지 않는다.
- 뱅뱅 : 특정 입력치에서 출력이 일정량 점프하게 된다.
- 히스테리시스 : 입력 크기 변화의 방향(증가방향/감소방향)에 따라 출력의 크기가 다르다.

(3) 동적특성

연속적인 시스템에서 동적입력과 동적출력을 관계시켜서 나타내기 위해서는 미분방정식 또는 적분방정식들이 요구되며, 고정상수를 갖는 선형적인 상미분 방정식으로 나타낼 수 있다.

- 전달함수 : 선형시스템 또는 기기에서 전달함수는 입력신호와 출력신호와의 관계를 수학적으로 나타낸다.
- 0차 기기
  - 0차 시스템은 출력이 모든 주파수의 범위에서 입력에 비례하여 나타남.
  - 진폭과 위상의 왜곡이 없기 때문에 이상적인 동적 성질을 갖고 있음.

• 선형 가변저항기는 0차 기기의 좋은 예임.

■ 1차 기기 : 한 개의 에너지 저장 소자를 갖고 있는 경우에는 미분방정식에서 $y(t)$의 미분이 필요하게 된다.

■ 2차 기기 : 동적 반응을 나타내는데 2차 미분방정식이 요구되며 많은 의료기기들이 2차 또는 그 이상의 차수를 갖는 저역통과시스템이다.

11.5 생체신호 처리

21세기의 시대적 아이콘은 디지털이다. 디지털 제품은 성능이 좋을 뿐만 아니라 싸고 편리하여 이제 디지털 기술이 없는 세상은 상상조차 할 수 없게 되었다. 이처럼 디지털 기술과 시스템이 보편적으로 보급되고 이용되면서 디지털 기술의 바탕이자 핵심인 디지털 신호처리의 필요성과 중요성은 더욱 주목받고 있다. 보통 신호에는 유용한 정보와 불필요한 정보가 섞여 있다. 그러므로 신호에서 유용한 정보를 추출, 향상, 전달, 저장하기 위해서는 의도적이고 계획된 조작이 필요한데, 이를 신호처리라고 한다. 신호의 처리는 시스템에 의해 이루어진다. 신호처리 작업은 대체로 다음과 같이 네 가지 범주로 나눌 수 있다.

■ 해석 : 신호에서 원하는 특정 정보를 빼내어 적절한 방법으로 표현한다.

■ 합성 : 조절 신호를 이용해 원하는 출력 신호를 발생한다.

■ 변환 : '전기 → 빛' 처럼 신호의 물리적인 형태를 다른 형태로 바꾼다.

■ 필터링 : 불필요한 성분을 제거하거나 바람직한 형태로 신호를 변형한다.

11.5.1 디지털 신호 처리의 장 · 단점

디지털 신호처리방식이 아날로그 신호처리방식보다 더 많은 요소들을 포함하므로 훨씬 복잡해 보인다. 그럼에도 디지털 방식으로 신호를 처리하는 이유는 아날로그 신호처리 방식보다 유리한 점이 있기 때문일 것이다. 아날로그 신호처리는 융통성이 부족하여 적용 범위가 제한적이고 시스템 설계가 복잡해진다. 또한 부품들의 성능 오차, 잡음에 대한 취약성, 동작 환경에 대한 민감성 등의 문제로 안정적이고 만족스러운 결과를 얻기가 어렵다. 게다가 정확도를 향상시키고자 할 때 통상 얻을 수 있는 효과보다 과도한 비용이 들어가게 된다. 반면에, 디지털 신호처리는 기본적으로 수치 연산이며 하드웨어와 소프트웨어를 결합시킬 수 있으므로 아날로그 신호처리의 단점을 잘 극복할 수 있을 뿐만 아니라 그 이상의 해결책을 제공할 수 있다.

11.5.2 신호 해석

신호처리에서는 관측된 신호로부터 그 신호의 특정한 성질을 해석하는 것이 필요한 경우가 많다. 스펙트럼 해석과 상관(correlation)해석이 대표적인 신호 해석 분야이다. 스펙트럼 해석은 신호 해석의 기본으로서 푸리에 변환을 주로 사용한다(푸리에 변환은 이 책의 중반부에서 상세히 다룰 것이다). 상관 해석은 신호간의 유사성을 나타내는 지표로 잡음이 섞인 신호로부터 원래 신호를 찾아내거나 신호 속에 숨어있는 주기성 등을 알아내는 데 유용하게 쓰인다.

(1) 사인파의 특징

- 파형을 수학적으로 표현할 경우 많이 사용한다.
  모든 주기신호는 사인파의 합으로 나타낼 수 있으며, 일정한 파동의 형태이다. 또한 왜곡에 의한 파형의 변화가 없으며, 삼각함수 및 지수함수로 표현이 가능하다.
- 사이파를 합성하여 여러 가지 복잡한 파형이 표현 가능하다.
  푸리에(Fourier) 정리 : 모든 신호의 주기신호는 구 파형의 기본 주파수를 갖는 파형과 기본 주파수의 정수배 주파수를 갖는 파형들의 합으로 표현된다.
- 사인파는 그림 11-9와 같이 파형과 벡터값으로 나타낼 수 있으며 수학적 표현은 다음과 같다.
  - 수학적 표현 : $a = A\sin\theta$
  - 주기(T) : 원주를 한 바퀴 도는 데 걸리는 시간.
  - 주파수(f) : 주기의 역수, 1초에 이루어진 회전수.
  - 진폭(A) : 신호의 강도, 사인파의 최대값.

• 위상(θ) : 신호 주기상의 시간 경과에 따르는 위치.

• 라디안(rad) : 주상에서 회전의 정도를 표현 $\omega = 2\pi f$

(2) 신호를 보는 관점

■ 시간적 관점 : 시간에 따른 신호(시간에 따라 변하는 에너지의 변동)의 변화를 파악하는 과정이다.

■ 주파수 영역 관점 : 그 신호에 존재하는 주파수 요소를 기준으로 신호를 표현하는 것이다. 그림 11-9는 사인파의 시간영역과 주파수 영역에 대하여 나타내었다.

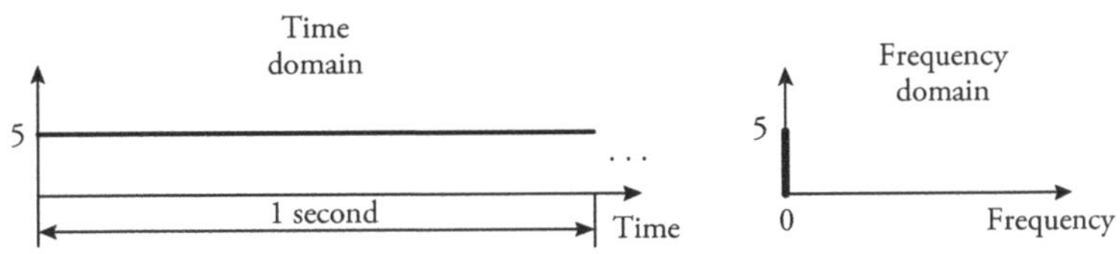

(a) A signal with frequency 0

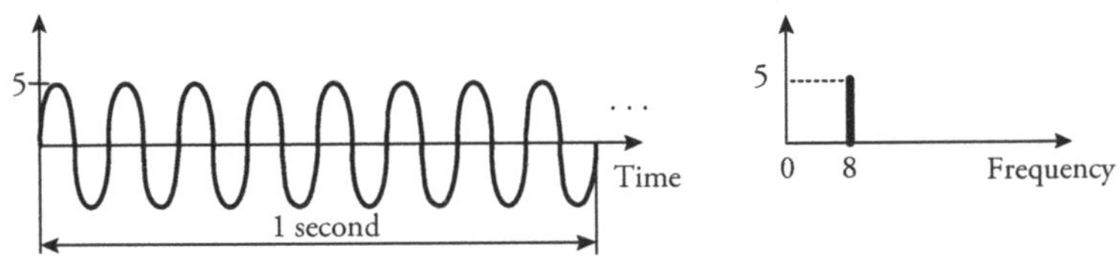

(b) A signal with frequency 8

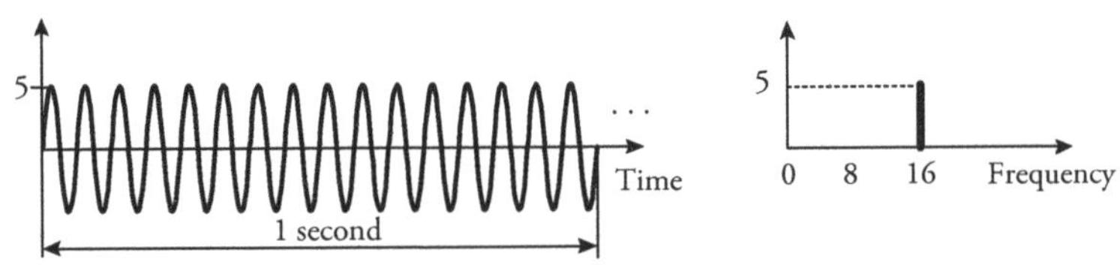

(c) A signal with frequency 16

그림 11-9. 서로 다른 신호에 대한 시간과 주파수 영역

(3) 푸리에 변환(Fourier transform, FT) 개념

■ 푸리에 급수 : 주기함수는 그 주파수의 정수배가 되는 사인파들을 크기와 위상을 적절히 조절하여 더함으로써 합성 가능(합성식)하다. 즉, 신호는 기저신호와 n고

조파들의 합으로 표현가능하다.

■ 이산 푸리에 변환(Discrete Fourier Transform, DFT)

푸리에 변환과 이산 푸리에 역변환으로 하나의 쌍을 이루고 있다. 이산 푸리에 변환은 시간함수로 표현되어 있는 함수를 주파수영역 함수로 다시 표현하기 위해 사용되는 기본적인 연산으로는 다음과 같다.

$$X_f = \sum_{t=0}^{n-1} x_t e^{-\frac{2\pi}{n} ift}$$

이산 푸리에 역변환(Discrete Fourier Inverse Transform)은 주파수영역의 함수를 시간영역의 함수로 변환하는 것으로 이를 역푸리에 변환이라고 하며 다음식과 같다.

$$x_t = \sum_{t=0}^{n-1} X_f e^{+\frac{2\pi}{n} ift}$$

■ 고속 푸리에 변환(Fast Fourier transform, FFT)

기존의 이산 푸리에 변환을 빠르게 처리할 수 있는 알고리즘으로서, DSP가 실용화되면서 실시간 처리가 가능해져 그 응용범위가 급속히 확산되고 있다. 이것은 입력 신호를 시간 영역에서 주파수 영역으로 변환함으로써 스펙트럼 분석, 디지털 필터, 신호합성 등에 적용될 수 있다.

11.6 생체신호 분석

1980년대 마이크로 컴퓨터의 보급과 더불어 마이크로 컴퓨터를 이용한 심전도 신호분석 시스템은 급속히 발전하게 되어 현재 병원에서 사용되고 있는 대부분의 심전도 진단기는 마이크로 컴퓨터를 기초로 구성한 시스템들이다. 현재 사용되고 있는 대부분의 심전도 신호분석 시스템은 그림 11-10과 같이 데이터 획득부, QRS 콤플렉스 검출부, 컴퓨터에 의한 피라미터 검출 및 진단부분과 진단결과를 출력하는 보고서 부분으로 나눌 수 있다.

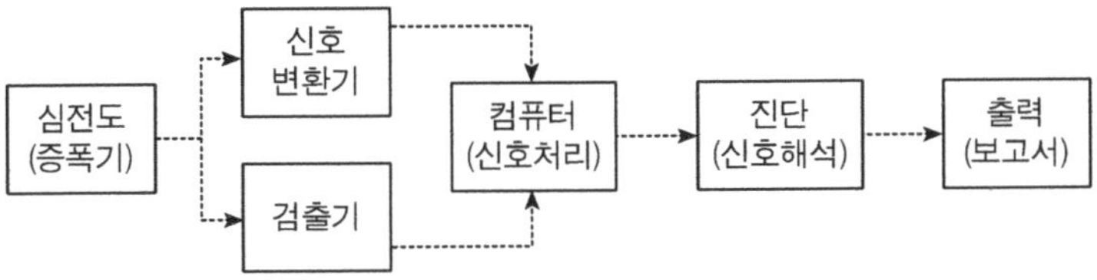

그림 11-10. 심전도 신호분석 시스템

심전도 진단시 가장 중요한 것은 진단 파라미터들을 정확히 검출하는 일이다. 진단 파라미터 중 가장 중요한 것이 R점인데 R점을 검출하기 위해서는 QRS 콤플렉스를 검출해야 한다. QRS 콤플렉스를 검출하는 방식은 크게 하드웨어에 의한 방식과 소프트웨어에 의한 방식이 있다.

하드웨어에 의한 방식은 증폭된 심전도를 비선형적으로 변환하여 QRS 콤플렉스를 검출하는 것으로서 비선형 변환부는 대역통과 필터와 정류기(반파, 전파)로 구성된다. 대역필터로는 QRS 콤플렉스에 대한 주파수 스펙트럼 분석을 통하여 얻은 데이터를 근거로 중심주파수가 17[Hz]이고, 선택도 인자가 3인 필터를 많이 사용하고 있다.

필터링된 출력은 전파정류기를 통과한 후 QRS 콤플렉스 검출부로 입력되어 가변 문턱치 방식에 의해 QRS 콤플렉스가 검출 된다.

가변 문턱치 방식이란 연속적으로 입력되는 QRS 콤플렉스를 검출할 수 있도록 하기 위해서 매 QRS 콤플렉스 값에 적절한 가중치를 적용하여 문턱치를 새롭게 조정해 나가는 방식으로 현재 널리 사용되고 있다.

소프트웨어에 의해 QRS 콤플렉스를 검출하는 방식도 기능적으로는 하드웨어 방식과 비슷한데 이 과정들을 프로그램에 의하여 처리하는 것이 다르다.

QRS 콤플렉스 검출 알고리즘은 1) 파형의 크기와 1차 도함수, 2) 1차도함수만을 이용한 방식, 3) 1, 2차 도함수, 4) 디지탈 QRS필터를 이용한 방식 등이 있다.

각 알고리즘에 대한 성능평가는 심전도 신호에 섞여 있는 잡음의 특성에 따라 다르며, 이 방법들은 모든 잡음에 대하여 좋은 특성을 지니고 있지는 않다. 호흡과 근전도 신호에 의한 영향제거는 1번 방식이 우수하고, 전력선 잡음에 대한 특성은 4가지 방식 모두 좋은 특성을 나타내고 있다. 특히, 디지털필터를 이용한 방식은 60[Hz] 잡음 및 기저선 변동 등에 좋은 특성을 보이고 있다. QRS 콤플렉스 검출을 위한 또 다른 방법으로는 템플리트 메칭 방식이다. 이 방식은 QRS 콤플렉스 형태에 대한 기준정보를 저장하고 계속적으로 입력되는 QRS 콤플렉스 상관관계를 구하여 검출하는 방식이다.

요약(SUMMARY)

01. 생체신호 계측기의 분류 및 정의

생체 내에서 발생하는 생체현상은 각 생체부위의 생리학적 활동에서 발생하는 미약한 전기적 신호(전위 차), 미약한 자기장, 압력의 변화, 유량의 변화 등 측정신호를 분석하여 각종 질병을 진단하는 기기를 생체신호 계측기라 한다.

02. 생체신호 계측기의 핵심 기술은

- 생체로부터의 생체신호를 검출하기 위한 센서(검출기와 증폭기) 기술
- 인터페이스 및 신호처리 분석기술
- 분석한 결과를 출력시키는 프린터 및 현시기술
- 안전 문제를 고려한 회로설계 기술 등으로 구성

03. 시간영역과 주파수영역 해석

신호처리해석 방법은 시간영역과 주파수영역으로 나눌 수 있다.

- 시간영역 해석
  -. 평균, 분산, 표준편차
  -. 주기성, 랜덤성, 신호의 변화성 검사 등
- 주파수영역 해석
  -. 주파수 영역에 따른 레벨로 표현
  -. 변환방식
  -. 푸리에변환, Z변환, Laplace 변환

04. 생체신호 처리의 4단계

- 측정 또는 관찰, 즉 신호 획득
- 신호의 변환과 감소

- 진단적으로 의미 있는 신호 매개변수
- 신호의 해석 또는 분류

05. 생체신호의 종류

- 생체 전기신호(Bio-electric signals) : 신경세포나 근세포에 의해 발생되어지는 전류 또는 전압형태의 신호이다. 예로는 심전도, 근전도, 뇌전도 신호 등이 있으며 진단을 위하여 가장 폭넓게 이용되어진다.
- 생체 임피던스 신호 (Bio-impedance signals) : 임피던스는 인체의 구성, 혈액량, 혈액분포, 내분비계활동, 자율신경계활동 등에 관한 중요정보를 제공한다. 보통 정현파신호(50[KHz]~1[MHz]의 주파수 범위, 20[μA]~20[mA]의 전류범위)를 조직에 주입함으로서 측정된다. 이용하는 의료장비로는 임피던스를 이용한 심박출량계, 체지방 측정기 등을 들 수 있다.
- 생체 음향신호(Bio-acoustic signals) : 많은 생체현상들은 음향잡음을 발생한다. 이와 같은 음향을 측정함에 따라 인체로부터 근원적 생체현상의 정보를 얻을 수 있다. 이용하는 대표적인 장비로는 심음계(phonocardiograph), 청진기 등이 있다.
- 생체 자기신호(Bio-magnetic signals) : 뇌, 심장, 폐와 같은 많은 인체장기들은 아주 작으나마 자장을 형성한다. 이러한 자계의 측정은 다른 생체신호에 포함되지 않은 정보를 가진다.
- 생체 역학신호(Bio-mechanical signals) : 생체시스템의 기계적운동에 의해 발생되는 모든 신호를 포함한다. 운동과 변위정보, 압력, 장력과 유속정보와 그 외의 다른 정보를 포함한다.
- 생화학 신호(Bio-chemical signals) : 살아있는 생체조직이나 샘플로부터 화학적으로 측정되어지는 정보이다. 예로써 혈액이나 호흡계 내의 산소 분압과 이산화탄소 분압이 있다. 병원내의 임상병리과에서 이용되는 장비 및 마취장비들이 이와 같은 신호를 이용한다.
- 생체 광학신호 (Bio-optical signals) : 자연적으로 발생하든지 또는 측정되어지는 검체의 광학적 반응에 기인한다. 응용하는 의료장비로는 내시경, 심박출량 측정기, 펄스 옥시메터 등이 있다.

06. 신호처리에 사용되는 기법

- 컴볼루션(Convolution) : 일반적인 선형시스템 물론, 인과성도 보장되고 그 동작 특성이 다른 시스템에 대해 독립적인 시스템의 입력값과 출력값의 관계를 표현하기 위한 기본적인 개념이다.

$$y(t) = (x * h)(t) = \int_{a}^{b} x(\tau)h(t-\tau)d\tau$$

- 푸리에 변환(Fourier Transform) : 푸리에 변환은 시간함수로 표현되어 있는 함수를 주파수영역에 잇는 함수로 다시 표현하기 위해 사용되는 기본적인 연산이다.

$$X(j\omega) = \int_{-\infty}^{\infty} x(t)e^{-j\omega t}dt$$

- 라플라스 변환(Laplace Transform) : 라플라스 변환은 일반화된 퓨리에 변환으로 시간영역의 함수를 복소주파수 영역에서 해석하기 위한 연산이다.

$$X(js) = \int_{-\infty}^{\infty} x(t)e^{-st}dt$$

- 보드선도(bode plots) : 보드선도는 계측시스템의 크기(amplitude)-주파수(frequency), 위상(phase)-주파수(Frequency) 특성 그래프이다. Y축의 크기는 데시벨로 표현되고, 위상은 라디안(radians) 값으로 표현되고, 주파수축은 로그(log)스케일로 표현된다.

07. 필터특성 정리

(1) 생체신호는 그 대한에 따라 매우 다양한 주파수 특성을 가진다.

(2) 주파수 영역에서의 신호해석에 기반을 둔 필터는 필수적으로 사용된다.

(3) 필터는 능동소자나 수동소자를 사용한 전자회로로써 구현된다.

(4) 필터의 종류는 다음과 같이 4가지로 분류 할 수 있다.

- 디지털-아날로그신호 변환(D/A변환)

  -. A/D 변환의 역과정으로 디지털 신호를 다시 아날로그 신호로 변환하는 과정

이다.

-. 불연속적으로 표시된 디지털 신호를 일정한 시간간격으로 값을 갖도록 해주어 아날로그 신호로 변환시킨다.

-. 변환된 신호는 계단형태의 신호로 나타나므로 저역통과 필터를 적용하여 진폭에 관한 연속적인 형태로 바꾸어 준다.

• 생체신호 변환의 필요조건

-. 표본화 주파수

-. 정확도

-. 이득

-. 처리속도

-. 전력소모

-. 시스템의 크기

연습문제

01. 생체신호 계측에 대하여 설명하라.

02. 생체신호 처리에 대한 개념을 설명하라.

03. 주기신호와 비주기신호에 대하여 설명하라.

04. 생체신호의 종류에 대하여 기술하라.

05. 생체 현상의 특수성에 대하여 기술하라.

06. 아날로그 신호를 디지털 신호로 변환하는 과정을 설명하라.

07. 샘플링에서 나이퀴스트(Nyquist) 주파수에 대하여 설명하라.

08. 샘플링에 앨리어싱 현상에 대하여 설명하라.

09. 생체신호를 해석하는 방법에 대하여 성명하라.

10. 푸리에 변환과 푸리에 역변환에 대하여 설명하라.

Chapter 12 의료 디지털 시스템

(Biometric system)

의료공학에서 사용되는 디지털 이론과 여러 종류의 동작 원리를 이해하여 디지털의 이론적 체계, 논리소자 회로기술, 직접회로 기술, 회로 설계기술, 디지털 장치기술, 입·출력 인터페이스 기술 등을 디지털 회로의 응용 및 시스템에 대하여 이해한다.

현대 의료산업분야에서도 생체계측 시스템에서 지속적으로 컴퓨터 관련 기술이 발전됨에 따라서 의료산업 분야의 산업현장에서 실무능력에 대한 겸비를 할 필요성이 커지고 있다. 생체계측 시스템 구성 크게 계측 대상과 계측 시스템으로 나눌 수 있다. 계측 대상은 인체를 대상으로 실험하기 어렵기 때문에 각 생체 부위에 맞는 시뮬레이터를 이용하여 계측하게 된다.

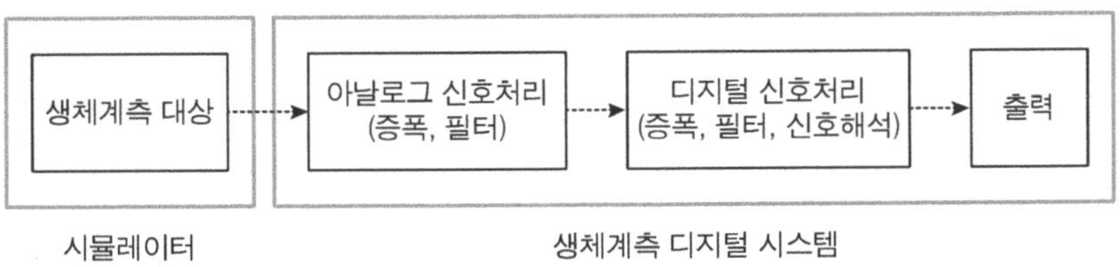

그림 12-1. 시뮬레이터 및 생체계측 디지털 시스템 구성

본 장에서 디지털 기술을 이용한 의료분야에 활용할 수 있는 생체신호 시뮬레이터, 심전도, 뇌전도, 근전도 등의 시스템에 대하여 측정방법과 시스템 구성에 대하여 설명한다.

12.1 의료 시뮬레이터

시뮬레이션이란 복잡한 문제를 해석하기 위하여 모델에 의한 실험 또는 사회 현상 등을 해결하기 위해 실제와 비슷한 상태를 수식 등으로 만들어 모의적으로 연산을 되풀이하여 그 특성을 파악하는 일로 정의되고 있다. 의료 분야에서는 단순 마네킨(simple mannequin), 사례 연구(case study), 모의 게임(simulation games), 컴퓨터 시뮬레이터(computer simulator), 환자 시뮬레이터(High-fidelity Patient Simulator, HPS), 모의환자(Standardized Patient, SP) 등을 이용하여 보건 실무와 가장 유사하게 만든 사건이나 상황을 교육에 이용하는 것을 말한다. 의료 분야에서의 시뮬레이션은 미국에서 1960년대 Peter Safer가 개발한 구강 대 구강 인공호흡법 훈련이 가능한 마네킹을 제작하면서 시작되었으며, 그 후 계속적인 발전과 진화 과정을 통해 현재 심폐소생술, 기관내 삽관, 외과 수술 등의 다양한 실기 교육에 이루어지고 있다(Rystedt & Lindström, 2001). 시뮬레이션은 알고 있는 병인(etiology)에 대해 전향적이고 반복되는 관찰들을 보여주며, 위험 요소가 없는 조건하에서 위험 상황에 대한 훈련 기회를 제공하여 참가자들의 학습효과를 증대시킬 수 있으며, 인간에게 초래하는 위험에 있어 특히 환자의 권리가 강조되는 미국에서 1990년대 이후부터 활성화되어 폭발적인 인기를 끌며 사용되어오고 있다.

12.1.1 심전도의 기본개념

심장내의 전기적 흥분의 발생이나 전도는 특수한 구조의 심근을 매개로 하여 이루어지는데 이를 전극 전도계라고 한다. 동방결절에서 발생한 응분은 심방, 방실결절, 히스속, 푸르킨예섬유, 심실근으로 전달되며, 각 전도 과정에 따라 각각의 고유한 활동 전위를 보이는데 심전도는 이러한 활동전위의 합으로 나타난다. 심전도의 각 파형은 전형적인 ECG 신호를 보여주고 있다. P파는 심방의 수축을, QRS 복합파, 심실의 수축을, 그리고 T파는 불응기를 나타낸다. PR파는 150~200[ms], QRS 복합파 90[ms], ST 세그먼트는 50~150[m]s의 시간주기가 필요하다. 각 파형을 구분하여 표 12-1과 같이 요약 정리하였다.

표 12-1. 심전도 파형 분류

P	QRS	T	U
심방 탈분극	심실 탈분극	심실의 재분극	심실의 후기 재분극
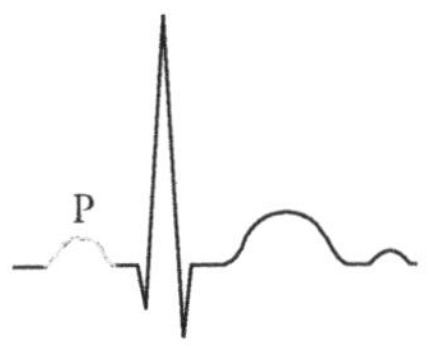	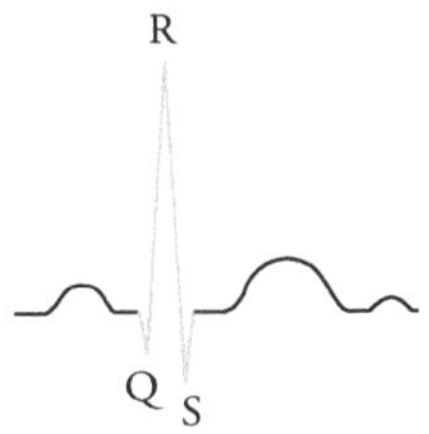	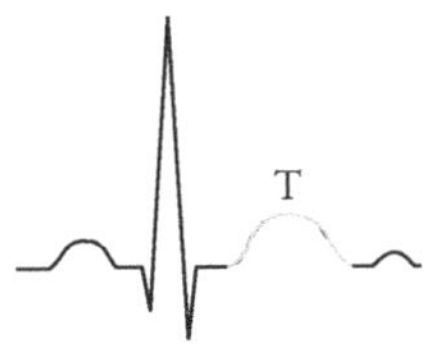	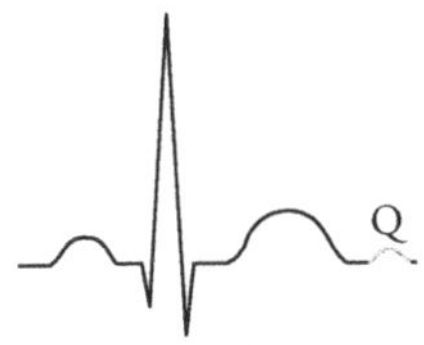
• 좌 · 우 심방탈분극에 의해 생성 • 보통 완만, 둥근형태 • IIlead에서 0.05~0.25mV(0.5~2.5mm) • 진폭은 0.06~0.10sec • I ,II aVF V4-6 상향이고, aVR에서는 하향	• 정상 좌 · 우심실의 탈분극 • 보통 좁고, 뾰족형태 • 진폭은 성인 0.06~0.10초, 소아 0.08초 이하 • Q파만 보일시 주의	• 좌 · 우심실의 재분극 • 심실흥분 회복기 • 보통 끝이 약간 둥글거나 약간 뾰족한 모양 • I ,II 및 V3-6상향, aVR에서 하향	• 심실 재분극의 마지막 단계 • 보통 완만, 둥근 형태

12.1.2 간단한 심전도 시뮬레이터

의료 분야에서 가장 중요한 테스트 장비 중의 하나가 심전도 테스터 또는 환자 시뮬레이터이다. 환자 시뮬레이터는 심전도 모니터에 연결되어 있고 전형적인 ECG 신호를 제공하는데, 보통 수백 달러 비용이 들고 개발도상국의 작은 병원에서 구입하는 것은 어려운 일이며 ECG 시뮬레이터를 전자회로로 실현하는 것은 어렵고 경제적인 어려움도 있다. 하지만 전자회로로 ECG 신호를 실현하는 것은 너무 어렵고 가격적으로 비싸서 어렵다. 그렇지만 여기서는 간단한 해결 방법을 소개하고자 한다. 소수의 저렴한 전자 부품을 사용하고 부품은 가까운 전자 상가에서 구할 수 있는 것이다. 이 회로는 60과 120을 박동할 수 있는 안정적인 석영 크리스털을 활용하여 ECG 신호를 제공하는 시뮬레이터를 제공할 수 있다. 그림 12-2는 간단한 시뮬레이터의 회로이며, 표 12-2에 필요한 부품을 나타내었다. 이 회로와 부품을 가지고 그림 12-3과 같이 간단하게 구현을 하고 측정하여 실습을 할 수 있다. 그리고 그림 12-4는 심전도를 계측하고자 할 때 사용할 수 있는 마네킹과 심전도기를 테스트할 때 사용하는 시뮬레이터의 예를 보여 주고 있다. 이 분야는 외국의 기술적 수준이 많이 앞서 있지만 지속적인 노력으로 국산화가 요구되고 있는 분야이다.

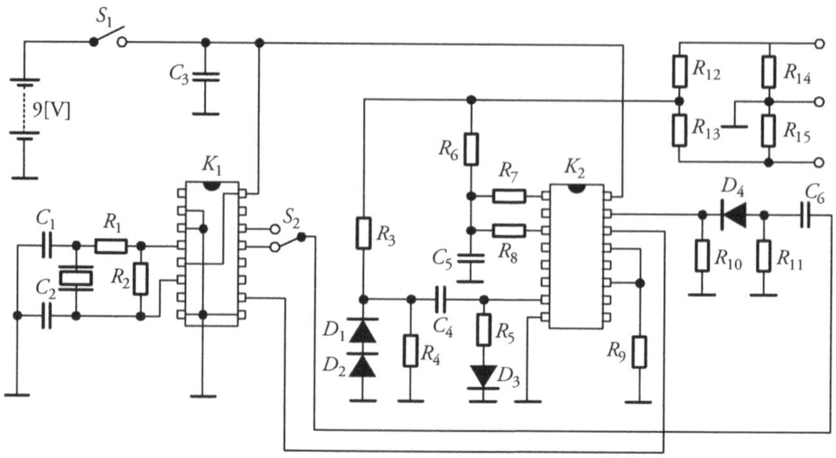

그림 12-2. 시뮬레이터 간단한 회로

표 12-2. 부품 리스트

R1 = 4.7K
R2, R8 = 1M
R3, R4, R9, R10, R11, R12, R13 = 100K
R5 = 1K
R6, R7 = 470K
R14, R15 = 220
C1 = 22 p
C2 = 82 p
C3, C4, C5, C6 = 220n
IC1 = 4521
IC2 = 4017
D1, D2, D4 = 1N4148
cristal = 4.1943 Mhz
D3 = LED 3 mm
2 x IC sockets 16 pin

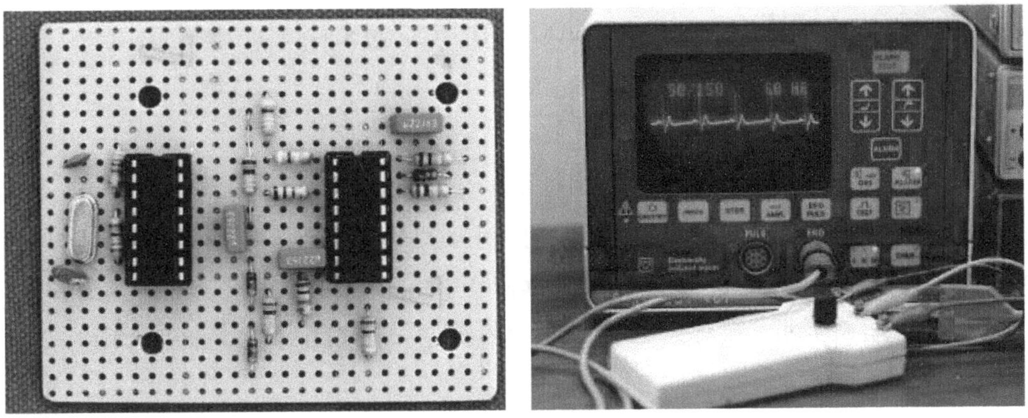

그림 12-3. 완성된 시뮬레이터

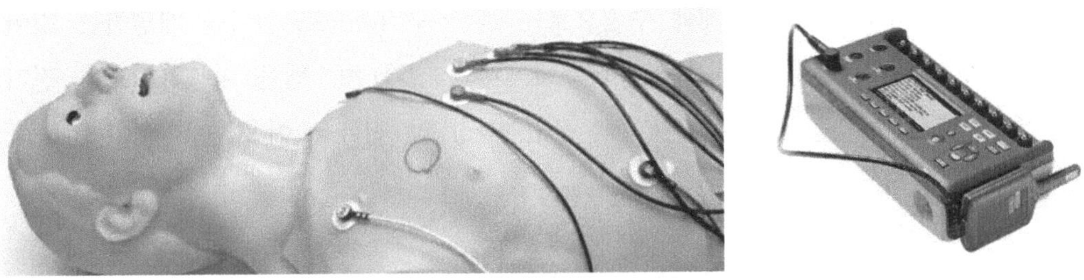

그림 12-4. 상용화된 시뮬레이터

12.1.3 의료에서 시뮬레이션의 장점

의료분야에서 시뮬레이션은 많은 장점이 있는데 다음과 같은 장점을 이야기할 수 있다. 먼저 환자와 피교육자 모두에게 위험 부담을 적게 할 수 있으며 바람직하지 못한 간섭을 줄일 수 있다. 두 번째는 교육 목표에 따라 시나리오를 만들 수 있으며 반복적으로 연습할 수 있다. 세 번째는 피교육자 개개인 눈높이에 맞는 맞춤교육이 되게 할 수 있으며, 교육 내용을 보다 정확하게 숙지하고 오래 기억할 수 있다. 그리고 마지막으로 교실 강의에서 배운 내용을 훨씬 수월하게 실제 임상에서 적용하게 되며 피교육자의 임상 수행 능력을 파악하고 교육 목표를 재설정하는 기준을 잡는 데 도움이 된다.

12.2 심전도(electrocardiogram ; ECG)

심장근육이 수축, 이완할 때 발생하는 활동전위는 심장으로부터 온몸으로 퍼지는 전류를 일으키며 이 전류는 몸의 위치에 따라 전위차를 발생시키는데, 이 전위차를 피부에 표면전극을 부착하여 검출하는 것이 심전도이다. 심전도는 진료 및 수술 중에 심장의 이상 유・무 확인에 이용되며 협심증, 심근경색, 부정맥 등 심장질환의 진단에 중요한다.

12.2.1 심전도 유도

심전도 신호를 기록하는 데 인체에 수평으로는 물론 수직축으로 전극을 배열하는 것이 도움이 된다. 초기의 심전도 기기는 수직축에 3개의 전극 시스템을 이용하였으나 전기 증폭기의 개발로 수평축에 해당하는 흉곽 또는 심장 앞 전극을 이용하게 되었다.

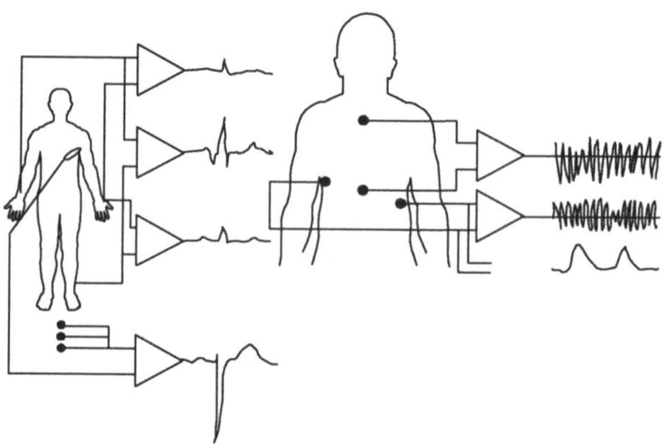

그림 12-5. 심전도 측정 방법(예)

표준 ECG 기록에는 오른팔(RA), 왼팔(LA), 왼쪽다리(LL), 오른쪽다리(RL), 흉곽(C)과 같이 다섯 개의 전극이 환자에게 연결된다. 이들 전극은 리드 선택 스위치를 통해 차동증폭기의 입력에 연결된다. 서로 다른 쌍의 전극을 통하여 얻어진 기록은 서로 다른 모양의 파형과 크기를 나타낸다. 이와 같이 서로 다른 관점을 유도(Lead)라 부른다. 각 유도방법이 다른 유도에서 볼 수 없는 정보를 전달한다. 임상에서 표준 12유도법이 가장 널리 이용되며 이는 유도부위와 방법에 따라 표준사지 유도법, 증폭사지유도법, 흉부유도법으로 분류된다.

(1) **표준시지 유도(bipolar limb leads)**

표준사지 유도는 리드 I, II, III을 말하며, 그림 12-6에서와 같은 아인토반 삼각법(Einthovan triangle)으로 불린다.

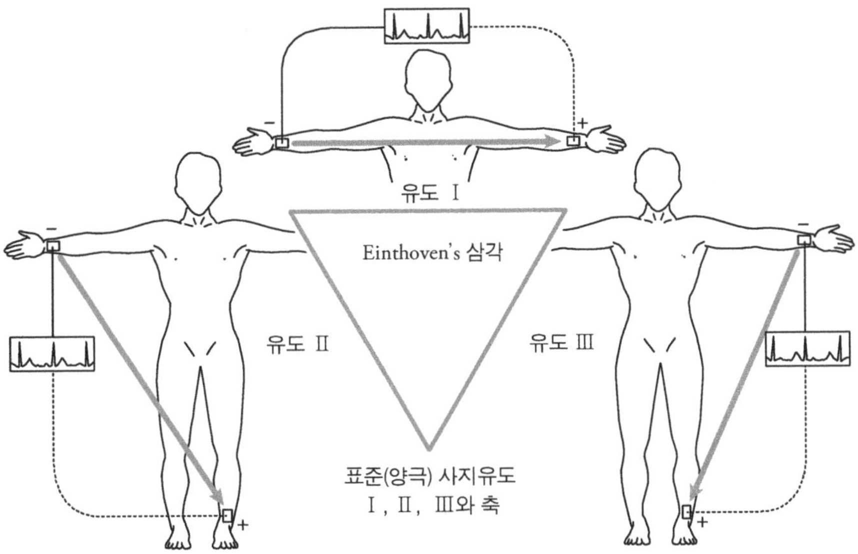

그림 12-6. 표준 사지유도 시스템

유도 I은 LA 전극을 증폭기의 논인버팅 입력에 연결하고 RA는 인버팅 입력에 연결한다. 유도 II는 LL 전극을 증폭기의 논인버팅 입력에, RA는 인버팅 입력에 연결한다. 이 때 LA는 RL에 단락시킨다. 유도 III은 LL 전극을 논인버팅에, LA는 인버팅에 입력한다. RA는 RL에 단락시킨다. 세 Limb 유도사이에는 다음의 전압관계가 성립한다. 유도 I, 유도II 그리고 유도III에 의해 형성되는 쌍극사지리드는 역 삼각형을 이루며 아인토반 삼각법(Einthoven triangle)이라 부르고 이를 그림 12-6에 나타내 보였다. 이 삼각형의 꼭짓점은 전극의 위치를 나타내며 아인토반 삼각형은 실제로 각 유도법에 의한 벡터들이므로 이들 벡터에 의한 값은

$$\mathrm{I} + \mathrm{II} + \mathrm{III} = 0$$

과 같다. 세 리드 벡터의 성분을 알거나 적어도 두 리드 벡터의 성분을 알면 전체 심장 벡터를 구할 수 있음을 위 식을 통하여 알 수 있다.

(2) 증폭사지유도(augmented limb leads)

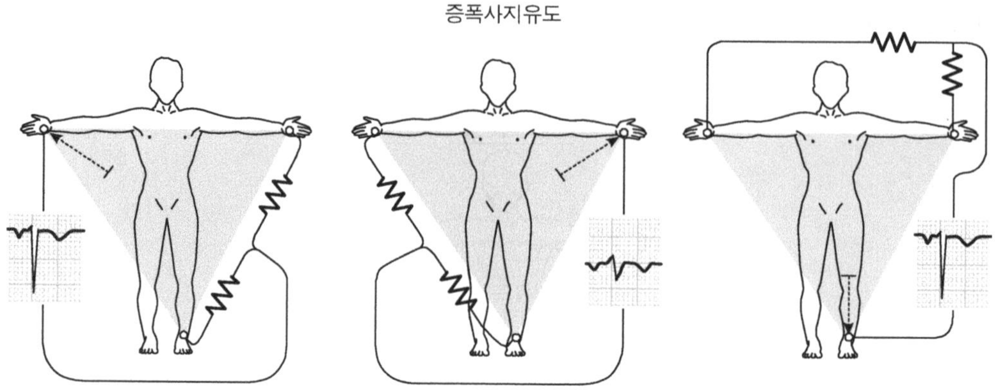

그림 12-7. 증폭사지 유도법

증폭사지유도로 알려진 단극사지리드(unipolar limb leads)는 동시에 세 개의 사지로부터 합성전위(composite potential)를 검출해 낼 수 있다. 세 개의 증폭리드에서 두 개의 사지로부터 검출되는 신호는 저항회로에서 합해진 후 증폭기의 논인버팅입 력에 인가된다. 한편 나머지 사지전극으로부터의 신호는 논인버 팅입력에 인가된다.

- 유도 aVR는 RA를 논인버팅 입력에 연결되고 LA와 LL은 인버팅 입력에 결합된다.
- 유도 aVL는 LA를 논인버팅 입력에 연결되고 RA와 LL은 인버팅 입력에 결합된다.
- 유도 aVF는 LL를 논인버팅 입력에 연결되고 RA와 LA은 인버팅 입력에 결합된다.

계측되는 전압과 각 전극들 사이의 전압(V_I, V_{II}, V_{III})사이에는 다음의 관계식이 성립된다.

$$aV_R(t) = -V_I(t) - \frac{V_{III}(t)}{2}$$

$$aV_L(t) = V_I(t) - \frac{V_{II}(t)}{2}$$

$$aV_F(t) = -V_{II}(t) - \frac{V_I(t)}{2}$$

(3) 단극흉곽유도(unipolar chest lead)

단극흉부유도는 흉부의 어떤 특정한 위치에서 증폭기의 논인버팅 입력으로 인가되는 신호를 측정한다. 반면에 RA, LA 및 LL 신호는 저항회로에서 합해진 후 증폭기의 인버팅 입력 소위 중성전극으로 들어간다.

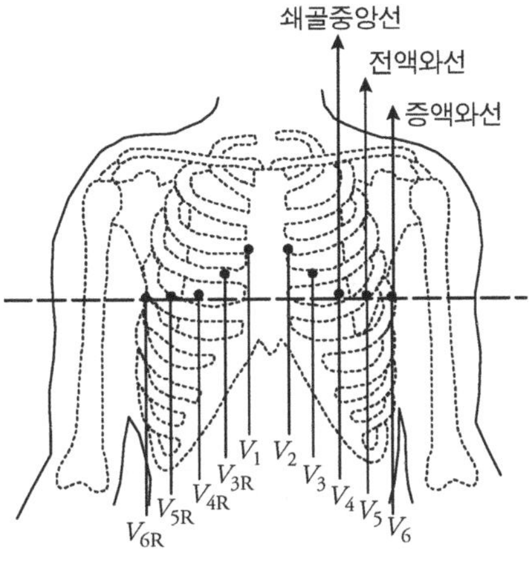

그림 12-8. 흉부유도의 위치

12.2.2 심전계 시스템 구성

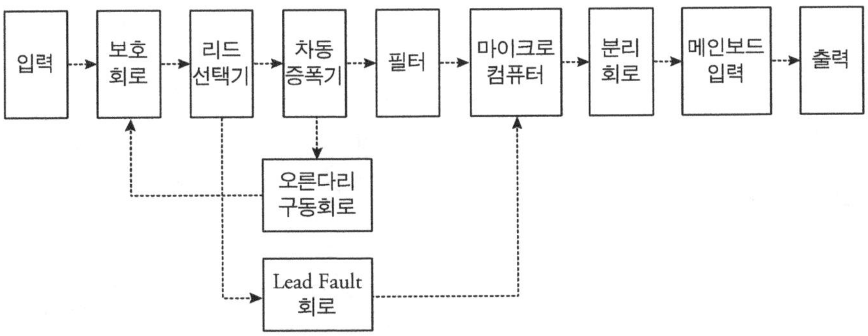

그림 12-9. 심전도 시스템의 전체 구성도

- 입력 : 다섯 개의 입력신호(RA, RL, LA, LL, C)와 접지(GND)신호가 입력된다.
- 보호회로 : 어떤 조건 하에서도 심전계의 입력단자에 고전압이 가해지더라도 이로 인해 심전계가 파손되지 않도록 보호해주는 회로이다.
- 리드 선택기 : 리드 Ⅰ, Ⅱ, Ⅲ 및 aVL, aVR, aVF 그리고 C를 선택하도록 되어있다.
- 차동증폭기 : 심전도 신호를 초기 증폭한다.
- 오른다리구동회로 : 이 회로는 환자의 오른쪽다리에 부착되는 전극에 의해서 접지 전위인 기준점을 제공해 준다.
- 필터 : ECG 신호 중 필요 없는 신호를 제거한다.
- 마이크로 컴퓨터 : 이는 ECG의 전반적인 동작을 제어하며, 또한 아날로그 신호를 디지털 신호로 변환한다.
- Lead Fault 회로 : 환자를 감시하던 도중 전극이 떨어지거나 문제 발생시 이를 검출하는 회로.
- 분리회로 : 전원(220[V] 60[Hz])회로와 측정회로를 완전히 분리되도록 구성된 회로이다. 이것으로 생활 노이즈의 유입을 막으면서 전기적으로 환자와 시스템을 분리시킨다.
- 메인보드 입력 : 전단에서 변환된 디지털 값을 적당히 제어하여 출력 및 환자 감시 장비를 제어한다.
- 출력 : 화면출력 및 프린터 출력, 그리고 아날로그 신호출력을 말한다.

12.2.3 ECG 증폭기의 구조

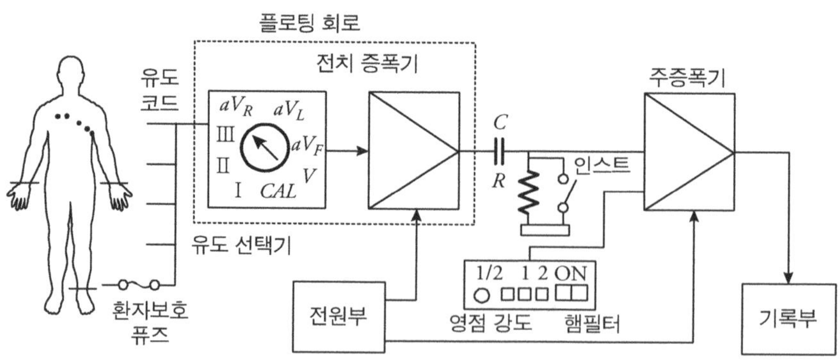

그림 12-10. 심전계의 기본구성

ECG에 사용하는 전치증폭기는 차동생체전기증폭기로, 입력회로는 높은 입력 임피던스를 갖는 생체전기증폭기, 리드선택스위치, 1[mV]의 교정전원(calibration source), 그리고 환자에게 사용된 세동 제거기(defibrillator)로부터 고압방전에 대해 증폭기를 보호하는 장치 등으로 이루어져 있다.
세동 제거기는 심장마비 희생자를 소생시키는 데 사용되는 고전압 전기 심장 자극기(high voltage electrical stimulator)이다. 세동 제거기를 사용할 때에는 ECG 모니터를 환자에게 연결하여 사용할 필요가 있다. 그래서 ECG 전치증폭기의 입력은 정상적인 ECG 파형이 밀리볼트의 크기로 될지라도 반드시 고전압의 높은 첨두전류에 견딜 수 있도록 설계되어야 한다. 리드선택 스위치는 오퍼레이터 표시파형의 모양을 선택할 수 있는 전면패널 조정 장치이다. ECG 증폭기의 이득은 진단을 목적으로 파형을 기록할 경우 반드시 표준화 되어야 한다. 이것을 위해 1[mV] 교정 펄스회로가 필요하다. ECG 기록기에서 1[mV] 버튼을 눌렀을 때 10[mm] 높이의 트레이싱이 발생하도록 이득을 조정하는 과정을 표준 데이터의 설정이라고 한다.

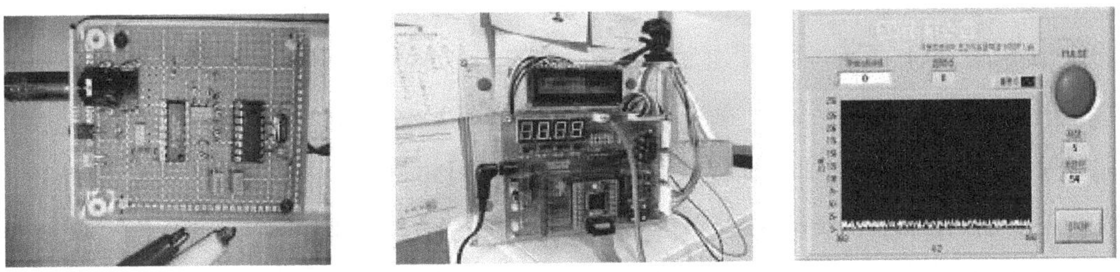

(a) 시뮬레이터　　(b) 아날로그/디지털 심전도　　(c) 사용자 인터페이스

그림 12-11. 심전도 개발 구성

심전도를 개발하기 위하여 기본 구성을 그림 12-11과 같이 구성하였다. 먼저, 심전도 신호를 발생할 수 있는 시뮬레이터와 두 번째 아날로그 신호 처리와 디지털 신호처리를 위한 디지털 심진도 시스템 그리고 사용자 인터페이스를 위한 컴퓨터로 구성할 수 있다. 심전도 시스템 개발에서 개발은 하드웨어 부분도 중요하지만 신호를 분석하고 계산할 수 있는 알고리즘을 프로그램화할 수 있는 능력이 무엇보다 중요하다고 할 수 있다.

12.3 뇌전도

뇌전도는 뇌의 해부학적인 정보를 얻을 수는 없지만 대뇌 피질에서의 전기 전도에 의한 각종 심리상태 등을 쉽게 얻을 수 있다. 마취되지 않은 동물의 뇌에서의 전기 활동에 관해서는 19세기에 정성적으로 설명되었는데 뇌의 전기적인 활동을 나타내는 용어로 뇌전도란 단어를 처음으로 사용한 사람은 독일의 정신과 전문의였던 한스 버거(Hans Berger)였다. 뇌의 신호 발생원은 단순한 생체전기 발생원과는 달리 복잡하게 상호 연결되어 있는 뉴런 단위들의 집합이며, 뇌전도는 뉴런(neuron)의 전류발생기에 의해 발생한 신호들의 중첩으로 나타난다. 이러한 뉴런들은 뇌에서의 위치에 따라 서로 다른 계층 조직의 구조를 가지고 있다.

12.3.1 신호의 특징

뇌의 노출된 표면 또는 머리의 표피로부터 전위를 기록할 경우 뇌 내부에서 연속적으로 발생되는 전위의 변화를 얻을 수 있는데 이 신호의 세기와 패턴들은 대부분 망상활성계의 기능에 의한 뇌의 전체적인 흥분에 의해서 결정되고 이때의 전위의 변화를 뇌파라고 부르며 전위 변화를 기록한 것이 뇌전도이다. 뇌전도는 뇌신경 세포로부터의 자발 방전에 의해서 일어나는 전위변화를 두개골 상에서 기록한 것이다. 주된 주파수는 약 8~10[Hz]이고 진폭은 10~100[μV]이다. 뇌파의 변화는 신경의 상태와 관련이 깊고 또한 진단 기준으로 유용하다. 뇌파의 임상적 의의는 간질과 같은 뇌 병변 및 정신 질환의 진단에 있다. 뇌파를 측정하는 방법은 보통 방해물(impedance)을 줄이기 위해 두피에 전도성 젤을 바르고 전극을 부착하여 측정한다. 뇌파는 피질에서 측정했을 때 보다 큰 값을 얻을 수 있으며 크기는 약 1~2[mV]이다. 뇌파의 종류는 뇌파를 관찰할 때 그 주파수와 진폭에 따라 분류할 수 있다. 인간의 뇌에서 나오는 뇌파의 파장은 기본적으로 0~30[Hz]의 주파수가 나온다.

- 감마파(γ)는 30[Hz] 이상의 주파수를 가지며 극도의 각성과 흥분상태에서 발생되고 전두엽과 두정(중심)엽에서 비교적 많이 발생하며 그 크기는 2~20[μV]이다.

■ 베타파(β)는 13~30[Hz]의 주파수를 가지며 스트레스파라고도 한다. 불안, 긴장 등의 활동상태에서 주로 관찰된다.

■ 알파파(α)는 8~12.99[Hz]의 주파수를 가지며, 심신이 안정을 취하고 있을 때의 뇌파이다.

■ 세타파(θ)는 잠에 빠져들 때 나타나는 파형으로 4~7.99[Hz]의 주파수를 가진다.

■ 델타파(δ)는 수면시 발생하며 0.2~3.99[Hz]의 주파수를 가진다.

표 12-3. 뇌파의 종류와 주파수 대역

뇌파	주파수대역
delta(δ)	0.5~4[Hz]
theta(θ)	4~8[Hz]
alpha(α)	8~12[Hz]
beta(β)	12~22[Hz]
gamma(γ)	22~30[Hz]와 그 이상

표 12-4. EEG의 모양

beta(β)	13~30[Hz]	측두 및 전두부	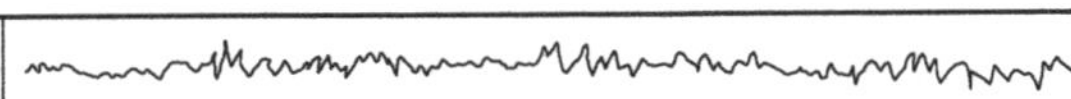
alpha(α)	8~13[Hz]	후두부	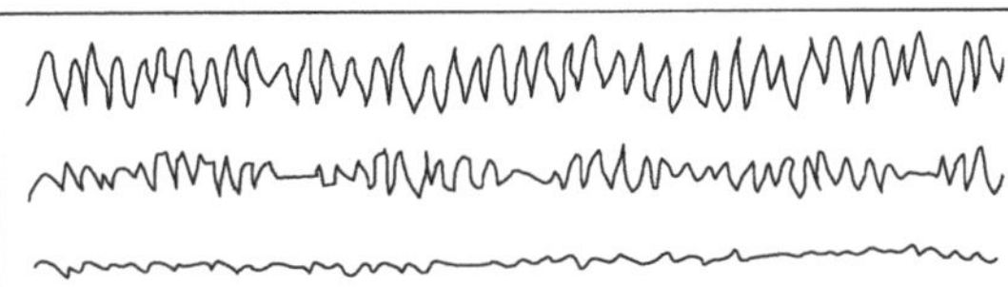
theta(θ)	4~8[Hz]	소아, 취침중인 성인	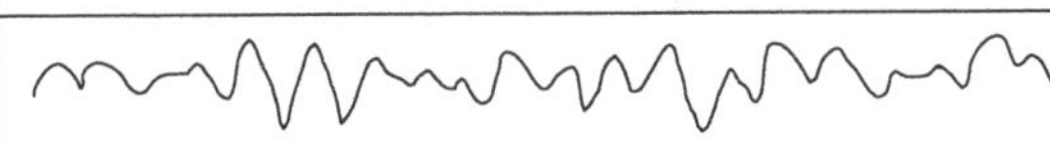
delta(δ)	0.5~4[Hz]	태아, 취침중인 성인	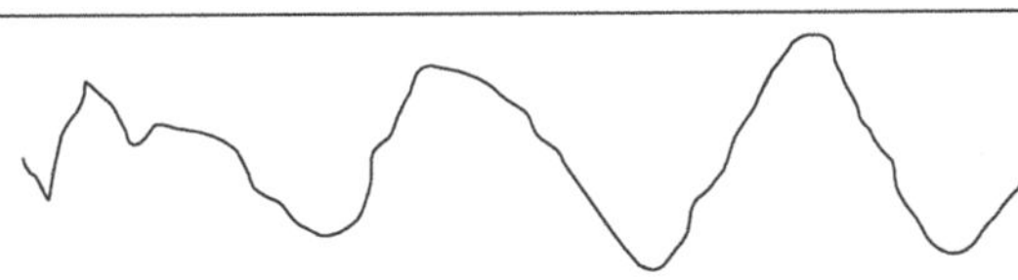
스파이크	3[Hz]	간질환자	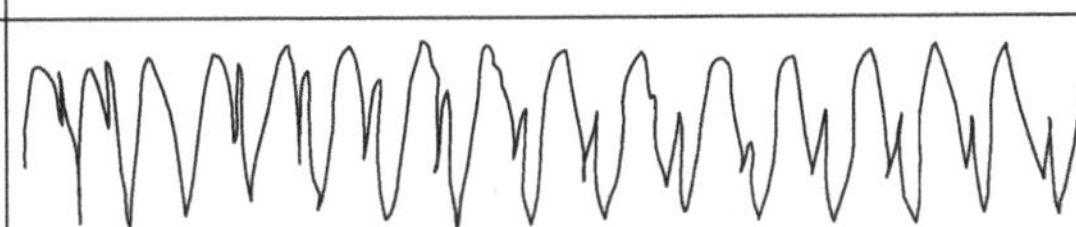

뇌파에 반영되는 뇌의 전기적 활동은 신경세포(neurons), 교세포(glia cells), 혈액뇌장벽(blood-brain barrier)에 의해 결정되는데 주로 신경세포에 의해 발생한다. 뇌 무게의 절

반을 차지하는 교세포들은 신경세포가 연접해 있는 부위인 시냅스에서 이온, 분자의 흐름을 조정하고 신경세포들 간의 구조 유지, 지탱, 보수 역할 등을 한다. 혈액뇌장벽은 뇌혈관 속에 있는 각종 물질 중 필요한 물질만 선별해서 통과시키는 역할을 한다. 교세포와 혈액뇌장벽에 의한 뇌파의 변화는 조금씩 천천히 일어나지만, 신경세포의 활동에 의한 뇌파의 변화는 크고 빠르고 다양하게 발생한다. 뇌파는 대뇌피질에 있는 신경세포들의 활동에 의해 대부분 결정된다. 대뇌 피질의 신경세포들이 활동하면서 만들어내는 전기 신호들 중에서도 신경세포 들이 연접해 있는 부위인 시냅스에서 형성되는 흥분성 시냅스 전위와 억제성 시냅스 전위의 합을 가장 우세하게 반영한다. 따라서 뇌파란 대뇌피질을 구성하는 신경세포들의 시냅스 전위를 대부분 반영한 신호이다. 대뇌피질은 인간이 지닌 고도의 감각과 지각, 운동과 기술, 사고력, 상상력, 언어 능력 등을 담당하는 중요한 부위로서 인간을 인간답게 만드는 부위라고 할 수 있다. 한편 뇌의 심부에 있는 기관인 시상(thalamus)은 대뇌피질과 긴 신경섬유다발에 의해 방사상으로 연결되어 있어 상호간 전기적 신호를 주고받을 수 있기 때문에 시상의 활동도 대뇌피질에 간접적으로 반영된다.

12.3.2 EEG 전위측정

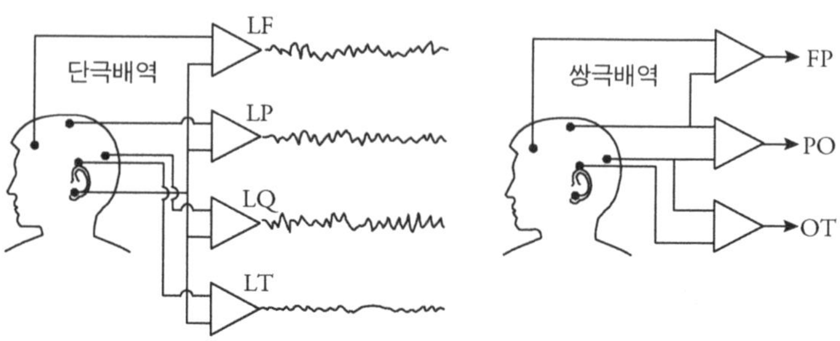

그림 12-12. 전극 배열에 따른 측정신호의 변화

전위의 측정은 그림 12-12에서와 같이 단극측정과 쌍극측정 방법이 있다. 단극배열은 공통 중성점에 대해 각 프로브들의 출력전압 특성을 측정할 수 있는 반면 쌍극배열은 두 프로브 사이의 전위 차이를 측정한다. 그림에서 알 수 있듯이, 단극 측정을 통해서는 각 프로브에서 발생하는 전위만을 측정할 수 있는 반면 쌍극측정을 통해서는 신호원의 위치를 추적할 수 있다.

12.3.3 뇌파의 응용 분야

(1) 뇌질환 진단

- 수술 전 수술부위의 기능 매핑 : 수술 후 기능손실 최소화
- 간질발생부위 국소화
- 소아 정신질환 : 학습장애, 독서장애, 자폐증
- 기능성 뇌질환 : 강박증, 실어증
- 알츠하이머 : 뇌위축의 조기발견
- 유아 청각장애 진단

(2) 뇌기능 연구

- 인지과학 : 기억, 학습, 언어능력, 감성
- 고차 체성감각중추 및 운동중추
- 태아 뇌기능 장애의 조기진단

(3) 응용 사례

- 간질 등 뇌질환 환자의 병소 추정
- 뇌 수술 전 수술 부위 근처의 주요 뇌 기능을 탐색함으로써 수술시 기능 손상의 최소화
- 정신 질환 진단
  - 소아 정신 질환의 정기적인 모니터링, 학습 장애의 조기 진단, 알츠하이머 질환의 조기 진단 (심각한 장애가 나타나기 전에 증상의 변화 조사 가능)
  - 기타 강박증, 정신 분열증 환자의 진단 목적으로 사용.
- 인지 과학 응용
  - 언어, 음악, 기억, 사고 등의 고차 인지 과정이 어떻게 일어나는지를 확인
  - 시간적인 뇌 활성화 변화를 모니터링 할 수 있다.

12.4 근전도

근육은 인체구성물 중 하나로 근육활동 없이 인간은 단 한순간도 살아갈 수 없다. 숨쉬는 것, 먹는 것, 움직이는 것 등 아주 중요한 일련의 활동들은 근육활동 없이 수행될 수 없기 때문이다. 때문에 우리는 근육에 대해 좀 더 세부적으로 접근하여 좀 더 효과적이고 효율적인 메커니즘이나 활용도를 찾아내고자 노력해 오고 있다. 근력이란 근육의 수축에 의해 발생되는 힘으로 심장이 펌프활동을 하여 혈액을 순환시키게 하고 폐를 통해 호흡할 수 있게 하고 근육 양쪽에 붙어 있는 골격을 당기게 하여 움직임을 발생시키는 등 인체에서 여러 형태의 동작을 만든다.

12.4.1 근육의 구성

근육(muscle) 근조직(musculature)을 구성하는 기본 요소로 수축과 이완작용을 통해 뼈를 움직이고 내장을 활동하게 하는 인체 운동의 근원이다. 근육은 운동 신경들(motor neurons)을 기본단위로 이루어져 있는데 운동 신경은 수의적으로 활성화 가능한 최소의 단위이며 운동 신경이 활성화 되면 그 순간 운동신경에 연결된 근섬유들이 동시에 활성화된다. 이런 근육계의 기본단위는 신경근 단위(NMU, neuromuscular unit)인데 이는 척수(spinal cord)의 전근에서 뻗어 나온 하나의 운동 신경과 그 하나의 운동신경에 종속되어 지배 받는 근섬유 다발을 말한다. 근 단위는 단일 운동 신경단위(SMU, single motor unit)라고도 부른다. 운동 신경은 자신이 지배하는 근섬유로 삽입되기 직전 단계 혹은 그 직후 단계에 신경전달 경로를 여러 경로로 나누어 평균 100개 이상의 근섬유에 자극을 전달한다. 이 때, 하나의 운동 신경이 여러 개의 근섬유를 지배하는 것을 지배비율(innervation ratio)이라고 부른다. 단일 운동 단위로서의 뉴런과 근섬유를 그림 12-13에 보였다. 하나의 운동 신경이 흥분하면 그 지배하에 있는 근섬유들이 동기적으로 수축을 일으키게 되지만 신경 근 단위 사이에 동기가 없으므로 주변 근육들이 모두 동기적으로 수축하는 것은 아니다. 단일 신경 근 단위로부터 유발되는 세포의 전위는 그 지속시간이 3~15[ms]정도인 삼극상(triphasic)의 형태이며 운동신경단위의 크기에 따라 그 진폭은 20~2000[μV] 사이에 분포하며 전위 펄스의 발생 빈도는 1분에 300~2000회 정도이다.

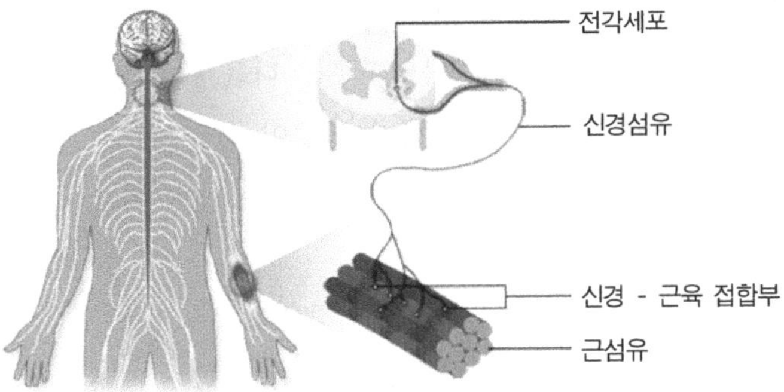

그림 12-13. 단일 운동뉴런과 근육

12.4.2 근전도 측정

현재 시행하고 있는 근전도 검사는 크게 두 가지로 나눌 수 있는데 하나는 피검자의 시험하고자 하는 근육을 의식적으로 수축시켜서 그 활동 정보를 검사하는 방법과 다른 하나는 검사대상 근육을 지배하는 운동신경을 자극하여 근 활동에 수반되는 근전도를 측정하는 방법인데 후자를 유발 근전도(evoked EMG)라고 한다. 유발 근전도는 말초 신경의 전달 속도, 반복 유발 근전도 검사, 반사 기능 검사 등을 수행할 수 있으며 피검자의 의지로 수축시킬 수 없는 근육의 상태와 말초 신경 장해의 검사 등에 사용된다. 근전도는 일반적인 표면전극을 사용하여 측정할 경우 표피근육에서의 근전도만 측정될 가능성이 있으며 넓은 부위에서 발생하는 전기적인 현상에 매우 민감하게 반응하여 다양한 잡음이 수발될 수 있다는 것이다. 그러므로 신경근 단위 또는 표피 부위에서의 전기적인 활동을 측정하기 위해서는 단극, 쌍극, 다중극의 전극을 사용하거나 삽입형 전극을 사용하게 된다.

근전도 측정은 침을 근육에 주사하여 근육의 정상 생리 상태나 병적 상태를 진단하는데 사용하는 검사법이다. 근육에서 발생하는 여러 가지 전기적인 활동을 기록하기 때문에 일차적으로 근육병의 진단에 가장 도움이 되는 검사이다. 그러나 근육섬유들은 근육병 뿐만 아니라 근육과 연결되어 있는 말초신경의 손상에 의해서도 근육에 이차적인 변화가 발생하기 때문에 말초신경에 의한 질환을 찾아내는 데에도 사용할 수 있다.

침근전도 검사는 근육에 침을 삽입하여 삽입하는 순간 발생하는 삽입전위와 유발전위라는 것을 관찰하고, 다시 최소한 근육을 수축시켜 유발되는 운동단위전위와 중간정도의 근육수축을 위하여 보는 방법, 그리고 최대한의 근육을 수축시켜 나타나는 간섭현상이라는 전위를 본다. 근전도 측정을 시행하는 경우는 다음과 같다.

- 팔 저린 증상이나 근력 약화가 되면서 목통증이 있는 경우
- 다리 저린 증상이나 근력 약화가 있으면서 요통이 동반되는 경우
- 손 저림 증상
- 당뇨환자에서 팔다리의 저림 증상이 있는 경우
- 팔, 다리에 힘이 없고 근육이 마르는 현상이 있을 때
- 이유 없이 사지의 근력이 약화되는 경우
- 신경근 접합부 질환
- 안면신경마비
- 기타 의사가 필요하다고 권장하는 경우

12.4.3 신경전도 측정

신경전도 검사는 말초신경에 전기 자극을 주어 신경 또는 근육에서 형성되는 활동을 기록하는 검사방법이다. 크게 운동신경전도 검사와 감각신경전도 검사 그리고 혼합신경전도 검사로 나누게 된다. 운동신경전도 검사는 말초의 운동신경을 자극하여 전기 자극을 준 후 운동신경, 신경근접합부 그리고 근육의 생리적 반응까지 모두 기록하는 검사법이며, 감각신경전도 검사와 혼합신경전도 검사는 전기 자극을 준 후 직접적으로 신경에서 발생하는 활동 전위를 측정한다. 일반적으로 신경전도 검사실에서는 위와 같은 검사를 시행하나, 특정 신경병변이 의심되는 경우 일반적 신경전도 검사만으로는 충분하게 평가할 수 없어 특별한 신경전도 검사를 추가로 시행하는데 손목 반사와 만기 반응으로 H 반사, F파 검사를 시행하기도 한다. 이러한 검사법으로 운동 및 감각신경의 기능 문제를 알아내는데 운동신경전달 속도는 신경의 축 자체에 병이 있는 경우 신경을 따라 전달되는 전기의 전도속도가 감소되거나 측정되지 않게 된다. 검사하는 방법으로 전기적 자극을 가하고 유발된 활동전위 파형의 진폭, 기간, 잠복기를 분석하여 신경의 이상

유무를 확인한다. 비정상적인 경우 병변을 국소화하고 특성을 유추하여 임상적 소견과 함께 신경근 질환을 진단하고 그 정도를 평가한다. 임상적 목적으로는 다양한 신경에서 신경전도 검사를 시행하나 일반적으로 상지(上肢)에서는 정중신경과 척골신경, 요골신경을 검사하며, 하지(下肢)에서는 비골신경, 경골신경 그리고 비복신경을 검사한다.

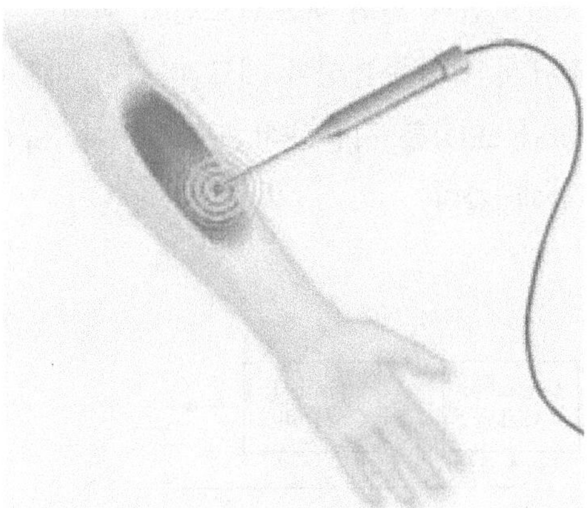

(a) 근전도 측정

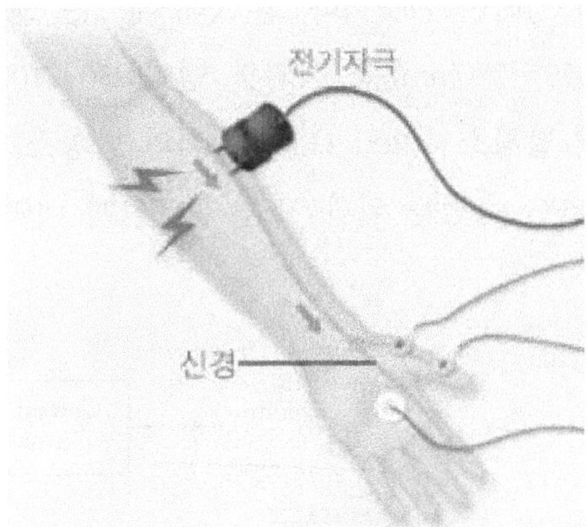

(b) 신경전도 측정

그림 12-14. 근육과 신경전도 검사

12.5 산소 포화도(SpO_2)

혈류량 측정(plethysmography)은 혈액 부피의 변화를 측정하는 것으로 혈류량 측정계는 동맥혈압 파형과 비슷한 파형을 출력한다. 출력 파형은 동맥 폐색(arterial obstruction)의 확인이나 펄스 속도의 측정 등에 사용된다. 가장 일반적으로 사용하는 방법은 의사 혈류량 측정법(pseudo plethysmograph)이라고 불리는 광 혈류량 측정법(photoplethysmograph, PPG)이다. PPG는 측정 계기가 간단하며, 측정 방법도 매우 간단하여 임상에서 널리 이용되고 있다. 이 방법은 광선이 투과 할 수 있는 조직의 말초부위에서의 실핏줄을 대상으로 동맥의 맥동에 따른 부피변화에 의한 광선의 흡수, 반사, 분산의 변화를 측정하는 방식이다.

12.5.1 산소포화도 구성

SpO_2 측정은 혈관 속에 산소 공급에 주요한 역할을 하는 산소 헤모글로빈과 환원 헤모글로빈을 통해 인체의 산소 공급을 모니터링하는 기술로서 두 개의 파장을 이용하여 산소 헤모글로빈과 헤모글로빈의 흡수 계수를 통해 PPG(Photo Plethysmo Graphy) 신호를 측정하는 기술이다. 본 연구에서는 산소 헤모글로빈과 환원 헤모글로빈이 적색광 영역(650~750[nm])과 적외광 영역(850~1000[nm])에서의 흡수특성이 서로 바뀌기 때문에 적색 발광소자(Red LED)와 적외 발광소자(Infrared LED)를 사용하여 구현하였다. SpO_2 및 PPG 측정을 위한 모듈 회로설계 내역은 다음과 같다.

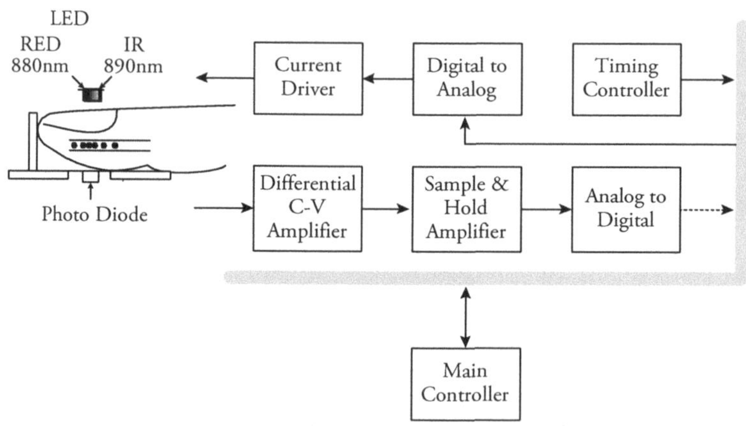

그림 12-15. SpO_2 측정 시스템 구성도

- 전류구동(current driver) 회로는 2개의 LED(파장 660[nm]와 900[nm] 적용)를 구동하기 위한 LED구동 제어 부분과 광량을 조절하기 위한 전압레벨의 신호를 일정한 전류신호로 바꾸어 주기 위한 회로 설계
- 각각의 IR, RED LED에 흐르는 전류를 DAC로 제어
- 마이컴은 DAC 출력을 가변시켜 프로브의 광 다이오드에 가해지는 전류의 양을 제어하도록 설계(사람마다 광의 투과도가 다르기 때문에 인체에 가해지는 광량 조절)
- 효과적인 신호 검출을 위해 ADC를 통해 읽어 들인 DC 레벨을 DAC 제어로 IR과 RED을 같은 레벨로 일치시킴
- 손가락을 투과한 수광된 PPG 신호는 차동 C-V 증폭기(differential C-V amplifier)

부분을 통해 증폭된 신호로 받게 되고, 이 신호를 IR과 RED 각각의 신호로 분리하면서 멀티플렉서를 사용하여 주변 신호(ambient signal) 제거

- 주변 신호 제거 후, 저역통과필터를 사용하여 노이즈 제거

12.5.2 혈액산소 포화도 측정

광 혈류량 측정법은 광선이 통과 할 수 있을 정도의 피부 두께에 위치한 실핏줄을 대상으로 하므로 손가락, 귓바퀴 등 비교적 피부에 가까운 부위에 모세혈관이 위치한 부분에서 시행한다. 광 혈류량 측정법은 투과형과 반사형이 있는데 반사형은 측정용 적외선 광원과 수광 센서를 하나의 모듈에 위치시킬 수 있는 장점이 있어 투과형에 비하여 많이 사용된다. 측정 알고리즘은 위에서 설명한 바와 같이 헤모글로빈(Hemoglobin)은 산소를 취해 산화헤모글로빈(Oxyhemoglobin)으로 되면 선홍색이 되고, 환원이 되면 다시 암적색으로 바뀌는 현상을 이용한다. 빛의 파장이 같은 주파수 스펙트럼에서 흡수되는 현상을 이용하여 LED1은 기준 광원을, LED2는 적색광을 방출하여 손가락을 통과한 적색광이 기준광에 비하여 얼마나 통과 또는 흡수되었는지를 검출하는 방식이다.

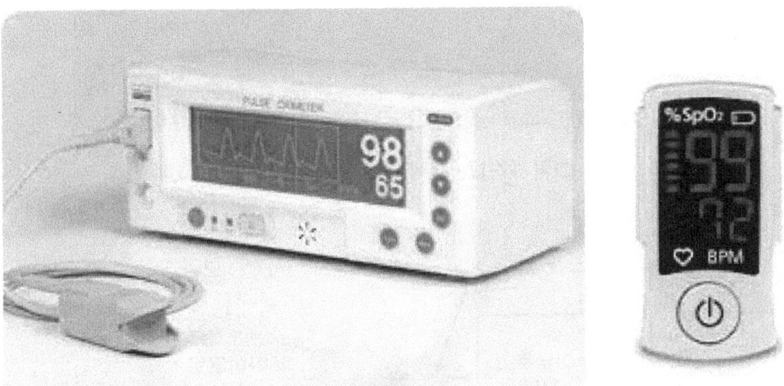

그림 12-16. 산소포화도 측정

12.6 혈액가스 분석 시스템

동맥혈액가스 분석기라고 불리는 혈액가스 분석기는 응급환자나 수술환자의 동맥혈, 심장, 폐, 기능에 문제가 있는 중환자의 혈액으로 pO_2(산소포화도), pCO_2(이산화탄소 분압), pH(산-염기 상태) 등을 빠르고 정확하게 측정하고 평가할여 폐 기능 신진대사, 콩팥기능을 진단할 수 있는 그림 12-17과 같은 시스템이다. 측정원리는 특정물질에 반응하는 가스 전자화학 센서가 기준 전위를 유지하는 상태에서 가스 등이 흡수되면 전위차를 발생시킨다. 그림 12-18과 같은 회로를 통하여 분석하여 가스의 정도를 측정한다.

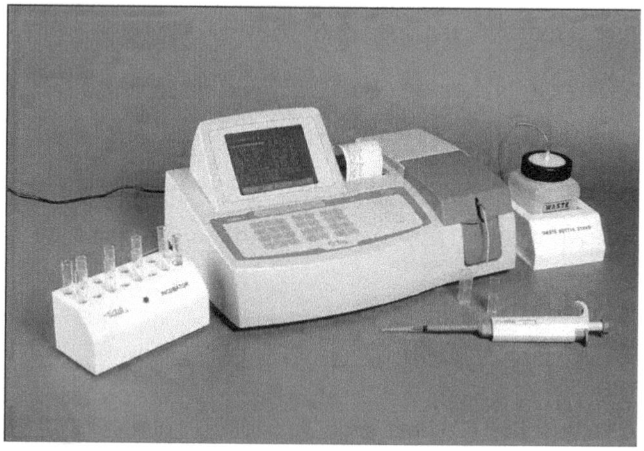

그림 12-17. 혈액가스 분석 시스템

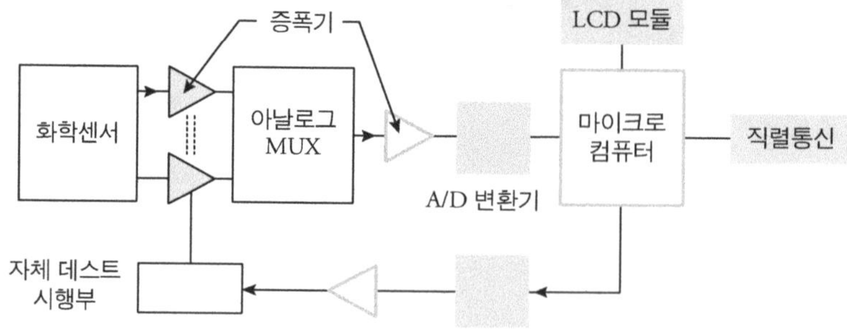

그림 12-18. 혈액가스 분석 시스템 구성도

(1) 혈액가스 분석기의 기능 및 특징

- 결과를 자동적으로 출력하며, 입력된 결과를 원할 때마다 출력이 가능해야 한다.
- 혈액을 분리하거나 하는 작업 없이 단 한 번의 작업으로 측정이 가능해야 한다.
- 검체 흡입관은 자동으로 청소가 되어야 한다.
- 인터페이스 설치가 가능해야 한다.
- 장비 점검이 용이해야 한다.
- 모세관, 주사기 또는 앰플에 있는 검체를 측정할 수 있어야 한다.
- VGA 화면에 장비상태 및 서비스 내용을 표시할 수 있어야 한다.
- 일시정지(Standby mode) 기능이 있어야 한다.
- 전극막 교환이 가능해야 한다.
- 별도의 가스탱크 및 레귤레이터가 없이도 작동이 가능해야 한다.
- Q.C 결과보고가 주기적으로 가능해야 한다. (매일, 매달, 분기별, 연간 등..)

요약(SUMMARY)

01. 심전도는 심장의 수축, 확장에 따른 활동전위를 표면전극을 통해 연속적인 파형으로 나타냄으로써 현재의 심장 상태를 정확히 판단하도록 한다. 통상 ECG와 평균 심장 박동수(HR)를 동시에 측정하게 된다.

02. 호흡의 측정은 ECG의 두 전극 사이에 발생하되 임피던스의 변화를 이용하여 측정하게 되는 데 환자의 흉곽에 2개의 전극을 부착한 다음 전극 간의 저항 변화를 감지하게 된다. 사람이 호흡시 흉광근육이 수축, 팽창을 반복하게 되며 이때 흉곽근육의 저항이 변화하는 것을 전극을 통해 감지하게 되고 임피던스의 변화수를 검출하여 호흡수를 측정하게 된다.

03. 혈중산소포화농도(SpO_2)는 환자의 동맥혈의 산소포화도를 비침습적인 방법으로 측정하여 환자의 호흡 상태를 판단하는 기능이다. 동맥혈의 산소포화도는 동맥혈의 헤모글로빈과 산소의 결합 백분율이다.

04. 측정방법은 SpO_2 ensor를 이용하며, 이는 발광부와 수광부가 있으며 발광부에서는 LED발광을 통해 적외선과 빨간색 빛을 동시에 방출하게 된다. 방출된 빛은 손가락 사이의 혈관을 통과하여 수광부를 통해 검출되는데 산소와 결합한 헤모글로빈은 적외선을, 그렇지 않은 헤모글로빈은 빨간색 빛을 더 흡수하는 성질을 이용하여 적외선 빛과 빨간색 빛을 더 흡수하는 성질을 이용하여 적외선 빛과 빨간색 빛의 총합 비교를 측정하여 SpO_2 수치를 산출하게 된다.

05. 체온 측정은 온도센서 프로브를 환자의 구강 또는 항문에 삽입하여 체온을 감지한 후 전기적 신호로 변환하여 섭씨나 화씨온도로 환산 처리하여 모니터 상에 디지털로 표시하게 된다.

06. 맥박수는 심장이 수축하면 좌심실에서 대동맥으로 급격하게 밀려나간 혈액이 동맥벽을 팽창시키게 되며, 팽창된 동맥벽은 탄성 때문에 진동하게 되고, 그 파동이 말초 혈관 부위까지 차례로 전파되면서 맥박을 촉지시킨다. 맥박수는 1분간의 횟수로 표시하며 보통 심박수와 일치한다. 맥박에 영향을 주는 요인으로는 나이, 성별, 운동, 체온, 온도, 약물 등이 있다.

07. 혈압측정은 상완 동맥 혈압 변화를 Transducer를 이용한 직접 측정법 또는 간접측정법을 이용하여 검출한 후 압력단위인 mmHg로 환산하여 최고혈압, 최저혈압 그리고 평균혈압을 모니터상에 디지털로 표시하는 방법과 압력변화를 파형으로 나타내는 방법이 있다.

08. 호기말 이산화탄소분압측정

- 통상 중환자실이나 수술실에서 전신마취 환자의 호흡회로에 연결하여 환자의 환기상태를 파악하기 위한 용도로 이용되며, 환기가 불안정하면 산소공급이 부족하여 저산소증을 유발할 수 있으며, 환자의 자발호흡 상태나 강제 호흡회로의 이상 유무판단, 이산화탄소 흡수제의 기능 이상 등을 판단할 수 있다.

연습문제

01. 의료 디지털 시스템에서 가상 실험 장치에 대하여 설명하라.

02. 시뮬레이터의 장점에 대하여 기술하라.

03. 심전도의 계측 시스템의 구성도를 그리고 각각에 대하여 설명하라.

04. 심전도의 기본개념에 대하여 기술하라.

05. 심전도 유도법의 종류와 각각의 특징을 기술하라.

06. 뇌전도 유도법에 대하여 기술하라.

07. 단일 운동뉴런과 근육에 대하여 기술하라.

08. 근전도 시스템에서 침전극을 이용한 계측 방법에 대하여 설명하라.

09. 산소포화도를 측정하는 원리에 대하여 설명하라.

10. 산소포화도 시스템 구성도를 그리고 각각의 기능에 대하여 설명하라.

11. 혈액 가스 분석기의 원리와 시스템 구성에 대하여 설명하라.

부록

01. 기출문제 : 디지털논리회로

01. 0진수 0.6875를 8진수로 나타내면?

가. 0.5　　나. 0.54

다. 0.45　　라 0.55

02. 10진수 5.375를 2진수로 고치면 얼마인가?

가. 101.011　　나. 101.111

다. 101.001　　라. 101.010

03. 10진수 738에 대한 BCD 코드(binary coded decimal)는?

가. 0111 0011 1000　　나. 1110 0011 1000

다. 1010 0111 0011　　라. 0010 1110 0010

04. 2진수 1100을 그레이 코드로 변환한 것은?

가. 1111　　나. 1000

다. 1010　　라. 0011

05. 다음 10진수, 2진수, 1의 보수, 2의 보수의 관계를 나타낸 것 중 옳은 것은?

가. 8 - 1000 - 1001 - 0110　　나. 7 - 0111 - 1000 - 0111

다. 9 - 1001 - 0110 - 0111　　라. 8 - 1000 - 0111 - 1110

06. 미국 표준 코드로서 1개의 패리티 비트와 3개의 존 비트, 그리고 4개의 디지트 비트로 구성되는 코드체계는?

가. 8421 코드　　나. ASCII 코드

다. Hamming 코드　　라. EBCDIC 코드

07. 10진수 25를 2진수로 옳게 나타낸 것은?

가. 10001　　나. 11001
다. 10101　　라. 11000

08. 2진수 1001의 1의 보수에 해당하는 것은?

가. 0001　　나. 0110
다. 0111　　라. 0101

09. 다음 3초과 코드에서 0101의 자기보수 코드에 해당하는 수는?

가. 1010　　나. 1011
다. 0100　　라. 1000

10. 반감산기에서 차를 얻기 위하여 사용되는 게이트는?

가. 배타적 OR　　나. AND 게이트
다. NOR 게이트　　라. OR 게이트

11. 다음 중 가장 작은 정보단위는?

가. Bit　　나. Byte
다. Word　　다. Record

12. 2진수 0100의 2의 보수는?

가. 1011　　나. 1100
다. 0100　　라. 0101

13. 오른쪽과 같은 진리표를 나타내는 게이트는 무엇인가?

입력		출력
A	B	Y
0	0	0
0	1	0
1	0	0
1	1	1

가. AND
나. NOT
다. OR
라. NOR

14. 논리합 및 논리곱의 연산중에서 옳지 않는 것은 어느 것인가?

가. $1+0=1$ 나. $1+1=1$

다. $1 \cdot 1=1$ 라. $1 \cdot 0=1$

15. 논리식(부울 대수식) $A+\overline{A}B$를 간단히 계산한 결과는?

가. AB 나. $\overline{A}+B$

다. $A+\overline{B}$ 라. $A+B$

16. 부울대수 $X=0 \cdot 1+1 \cdot 0$의 값은?

가. 0 나. 1

다. 2 라. 4

17. 다음 진리표와 같이 동작하는 게이트는?

입력		출력
X	Y	F
0	0	0
0	1	1
1	0	1
1	1	1

가. AND

나. OR

다. NOT

라. Complement

18. 다음 논리식 $AB+BC+ABC$ 를 간단히 하면?

가. $B(A+C)$ 나. $A(B+C)$

다. BC 라. $A+BC$

19. 논리식 $\overline{A+B}$ 와 등가인 식은 어느 것인가?

가. $A\overline{B}$ 나. $\overline{A}B$

다. $\overline{A}+\overline{B}$ 라. $\overline{A}\,\overline{B}$

20. 4[bit]를 사용하여 십진법의 -5를 2의 보수로 표현하면?

가. 0101 나. 1010

다. 1011 라. 0110

21. 논리식 $x=ABC+AB+A$를 간소화했을 경우 옳은 것은?

가. AB 나. C

다. A 라. B

22. 논리식 $F=((A'+B)B')'$을 간소화했을 경우 옳은 것은?

가. $F=A+B$ 나. $F=A'+B$

다. $F=A'+B$ 라. $F=A+B'$

23. 다음 카르노맵에 나타난 논리식은?

가. A

나. B

다. AB

라. $A'+B'$

B \ A	$\overline{A}$ 0	A 1
$\overline{B}$ 0	0	1
B 1	0	1

24. 그림과 같은 논리회로의 출력 D는?

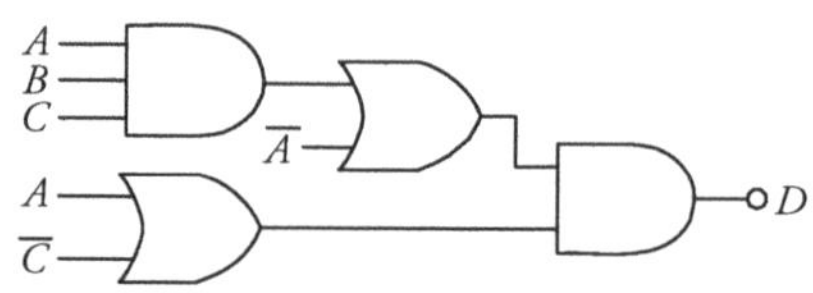

가. $B+\overline{C}$ 나. ABC

다. $AB+BC$ 라. $ABC+\overline{A}\,\overline{C}$

25. 두 입력이 다를 때만 출력이 1이 되는 논리연산은 어느 것인가?

가. NOT 나. AND

다. OR 라. XOR

26. $Y=A+B$의 식을 나타내는 게이트는 무엇인가?

가. NOT 나. OR

다. AND 라. XOR

27. $\overline{\overline{A}B+A\overline{B}}$의 논리식을 간략화하면?

가. $A\overline{B}+\overline{A}\,\overline{B}$ 나. $AB+\overline{A}\,\overline{B}$

다. $AB+A\overline{B}$ 라. $A\overline{B}+\overline{A}B$

28. 16진수 2A6을 2진수로 변환하면?

가. (0010 0110 0110)2　　나. (0010 1001 0110)2

다. (0010 1010 0110)2　　라. (0011 1010 0110)2

29. 그림과 같은 논리회로의 출력은?

가. $(X+Y)\cdot\overline{Z}$

나. $(\overline{X}+\overline{Y})\cdot\overline{Z}$

다. $(\overline{X}+\overline{Y})+Z$

라. $(X+Y)+\overline{Z}$

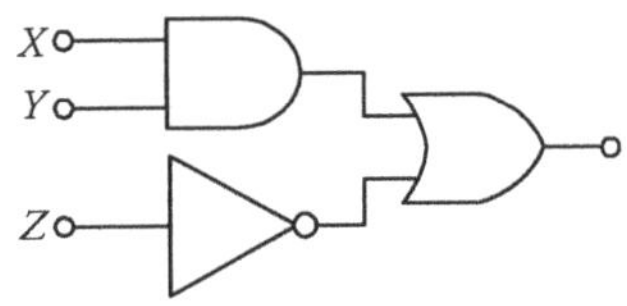

30. 다음 논리식 중 성립되지 않는 것은?

가. $A(B+C)=AB+AC$　　나. $\overline{A+B}=\overline{A}+\overline{B}$

다. $\overline{A\cdot B}=\overline{A}+\overline{B}$　　라. $A+BC=(A+B)(B+C)$

31. 다음 표와 같은 카르노 맵을 최소화하면?

가. $\overline{B}+AC$

나. $B+AC$

다. $B+\overline{A}C$

라. $B+\overline{AC}$

A \ BC	00	01	11	10
0	1	1	0	0
1	1	1	1	0

32. 다음 카르노 맵을 간략화 한 결과는?

가. $\overline{A}\,\overline{B}D+AC+C\overline{D}$

나. $\overline{A}\,\overline{B}D+A\overline{C}+CD$

다. $\overline{A}\,\overline{B}D+A\overline{C}+C\overline{D}$

라. $\overline{A}\,\overline{B}D+AC+CD$

AB \ CD	00	01	11	10
00	0	1	1	1
01	0	0	0	1
11	1	1	0	1
10	1	1	0	1

33. 아래의 카르노 맵을 부울 대수식으로 표현할 때 결과는?

가. $\overline{A}+\overline{B}$

나. $\overline{A}+B$

다. $A+B$

라. $A+\overline{B}$

A \ BC	00	01	11	10
0	1	1	1	1
1	0	0	1	1

34. 다음 부울 대수를 간단히 하였을 때의 결과는 어느 것인가?

$$A'B + B'C' + AB + B'C$$

가. A　　나. B
다. C　　라. 1

35. 다음의 논리식 중 성립되지 않는 것은?

가. $A + A' = A$　　나. $A \cdot A = A$
다. $A \cdot A' = 0$　　라. $0 \cdot A' = 0$

36. 디지털 회로 중 게이트를 조합하여 만든 회로로서 출력이 입력에 대해서만 영향을 받지 않는 것은 무엇인가?

가. 조합회로　　나. AND 게이트 회로
다. OR 게이트 회로　　라. NAND 게이트 회로

37. 다음은 에러 검출 코드이면서 정정코드인 것은 어느 것인가?

가. Parity(패리티) check　　나. 3초과 코드
다. BCD 코드　　라. 해밍(Hamming)코드

38. 다음 그림의 게이트 출력값은 어떻게 되는가?

가. $A \cdot B = Y$　　나. $A + B = Y$
다. $(A \cdot B)' = Y$　　라. $(A + B)' = Y$

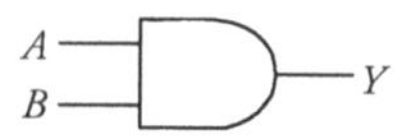

39. 두 입력이 다를 때만 출력이 1이 되는 게이트는 무엇인가?

가 NOT　　나 AND
다 OR　　라 XOR

40. 다음 중 이 게이트만 가지고 AND, OR, NOT 게이트를 구성 할 수 있어 유니버설 게이트라고 하는 것은 무엇인가?

가. NOT　　나. AND
다. OR　　라. XOR

41. $Y = A + B$ 의 식을 나타내는 게이트는 무엇인가?

가. NOT　　나. OR

다. AND　　라. XOR

42. 두 입력이 1과 0일 때 1의 출력이 나오지 않는 게이트는 무엇인가?

가. OR　　나. Exclusive OR

다. AND　　라. NAND

43. 다음 중 게이트 회로의 설명 중 옳지 않은 것은 무엇인가?

가. OR 게이트 : 두 개의 모든 입력이 0일 때 출력은 1이다.

나. NOT 게이트 : 입력이 0이면 출력은 1이다.

다. AND 게이트 : 두 개의 모든 입력이 0일 때 출력은 0이다.

라. NAND 게이트 : 두 개의 모든 입력이 0일 때 출력은 1이다.

44. Exclusive OR 게이트에 대한 설명으로 옳은 것은 어느 것인가?

가. 두 개의 입력이 모두 0 일 경우 출력은 0으로 나온다.

나. 두 개의 입력이 모든 1일 경우 출력은 1로 나온다.

다. 두 개의 입력이 1과 0일 경우 출력은 0이 나온다.

라. 두 개의 입력이 0과 1일 경우 출력은 0이 나온다.

45. 논리합 및 논리곱의 연산중에서 옳지 않은 것은 어떤 것인가?

가. $1+0=1$　　나. $1+1=1$

다. $1 \cdot 1=1$　　라. $1 \cdot 0=1$

46. 디코더는 어떤 게이트로 구성되어 있는가?

가. AND 게이트　　나. NAND 게이트

다. OR 게이트　　라. NOT 게이트

47. 다음 중 여러 개의 입력 선 중에서 하나를 선택해서 출력으로 내보내는 회로는?

가. 가산기　　나. 디코더

다. 디멀티플렉서　　라. 멀티플렉서

48. M개의 문자나 숫자를 입력하였을 때, N개의 2진 코드로 변환시켜 주는 회로는 무엇인가?

가. 가산기　　　　　　　　나. 멀티플렉서
다. 디멀티플렉서　　　　　라. 디코더

49. 하나의 입력을 가지고 여러 개의 출력선을 만들어 그중에서 하나를 선택해서 연결해 주는 회로는 무엇인가?

가. 가산기　　　　　　　　나. 멀티플렉서
다. 디멀티플렉서　　　　　라. 디코더

50 입력이 n개일 때, 출력이 2^n개가 되며, 인코더의 반대 동작을 하는 회로는 무엇인가?

가. 가산기　　　　　　　　나. 멀티플렉서
다. 디멀티플렉서　　　　　라. 디코더

51. 디코더의 입력 코드와 출력 코드로 바르게 짝지어지는 것은 무엇인가?

가. BCD 코드 - 3중 코드　　　　나. 10진수 - 2진 코드
다. 2진 코드 - 10진수　　　　　라. 2진 코드 - 그레이 코드

52. 여러 회선이 하나의 회선을 공유하려면 어떤 회로를 사용하면 좋은가?

가. 디멀티플렉서　　　　　나. 멀티플렉서
다. 인터페이스　　　　　　라. 버스회로

53. 여러 개의 어드레스 선을 입력받아 하나의 출력만을 동작시킴으로써 여러 개의 메모리 또는 주변기기 중 하나만을 선택하는 데 사용되는 소자는?

가. 인코더　　　　　　　　나. 디코더
다. 멀티플렉서　　　　　　라. 디멀티플렉서

54. 회로의 출력이 현재의 입력뿐만 아니라 과거의 입력에도 영향을 받는 회로를 무엇이라고 하는가?

가. 순차회로　　　　　　　나. 조합 회로
다. AND 게이트 회로　　　라. OR 게이트 회로

55. 1[bit]의 정보를 저장할 수 있고, 메모리 소자로 사용되는 소자를 무엇이라고 하는가?

가. NOR
나. NAND
다. 플립플롭
라. 순차회로

56. D 플립플롭의 입력에 1을 넣으면 어떠한 출력값이 나오는가?

가. 0
나. 금지
다. 1
라. 사용

57. SR 플립플롭은 두 입력에 동시에 1이 들어오면 알 수 없는 상태가 된다. 이를 보완한 것으로 두 입력에 동시에 1이 들어올 경우 출력이 반대가 되는 플립플롭을 무엇이라 하는가?

가. T 플립플롭
나. JK 플립플롭
다. SR 플립플롭
라. D 플립플롭

58. JK 플립플롭을 사용하여 D 플립플롭을 구성할 때의 방법은 어떻게 되는가?

가. Q의 출력을 J의 입력과 인버터를 통하여 K에 연결한다.
나. J의 입력을 받아 인버터를 통해 K에 연결한다.
다. J와 K를 동일 입력으로 한다.
라. Q의 입력을 J에 피드백 시킨다.

59. JK 플립플롭을 사용하여 T 플립플롭을 구성할 때의 방법은 무엇인가?

가. Q의 출력은 J의 입력으로 궤환한다.
나. Q의 출력은 J의 입력 쪽으로, Q의 출력은 K의 입력 쪽으로 궤환한다.
다. J와 K를 common(코먼)시켜 K의 입력에 인버터를 연결한다.
라. J와 K에 동일 입력을 넣어준다.

60. 에지 트리거(edge triggered) 플립플롭을 사용하는 이유는 무엇인가?

가. race(레이스) 현상을 방지하기 위해 사용한다.
나. 클록펄스를 사용할 수 없을 경우 사용한다.
다. TTL에서만 사용되기 때문이다.
라. delay 시간을 길게 할 경우에 사용한다.

61. 다음 중 EOR 게이트 회로가 이용되는 장치가 아닌 것은?

가. 연산장치　　　나. 가산기

다. 비교기　　　나. 기억장치

62. 다음 논리함수식의 D와 B가 출력으로 나타나는 회로는?

$$D(X, Y, Z) = \Sigma(1, 2, 4, 7)$$

$$B(X, Y, Z) = \Sigma(1, 2, 3, 7)$$

가. 전가산기(Full Adder)　　　나. 멀티플렉서(Multiplexer)

다. 전감산기(Full Subtracter)　　　나. 해독기(Decoder)

63. n[bit]의 2진 입력을 받아 2^n개의 출력 중 하나를 선택하여 출력시키는 조합논리회로는?

가. 비교기(Comparator)　　　나. 디코더(Decoder)

다. 인코더(Encoder)　　　나. 멀티플렉서(Multiplexer)

64. 여러 개의 입력신호 중 하나의 신호를 선택하여 단일출력선으로 신호를 출력하는 조합논리회로는?

가. 멀티플렉서(Multiplexer)　　　나. 디멀티플렉서(Demultiplexer)

다. 부호변환기(Encoder)　　　나. 해독기(Decoder)

65. 다음 회로는 무엇인가?

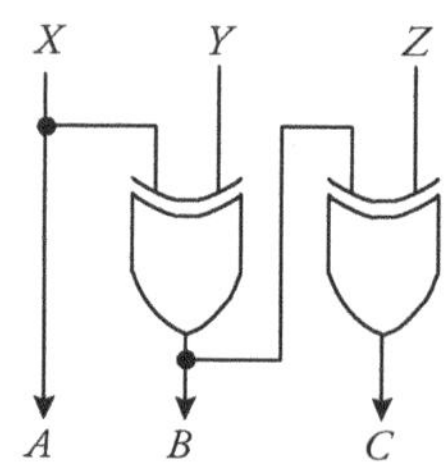

가. 2진수 / 그레이 코드 변환회로　　　나. 2진수 / 3초과 코드 변환회로

다. 그레이 코드 / 2진수 변환회로　　　나. 3초과 코드 / 2진수 변환회로

66. 다음 중 조합논리회로에 속하지 않는 회로는 어느 것인가?

가. 전가산기(Full Adder)
나. 계수기(Counter)
다. 인코더(Encoder)
나. 멀티플렉서(Multiplexer)

67. 디코더(Decoder)의 입력선이 3개이면, 출력선은 몇 개인가?

가. 4
나. 8
다. 16
나. 32

68. 다음 중 전가산기(Full adder)의 구성으로 옳은 것은?

가. 1개의 반가산기와 1개의 OR 게이트
나. 1개의 반가산기와 1개의 AND 게이트
다. 2개의 반가산기와 1개의 OR 게이트
라. 2개의 반가산기와 1개의 AND 게이트

정답

01	나	02	가	03	가	04	다	05	다	06	나	07	나	08	나
09	가	10	가	11	가	12	나	13	가	14	라	15	라	16	가
17	나	18	가	19	가	20	다	21	다	22	가	23	가	24	라
25	라	26	나	27	나	28	다	29	라	30	라	31	가	32	다
33	나	34	라	35	가	36	가	37	라	38	가	39	나	40	라
41	나	42	다	43	가	44	가	45	라	46	가	47	라	48	라
49	다	50	라	51	나	52	나	53	다	54	가	55	다	56	가
57	나	58	나	59	라	60	가	61	다	62	다	63	나	64	가
65	다	66	나	67	나	68	다								

부록

02. 기출문제 : 마이크로 컴퓨터

01. 다음 중에서 전자계산기의 특징이 아닌 것은?

가. 처리상 신속, 정확하다.
나. 창의력과 개발 능력이 있다.
다. 다량의 기억능력이 있다.
라. 논리판단 및 비교 기능이 있다.

02. 컴퓨터의 처리속도를 표시하는 방법으로서 가장 널리 쓰이는 단위는 어느 것인가?

가. MIPS
나. MIS
다. BPS
라. TPS

03. Computer를 구성하는 가장 큰 2가지 요소에 해당된 것은?

가. 입력 장치, 출력 장치
나. 하드웨어, 소프트웨어
다. 시스템, 데이터
라. 제어 장치, 기억 장치

04. 다음 전자계산기의 주요 장치를 설명한 내용 중 틀린 것은?

가. 연산 장치 : 산술 및 논리연산을 처리한다.
나. 보조기억 장치 : 데이터나 프로그램을 일시적으로 기억시킨다.
다. 제어 장치 : 기계어를 해석하는 기능을 갖고 있다.
라. 입출력 장치 : 필요한 정보의 입출력을 담당하는 장치이다.

05. 컴퓨터를 구성하는 기본 요소 중 주변 장치와 연결하는 것은?

가. ALU
나. CPU
다. I/O
라. ROM

06. 다음 중에서 디지털 컴퓨터의 중앙처리장치를 기능적으로 크게 분류한 것은?

가. 내부버스와 레지스터군
나. 어큐뮬레이터와 연산기

다. 연산부와 제어부 / 라. 연산기와 레지스터군

07. 디지털 컴퓨터의 특징을 잘못 기술한 것은 다음 중 어느 것인가?

가. 프로그램을 필요로 하며 고가이다.

나. 입력의 형태는 길이, 전압, 전류 등을 사용한다.

다. 이산적인 형태로 수량을 표시한다.

라. 사칙연산에 의하여 필요한 자리수까지 계산한다.

08. 데이터를 계측기기로부터 직접 입력하여 즉각적인 반응을 얻을 수 있고 프로세스 제어에 알맞은 유형의 컴퓨터는 어느 것인가?

가. 디지털 컴퓨터 / 나. 하이브리드 컴퓨터

다. 아날로그 컴퓨터 / 라. 범용 컴퓨터

09. 연산기에 대한 설명 중 잘못된 것은?

가. ALU가 병렬로 처리하는 bit수는 시스템의 기본 단어수와 같다.

나. ALU는 산술 및 논리적 연산을 하는 회로이다.

다. 8bit 마이크로 프로세서에서 8bit 피연산자에 행해지는 산술연산은 2진수 덧셈과 뺄셈뿐이다.

라. ALU의 입력은 보통 누산기와 임시 데이터 레지스터에서 받는다.

10. 다음 중 제어 장치를 구성하고 있는 것이 아닌 것은?

가. 제어신호 발생기 / 나. 명령 레지스터

다. 부호기 / 라. 누산기

11. 명령 레지스터, 번지 레지스터, 명령 카운터 등과 관계있는 장치는?

가. 제어 장치 / 나. 연산 장치

다. 입력 장치 / 라. 기억 장치

12. 다음 항목 중에서 누산기(accumulator)에 대하여 바르게 설명한 항은 어느 것인가?

가. 레지스터의 일종으로 산술연산, 논리연산의 결과를 일시적으로 기억하는 장치

나. 연산 명령의 순서를 기억하는 장치

다. 연산 부호를 해독하는 장치

라. 연산 명령이 주어지면 연산 준비를 하는 장소

13. 다음 중 Instruction register와 관계있는 것은?

가. 제어 장치　　나. 연산 장치

다. 기억 장치　　라. 출력 장치

14. 프로그램 내장방식(stored program)에서는 지시어와 자료가 모두 주기억 장치에 기억되어 있다. 이 중에서 지시어가 읽혀져서 들어가게 되는 중앙처리장치(CPU)내의 레지스터는?

가. program counter　　나. instruction register

다. general register　　라. status register

15. 다음에 실행하게 될 명령어가 기억되어 있는 주기억 장치의 번지를 기억하고 있는 레지스터는?

가. 명령 레지스터(instruction register)

나. 프로그램 카운터(program counter)

다. 메모리 버퍼 레지스터(memory buffer register)

라. 스택 포인터(stack pointer)

16. 산술과 논리동작의 결과가 축척되는 register는?

가. RAM　　나. 스테이터스 레지스터

다. 어큐뮬레이터　　라. 인덱스 레지스터

17. 다음 중 버스의 종류가 아닌 것은?

가. 주소 버스(address bus)　　나. 데이터 버스(data bus)

다. 입출력 버스(I/O bus)　　라. 제어 버스(control bus)

18. 다음 중 중앙처리장치(CPU)의 동작속도에 가장 큰 영향을 미치는 것은 어느 것인가?

가. 레지스터의 비트 길이　　나. 프로그램 카운터 길이

다. 외부 버스의 길이　　라. 클록 주파수

19. **다음 설명 중 옳지 않은 것은 어느 것인가?**

가. 마이크로 프로세서는 연산 장치, 제어 장치, 레지스터로 구성된다.

나. 개인용 컴퓨터는 마이크로 프로세서를 이용하여 제작한 것이다.

다. 레지스터는 특정 데이터를 영구적으로 보관한다.

라. 마이크로 프로세서는 중앙처리장치를 하나의 칩에 집적한 것이다.

20. **마이크로 프로세서 내부에 존재하지 않는 장치는?**

가. 제어 장치(control unit)

나. 산술논리 장치(arithmetic-logic unit)

다. 레지스터(register)

라. 직접기억 장치 접근 제어 장치(direct memory access controller)

21. **마이크로 프로세서의 데이터 처리부에 속하지 않는 것은 다음 중 어느 것인가?**

가. 시스템용 레지스터

나. 범용 레지스터

다. 메모리

라. 연산기

22. **마이크로 컴퓨터의 기본 동작에 필요한 프로그램은?**

가. 모니터 프로그램

나. 인터프리터 프로그램

다. 시스템 프로그램

라. DOS 프로그램

23. **Cache Memory를 설명한 내용 중 틀린 것은?**

가. CPU가 주기억 장치간의 속도차를 극복하기 위한 기억 장치

나. CPU내에 존재하기 때문에 CPU내의 register를 액세스하는 것과 유사하다.

다. 주기억 장치의 용량과 같다.

라. CPU와 주기억 장치 사이에 고속의 Buffer memory이다.

24. **Chip-Slice로 컴퓨터를 구성할 때 관계없는 사항은?**

가. 명령어 셋트를 선택할 수 있다.

나. word의 길이를 선택할 수 있다.

다. speed가 떨어진다.

라. 컴퓨터 제어에 대해서 microprogramming을 한다.

25. 논리 게이트 중 입력이 모두 논리 '0'일 때 출력이 논리 '1'이 나오는 게이트는?

가. NAND　　나. OR

다. EXOR　　라. NOR

26. De-Morgan의 정리를 나타낸 관계식 중 맞는 것은?

가. $(\overline{A+B})=\overline{A}+\overline{B}$　　나. $(\overline{A+B})=\overline{A}\cdot\overline{B}$

다. $(\overline{A+B})=A+B$　　라. $(\overline{A+B})=A\cdot B$

27. 부울 대수 $X=0\cdot 1+1\cdot 0$의 값은?

가. 0　　나. 1

다. 2　　라. 3

28. 다음 식은 어떻게 표시되는가?

$$\overline{\overline{\overline{A}+B}+\overline{A+\overline{B}}}+\overline{\overline{\overline{A}B}\;\overline{A\overline{B}}}=?$$

가. 1　　나. 0

다. $(A+B)$　　라. $(A\cdot B)$

29. 반가산기에서 입력을 A, B라고 하면 이에 준하는 출력 부분의 캐리(carry) 값은 어떤 것인가?

가. A　　나. B

다. AB　　라. A+B

30. 전가산기는 몇 개의 반가산기(half adder)의 하나의 오어 게이트(or gate)로 구성되는가?

가. 0　　나. 1

다. 2　　라. 3

31. 플립플롭의 특징이 아닌 것은?

가. 세트출력 SO(Set Output) 리세트출력 RO(Reset output)로 되어 있다.

나. 양쪽 출력이 동시에 ON 또는 OFF로 되는 일이 있다.

다. 펄스가 가해지면 반전되어 기억된다.

라. 계산기에 레지스터 제어회로 등에 사용된다.

32. **다음 시스템 소프트웨어의 설명 중 올바른 것은?**

가. 언어 프로세서는 기계언어를 사용자 편의로 된 언어로 번역한다.

나. 로더 프로그램은 주기억 장치의 내용을 보조기억 장치로 보낸다.

다. 진단 프로그램은 컴퓨터의 고장을 고쳐준다.

라. 라이브러리 프로그램은 응용 프로그래머에게 표준 루우틴을 제공한다.

33. **RS-플립플롭의 입력 양단에 인버터 하나를 연결한 플립플롭은?**

가. S-R 플립플롭　　나. D 플립플롭

다. T 플립플롭　　라. M-S 플립플롭

34. **정보의 최소 단위는?**

가. word　　나. byte

다. bit　　라. nibble

35. **문자 코드(character code) 표시법이 아닌 것은 어느 것인가?**

가. ASCII 코드　　나. DISPLAY 코드

다. GRAY 코드　　라. BCD 코드

36. **마이크로 컴퓨터에서 널리 채택되어 잇는 코드로서 특히 통신용으로 많이 쓰이고 있는 것은 다음 중 어느 것인가?**

가. ASCII　　나. EBCDIC

다. HAMMING CODE　　라. EXTENDED BCD

37. **다음 중 자기 보수 코드(Self complement code)는 어느 것인가?**

가. 8-4-2-1 code(BCD)　　나. Excess - 3 code

다. Gray code　　라. 6-3-1-1 code

38. **전자계산기에서 보수(Complement)를 사용하는 이유를 정확하게 설명한 것은?**

가. 가산의 결과를 정확하게 얻기 위해

나. 감산을 가산의 방법으로 처리하기 위해

다. 승산의 연산과정을 간단히 하기 위해

라. 제산의 불필요한 과정을 생략하기 위해

39. 다음은 1의 보수(1's complement)대한 설명이다. 관계가 없는 것은?

가. 보수를 만들기가 쉽다.

나. 덧셈의 경우 최대 1번의 산술 덧셈을 해야 한다.

다. 덧셈의 경우 최대 2번의 산술 덧셈을 해야 한다.

라. 두가지 형태의 Zero가 있을 수 있다.

40. 연산의 종류를 단항(unary) 연산과 이항(binary) 연산으로 구별할 때 다음 중 이항 연산을 하는 연산자가 아닌 것은?

가. Complement　　나. OR

다. AND　　라. Exclusive OR

41. 산술연산 장치(ALU)로서 수행할 수 있는 기능이 아닌 것은?

가. 명령해독(instruction decode)　　나. 가산(addition)

다. AND 연산　　라. 보수(complement) 처리

42. 두 문자의 비교(Compare)에 가장 적합한 논리 연산은?

가. AND　　나. Exclusive-OR

다. OR　　라. NOR

43. 컴퓨터의 인스트럭션 포맷(instruction format)에 관한 기술이다. 맞는 것은?

가. 연산자(OP-code) 부분만으로 구성되어 있다.

나. 주소(address) 부분만으로 구성되어 있다.

다. 연산자와 주소 부분으로 구성되어 있다.

라. 연산자와 주소부분과는 별개이다.

44. Machine Instruction에 있어서 꼭 필요한 부분은?

가. OP-code와 index register field

나. OP-code와 operand field

다. base register와 index register field

라. indirect addressing과 address field

45. 다음 중 인스트럭션의 설계 과정과 가장 거리가 먼 것은 어느 것인가?

가. 연산자의 종류

나. 주소 지정 방식

다. 기억 장치의 대역폭(bandwidth)

라. 해당 컴퓨터 시스템의 단어(word)의 크기(비트수)

46. 다음 중 연산자(operation code)의 기능에 관련되지 않은 것은?

가. 함수 연산 기능

나. 입출력 기능

다. 제어 기능

라. 주소 지정 기능

47. 다음 중 컴퓨터가 그 기능을 발휘하기 위하여 필히 갖추어야 할 명령어 종류가 아닌 것은?

가. 산술, 논리 및 시프트 명령어

나. 메모리 및 레지스터간의 정보 전송을 위한 명령어

다. 입출력 명령어

라. 서브루틴을 처리하는 명령어

48. 다음에서 컴퓨터의 기본 명령 형식이 아닌 것은 어느 것인가?

가. 메모리 참조 명령

나. 레지스터 참조 명령

다. 입력-출력 명령

라. 인덱스 참조 명령

49. 주소는 지정한 자료에 접근하는 방법에 따라 나눌 수 있는데 여기에 해당되지 않는 것은 어느 것인가?

가. 직접 주소

나. 상대 주소

다. 간접 주소

라. 자료 자신에 대한 주소

50. 자료가 기억된 장소에 직접 사상(Mapping) 시킬 수 있는 주소는?

가. 직접 주소

나. 간접 주소

다. 계산에 의한 주소

라. 자료 자신

51. 다음 중 명령어 자신의 기억번지를 기준으로 하여 명령의 데이터의 위치를 지적하는 번지 지정방식은 무엇인가?

가. 간접지정방식
나. 직접지정방식
다. 상대지정방식
라. 인덱스지정방식

52. OP code 명령 흐름은 어느 레지스터로 이동하는가?

가. Flag register
나. Address register
다. Index register
라. Instruction register

53. 다음의 마이크로 오퍼레이션(micro operation)에 관한 설명 중 옳지 않은 것은?

가. 명령(instruction) 수행은 일련의 마이크로 오퍼레이션 수행으로 이루어진다.
나. 마이크로 오퍼레이션은 크게 2가지로 분류된다.
다. 마이크로 오퍼레이션 수행은 중앙처리장치를 순서 논리회로로 볼 때 일종의 상태 변환이다.
라. 컴퓨터의 구조가 변하여도 마이크로 오퍼레이션 종류는 다양하다.

54. 디지털 컴퓨터에서 타이밍 신호를 발생시키는 데 적합한 구성은?

가. 카운터와 제어 메모리
나. 카운터와 디코우더
다. 카운터와 시프트 레지스터
라. 레지스터와 메모리

55. 컴퓨터 내부 회로에서 버스선(Bus Line)을 사용하는 가장 큰 목적은 무엇인가?

가. Speed를 향상시킨다.
나. 보다 정확한 전송이 가능하다.
다. 레지스터의 수를 줄이기 위해서이다.
라. 결선의 수를 줄이기 위해서이다.

56. CPU가 명령어를 수행하는데 필요한 동작이 아닌 것은?

가. buffer
나. fetch
다. decode
라. execute

57. 컴퓨터의 타이밍과 제어 과정이, 명령의 동적 부분을 전송하고, 오퍼랜드의 번지를 익은 다음 실행 사이클로 들어가는 과정을 행하였다. 이때 컴퓨터 사이클은?

가. 실행 사이클
나. 명령 추출(fetch) 사이클

다. 간접 사이클　　　　라. 인터럽트 사이클

58. 다음 중 마이크로프로그램(microprogram)으로 설계할 수 있는 장치는?

가. 연산 장치　　　　나. 주기억 장치

다. 제어 장치　　　　라. 출력 장치

59. 마이크로 계산기(micro-computer)의 발달과 더불어 최근에 특히 많이 개발되고 있는 분야는?

가. 퍼엄웨어(firmware)　　　　나. 하드웨어(hardware)

다. 소프트웨어(software)　　　　라. 프램웨어(framware)

60. 제어 메모리에서 번지를 결정하는 방법으로서 틀린 것은?

가. 마이크로 명령에서 지정하는 번지로 무조건 분기

나. 서브루틴 call과 return

다. 상태비트에 따른 조건부 분기

라. 명령어 분석에 따른 조건부 분기

61. 컴퓨터 시스템(computer system)에 예기치 않은 일이 발생했을 때 그것을 제어 프로그램에게 알려주는 것을 무엇이라 하는가?

가. 인터럽트(interrupt)　　　　나. PSW(program state word)

다. program state(처리 프로그램 상태)　　　　라. program library(프로그램 라이브러리)

62. 인터럽트에 대한 설명 중 옳지 않는 것은?

가. 외부 장치로 부터의 CPU에 대한 긴급 서비스 요청이다.

나. 컴퓨터 내부에서 순간순간의 시스템 상태를 나타내는 PSW(Program Status Word)와는 무관하다.

다. 전원 기타 기계적인 문제가 발생할 때 유용하다.

라. 보호된 기억영역에의 접근과 같은 프로그램상의 문제가 발생할 때도 이를 쓴다.

63. 우선 순위 인터럽트의 처리 방법 중 소프트웨어에 의한 방법은 어느 것인가?

가. 데이지 체인 방법(daisy-chain method)

나. 스트로브 방법(strobe method)

다. 폴링 방법(polling method)

라. 우선 순위 인코더 방법(priority encoer method)

64. 다음 휘발성 기억 소자의 특징인 것은?

가. 정전이 되어도 상태를 유지한다.

나. 정전이 되면 기억 내용을 상실한다.

다. 기억 내용을 읽을 때 그 내용이 파괴된다.

라. 기억 내용을 읽어도 내용이 파괴되지 않는다.

65. 컴퓨터에서 사용되는 보조기억 장치의 특징이 아닌 것은?

가. 대용량 기억 장치이다.

나. 주기억 장치보다 정보를 읽는 속도가 빠르다.

다. 대형 프로그램을 기억시킬 수 있다.

라. 주기억 장치보다 비트당 가격이 싸다.

정답

01	나	02	가	03	나	04	나	05	다	06	다	07	나	08	다
09	다	10	라	11	가	12	가	13	가	14	나	15	나	16	다
17	다	18	가	19	다	20	라	21	다	22	가	23	다	24	다
25	라	26	나	27	가	28	가	29	다	30	다	31	나	32	라
33	나	34	다	35	다	36	가	37	나	38	나	39	나	40	가
41	가	42	나	43	다	44	나	45	다	46	라	47	라	48	라
49	나	50	가	51	다	52	라	53	라	54	나	55	라	56	가
57	다	58	다	59	가	60	라	61	가	62	나	63	다	64	나
65	나														

부록 03. 기출문제 : 생체신호 계측 및 처리

01. 전극을 사용하여 정확한 생체전기신호를 얻기 위한 방법으로 옳지 않은 것은?

가. 표피층의 맨 바깥층인 표피각질층의 표피를 벗긴다.

나. 피부에 구멍을 낸다.

다. Cl−이온을 이용하는 젤 형태의 전해질 또는 크림을 사용하여 접촉상태를 좋게 한다.

라. 주위조건을 건조하게 한다.

02. 생체전위증폭기의 기본 조건이 아닌 것은?

가. 입력임피던스가 10[MΩ] 이상이어야 한다.

나. 생체신호가 존재하는 주파수스펙트럼 영역에서 동작해야 한다.

다. CMRR을 가져야 한다.

라. 출력임피던스는 부하임피던스 보다는 높아야 한다.

03. 증폭기의 출력신호가 0.65[V]이고, 출력에서 정보신호를 제거하고 65[μV]였다. S/N비는?

가. 80[dB]　　나. 40[dB]

다. 20[dB]　　라. 100[dB]

04. 다음 생체신호 중 유도전극을 통해 계측이 어려운 신호는?

가. 심전도　　나. 체온

다. 근전도　　라. 뇌파

05. 다음 중 생체전기신호 측정의 특수성으로 적절하지 못한 것은?

가. 측정대상이 사람이기 때문에 안전성을 고려하여야 한다.

나. 간접적인 측정방법을 이용하여 가급적 인체에 침해를 주지 않아야 한다.

다. 생체신호는 미소하고 고주파인 것이 많다.

라. 측정상태로 인해 생리상태를 변화시킬 수 있다.

06. 다음 중 심전도 측정시 간섭이나 잡음제거에 적당한 방법이 아닌 것은?

가. 오른다리구동회로를 이용한다.

나. 전극의 리드선을 꼬아서 사용한다.

다. 전극 부착부위의 피부를 벗겨낸다.

라. 차동모드 간섭을 제거하기 위해 높은 CMRR을 갖는 차동증폭기를 이용한다.

07. 다음 중 심전도 측정시 공통성분 원인에 의한 잡음을 줄이기 위해 궤환원리를 이용한 방법은?

가. 차동증폭기 이용　　나. 절연증폭기 이용

다. 오른쪽다리구동회로 이용　　라. 절연 및 접지회로 이용

08. 다음 중 근전도 측정시 분극전위의 변화요인으로 적당하지 않은 것은?

가. 체온의 변화

나. 전극 페이스트나 젤의 전해질 농도 변화

다. 각질의 두께

라. 땀의 축적

09. 다음 중 근전도 측정시 은-염화은($Ag-AgCl$) 전극이 널리 사용되는 이유에 해당하지 않는 것은?

가. 장기적인 접촉이 우수하다.　　나. 250[mg] 이하로 가볍다.

다. 작아서 사용이 편리하다.　　라. 신뢰도가 높다.

10. 다음 중 근전도 측정시 침전극에 대한 설명이다. 적당하지 않은 것은?

가. 인접 근육으로부터 간섭의 문제를 최소화하기 위해 침전극을 이용한다.

나. 침전극의 위치는 정보의 내용 및 신호의 질과 밀접한 관계가 있다.

다. 말초신경의 흥분신호 유입을 줄이기 위해 신경의 분포지역에서의 측정을 피한다.

라. 어느 위치에서 측정하여도 신호의 안정도를 보장하기 어렵다.

11. 다음 중 일반적인 생체전기신호의 종류가 아닌 것은?

가. 재현이 가능한 펄스 발생신호

나. 연속발생신호

다. 근육의 수축시 발생하는 신호

라. 인공자극을 통해 발생하는 유발전위신호

12. 다음 중 생체전기현상의 특수성이 아닌 것은?

가. 일과성 신호가 많다.

나. 재현성이 빈약하다.

다. 일반적으로 S/N비가 낮다.

라. 상대값보다 절대값이 중요하다.

13. 다음 중 심전도 측정시 내부적 전기적 잡음의 종류가 아닌 것은?

가. 생리학적 원인의 피부전위

나. 전자유도전류 잡음

다. 외부영향의 동잡음

라. 근잡음

14. 생체신호 계측에 있어서 신호변환소자의 선정시 우선적인 고려사항이 아닌 것은?

가. 표본화 속도(Sampling Rate)

나. 양자화 분해능(Quantization Resolution, Bit 수)

다. 오차(Error)

라. 출력채널수(Output Channel Number)

15. 다음 중 심장의 승모판 기능을 측정하려고 한다. 적절한 측정법은?

가. 초음파 T-M 모드

나. 초음파 M 모드

다. 초음파 A 모드

라. 초음파 도플러 모드

16. 순환기의 혈류량을 측정하기에 적당하지 않은 방법은?

가. 전자유량계

나. 면적유량계

다. 열선식 유량계

라. 초음파유량계

17. 다음 기기 중 기체의 농도를 측정하는 데 사용되지 않는 것은?

가. 질량분광기

나. 핵자기공명분광기

다. 열전도감지기

라. 적외선분광기

18. 세포전위의 측정장치로 적합하지 않은 것은?

가. 부성 용량성 증폭기의 이용　　나. 고감도 직류증폭기 이용
다. 고감도 교류증폭기의 이용　　라. 작은 입력임피던스 증폭기 이용

19. 혈압측정을 위한 혈관내 도자(카테터) 압력센서에 대한 설명 중 옳지 않은 것은?

가. 압력발생원과 센서소자 간 연결을 위한 도자 내 유체가 필요치 않다.
나. 도자와 연결된 센서의 특성은 시스템의 특성에 의해 제한된다.
다. 가격이 비교적 비싸다.
라. 멸균에 의해 재사용이 가능하다.

20. 다음 중 호흡과 관련 있는 압력의 측정에 필요한 장치가 아닌 것은?

가. 카테터　　나. 스트레인게이지
다. 차동압력변환기　　라. 전극

21. 전극의 동잡음에 대한 설명 중 옳지 않은 것은?

가. 한 쌍의 전극을 피부표면에 부착시 하나의 전극은 움직이고 나머지 하나는 움직임이 없을 때 나타나는 잡음이다.
나. Motion Artifact에 의한 잡음 신호값은 생체신호보다 일반적으로 작다.
다. 비분극형 전극에서의 동잡음이 분극형 전극보다 작다.
라. $Ag-AgCl$ 전극은 비분극형 전극이며, 구리 전극이나 활동전극에 비해 동잡음이 작다.

22. 일회용 전극으로 적당하지 않은 것은?

가. 100[mV] 이내의 Offset 전압
나. 잡음이 150[μV] 이내일 것
다. 10[Hz]에서 2[kΩ] 이내의 임피던스일 것
라. 반전지전위가 안정적이고 비교적 클 것

23. 흡착전극의 설명 중 옳지 않은 것은?

가. 심전도 측정시 전흉부 전극(Precordial Electrode)으로 많이 사용된다.
나. 고무구(Rubber Bulb)가 있어서 그 흡인력으로 인체에 부착된다.
다. 동잡음(Motion Artifact)이 작아서 주로 소아용으로 사용된다.

라. 흡인력으로 인해 인체의 특정부위에 접착이 가능하다.

24. **의료용 전극에 대한 설명 중 옳지 않은 것은?**

가. 전극을 통해 얻어진 도선 내의 신호들은 자유전자에 의한 전류이다.

나. 전극은 이온에 의한 전류를 자유전자에 의한 전류로 변환시켜준다.

다. 금속전극과 전하의 접합부에서 전하 분리현상에 의해 전기적 이중층이 형성된다.

라. 생체에 금속전극을 부착할 경우 금속의 종류에 관계없이 동일한 생체 전위의 값을 측정할 수 있다.

25. **다음 중 전기화학적 전극(Electrochemical Cell)의 기준이 되는 전극은?**

가. $Ag-AgCl$ 전극　　나. 백금-로듐 전극

다. 수소 전극　　라. 황동 전극

26. **다음 중 완전 분극형 전극의 특성이 아닌 것은?**

가. 전극-전해질 사이의 전류는 변위전류(Displacement Current)로만 이루어져 있다.

나. 귀금속으로 제작한 전극들이 이에 해당한다.

다. 대표적인 전극으로 $Ag-AgCl$ 전극이다.

라. 이들 전극은 커패시터의 특성을 갖는다.

27. **다음 중 은-염화은 전극 $Ag-AgCl$에 대한 설명이 아닌 것은?**

가. 완전 비분극형에 가까운 전극으로서 생체신호 측정용으로 많이 사용된다.

나. 은 표면에 난용성 염인 염화은이 코팅되어 있다.

다. 전극표면이 검은 색깔을 띄고 있는 경우, 이는 표면이 녹슬은 것이다.

라. 전극표면의 녹제거를 위해 표면이 벗겨지도록 닦아낸다.

28. **보다 안정화된 생체 전기신호를 얻기 위한 방법이 아닌 것은?**

가. 표피각질층(Stratum Corneum)의 일부 또는 전체를 벗겨낸다.

나. 피부에 구멍을 뚫는다.

다. 전극용 크림을 사용하여 접촉상태를 좋게 한다.

라. Na+ 이온을 주 이온으로 하는 젤 형태의 전해질을 피부표면에 도포한다.

29. 생체신호측정을 위해 부착된 한 쌍의 전극에서 하나는 움직이고, 다른 하나는 움직이지 않을 경우 두 전극 사이에 전위차가 발생하게 된다. 이러한 움직임에 의해 발생되는 잡음은?

가. 동잡음(Motion Artifact)　　나. 베이스 라인 잡음
다. 과도기 잡음　　라. 오프셋 잡음

30. 전극의 동잡음에 대한 설명 중 옳지 않은 것은?

가. 한 쌍의 전극을 피부표면에 부착시 하나의 전극은 움직이고 나머지 하나는 움직임이 없을 때 나타나는 잡음이다.
나. Motion Artifact에 의한 잡음신호값은 생체신호보다 일반적으로 작다.
다. 비분극형 전극에서의 동잡음이 분극형 전극보다 작다.
라. $Ag-AgCl$ 전극은 비분극형 전극이며, 구리 전극이나 활동전극에 비해 동잡음이 작다.

31. 가요성 전극(Flexible Electrode)의 장점은?

가. 주파수 특성이 매우 우수하다.
나. X-선 촬영시 전극을 제거할 필요가 없다.
다. 동잡음이 타 전극에 비해 극히 작은 특징이 있다.
라. 완전 분극성 전극으로서 피부보호기능이 있다.

32. 미세전극(Microelectrode)에 대하여 설명한 것 중 틀린 것은?

가. 세포막 전위차의 측정 등에 사용된다.
나. 직경이 0.05－10[μm] 정도이다.
다. 미세전극은 표면전극에 비해 주파수 특성이 좋고 동잡음이 매우 낮다.
라. 금속 미세전극, 유리 마이크로피펫 미세전극 등이 있다.

33. 다음 중 전기 자극용 전극의 종류가 아닌 것은?

가. 심박 조율기　　나. 금속 미세전극
다. 기능적 전기자극　　라. 심세동 제거기

34. 다음 중 심전도용 전극으로 적당하지 않은 것은?

가. 스테인리스스틸 침전극　　나. 흉부용 흡착전극

다. Beckman식 은-염화은 전극 라. 금속판 전극

35. 다음 중 내부전극에 대한 설명 중 적당하지 않은 것은?

가. 주로 침전극이 사용된다.

나. 침전극은 표면전극과 같은 기능을 가진다.

다. 주로 근전도나 뇌파 측정용 전극으로 이용된다.

라. 표면전극보다 성능이 떨어진다.

36. 다음 중 온도센서로서 적당하지 않은 것은?

가. 열전대(Thermocouple) 나. 서미스터(Thermister)

다. 적외선 센서 라. 포토다이오드

37. 다음 센서의 변환기능 중 화학현상에 속하는 기능이 아닌 것은?

가. 산과 염기반응 나. 산화환원반응

다. 촉매반응 라. 전기화학반응

38. 다음 센서의 변환기능 중 생물현상에 속하는 기능이 아닌 것은?

가. 효소반응 나. 광합성반응

다. 미생물반응 라. 면역반응

39. 다음 중 압력센서로 계측이 적당하지 않은 것은?

가. 뇌 파 나. 관혈식 혈압

다. 뇌 압 라. 방광내압

40. 생체신호계측기 설계 시 고려사항이 아닌 것은?

가. 신호적 요소 나. 환경적 요소

다. 입력 임피던스 라. 의학적 요소

41. 전극을 사용하여 정확한 생체전기신호를 얻기 위한 방법으로 옳지 않은 것은?

가. 표피층의 맨 바깥층인 표피각질층의 표피를 벗긴다.

나. 피부에 구멍을 낸다.

다. Cl^- 이온을 이용하는 젤 형태의 전해질 또는 크림을 사용하여 접촉상태를 좋게 한다.
라. 주위조건을 건조하게 한다.

42. 생체계측을 위한 기본 구성 중 "시스템이 측정하는 물리적 양, 성질 또는 조건 등" 을 무엇이라고 하는가?

가. 측정대상
나. 센서
다. 신호처리
라. 출력장치

43. 심장의 자극 전도계를 순서대로 표현한 것은?

가. 동방결정 – 방실결절 – 심실근 – 히스속 – 푸르킨예섬유
나. 방실결절 – 동방결정 – 히스속 – 푸르킨예섬유 – 심실근
다. 동방결정 – 방실결절 – 히스속 – 푸르킨예섬유 – 심실근
라. 방실결절 – 동방결정 – 심실근 – 히스속 – 푸르킨예섬유

44. 생체시스템의 특성으로 맞지 않는 것은?

가. 고유의 가변적 특성을 갖는다.
나. 고도의 안전성이 요구된다.
다. 이물질에 대한 거부반응이 있다.
라. 측정데이터의 수치화 및 정보화가 쉽다.

45. 생체현상의 특수성에 대한 설명으로 맞지 않는 것은?

가. 일과성의 것이 많고, 재현성이 빈약하다.
나. 생체는 순응, 피로, 기억, 예상하는 등의 성질이 있다.
다. 생체신호는 대부분의 경우, 확률신호 또는 불규칙신호라고 생각할 수 있다.
라. 생체신호는 미약하고 일반적으로 S/N비가 높다.

46. 다음 중 생체전기신호 측정의 특수성으로 적절하지 못한 것은?

가. 측정대상이 사람이기 때문에 안전성을 고려하여야 한다.
나. 간접적인 측정방법을 이용하여 가급적 인체에 침해를 주지 않아야 한다.
다. 생체신호는 미소하고 고주파인 것이 많다.
라. 측정상태로 인해 생리상태를 변화시킬 수 있다.

47. 신체로부터 분리된 생체조직을 센서를 이용하여 측정하는 방식은?

가. 외부측정　　나. 침습적 측정
다. 표면측정　　라. 샘플측정

48. 주로 심장의 이완기 초기에 반월판막이 닫힐 때 발생하는 높고 예리한 심음은 무엇인가?

가. 제1음　　나. 제2음
다. 제3음　　라. 제4음

49. 다음 중 근전도 측정시 은-염화은($Ag-AgCl$) 전극이 널리 사용되는 이유에 해당하지 않는 것은?

가. 장기적인 접촉이 우수하다.　　나. 250[mg] 이하로 가볍다.
다. 작아서 사용이 편리하다.　　라. 신뢰도가 높다.

50. 심전도 측정 시 발생할 수 있는 주요 잡음이 아닌 것은?

가. 교류장애　　나. 기저선의 호흡성 변동
다. 근전도 혼입　　라. 검사실 온도저하

51. 다음 중 생체전기현상의 특수성이 아닌 것은?

가. 일과성 신호가 많다.　　나. 재현성이 빈약하다.
다. 상대값보다 절대값이 중요하다.　　라. 일반적으로 S/N비가 낮다.

52. 생체신호의 특성과 관계없는 것은?

가. 신호의 크기가 매우 작다.
나. 사람에 따라 개인차가 크다.
다. 주변 환경에 의한 잡음 발생이 쉽다.
라. 반복적이고 주기적인 특성을 가진다.

53. 생체신호 계측 시 고려사항이 아닌 것은?

가. 한 번에 한 가지 생체신호를 측정
나. 사용 센서의 무독성 및 계측기의 안전성 보장

다. 사용되는 계측기의 정확한 조작법 습득
라. 생체신호 계측에 적절한 환경유지

54. **골격근과 달리 심근만이 가지는 고유의 특성은 무엇인가?**

가. 자동성　　나. 흥분성
다. 전도성　　라. 수축성

55. **의료기용 변환기(Trasducer)가 아닌 것은?**

가. 온도 변환기　　나. 저항성 변환기
다. 용량성 변환기　　라. 버퍼 변환기

56. **다음 중 심전도 파형에 대한 설명으로 맞는 것은?**

가. P파 : 심방의 재분극　　나. QRS군 : 심방의 탈분극
다. T파 : 심실의 재분극　　라. U파 : 심실의 탈분극

57. **뇌파 측정에 있어 단극유도법에 대한 설명으로 틀린 것은?**

가. 활성전극 부위의 뇌활동 변화의 절대적인 값의 기록이 가능하다.
나. 전극부착거리의 정확성이 요구된다.
다. 뇌전체의 위상관계를 파악하는데 적합하다.
라. 잡음 혼입이 쉽다.

58. **생체신호용 변환기 사용 시 고려사항으로 맞지 않는 것은?**

가. 환자에게 직접 접촉되므로 안전성이 중요하다.
나. 측정되는 신호의 정확성이 중요하다.
다. 환자의 움직임이나 심리상태에 따른 영향은 받지 않는다.
라. 매우 미약한 신호에 따른 잡음 발생에 주의한다.

59. **다음 중 2개의 입력단자에 가해진 2개의 신호차를 증폭하여 출력으로 하는 연산 증폭기의 종류는 무엇인가?**

가. 가산기　　나. 미분기
다. 차동증폭기　　라. 적분기

60. 사람의 심전도를 측정하기 위한심전계에서는 상용 전원전압에 의한 60[Hz] 잡음이 섞이는 경우가 많다. 이를 제거하기 위해서는 어떤 필터를 사용해야 하는가?

가. 대역 통과 필터 나. 고역 통과 필터
나. 저역 통과 필터 다. 대역 저지 필터

61. 생체계측을 위한 기본 구성 중 "시스템이 측정하는 물리적 양, 성질 또는 조건 등" 을 무엇이라고 하는가?

가. 측정대상 나. 센서
다. 신호처리 라. 출력장치

62. 뇌파 측정에 있어 단극 유도법에 대한 설명으로 틀린 것은?

가. 활성전극 부위의 뇌활동 변화의 절대적인 값의 기록이 가능하다.
나. 전극부착거리의 정확성이 요구된다.
다. 뇌전체의 위상관계를 파악하는데 적합하다.
라. 잡음 혼입이 쉽다.

63. 생체시스템의 특성으로 맞지 않는 것은?

가. 고유의 가변적 특성을 갖는다.
나. 고도의 안전성이 요구된다.
다. 이물질에 대한 외부반응이 있다.
라. 측정데이터의 수치화 및 정보화가 쉽다.

64. 심전도 측정에서 "주위 환경의 교류 자장에 의한 영향으로 발생하는 60[Hz]의 잡음전압" 을 무슨 입력이라고 하는가?

가. 원하는 입력 나. 보상입력
다. 간섭입력 라. 변형입력

65. 생체현상의 특수성에 대한 설명으로 맞지 않는 것은?

가. 일과성의 것이 많고, 재현성이 빈약하다.
나. 생체는 순응, 피로, 기억, 예상하는 등의 성질이 있다.
다. 생체신호는 대부분의 경우, 확률신호 또는 불규칙신호라고 생각할 수 있다.
라. 생체신호는 미약하고 일반적으로 S/N비가 높다.

66. 다음 중 생체전기신호 측정의 특수성으로 적절하지 못한 것은?

가. 측정대상이 사람이기 때문에 안전성을 고려하여야 한다.

나. 간접적인 측정방법을 이용하여 가급적 인체에 침해를 주지 않아야 한다.

다. 생체신호는 미소하고 고주파인 것이 많다.

라. 측정상태로 인해 생리상태를 변화시킬 수 있다.

67. 신체로부터 분리된 생체조직을 센서를 이용하여 측정하는 방식은?

가. 외부측정 나. 침습적 측정

다. 표면측정 라. 샘플측정

68. 주로 심장의 이완기 초기에 반월판막이 닫힐 때 발생하는 높고 예리한 심음은 무엇인가?

가. 제1음 나. 제2음

다. 제3음 라. 제4음

69. 다음 중 근전도 측정시 은-염화은($Ag-AgCl$)전극이 널리 사용되는 이유에 해당하지 않는 것은?

가. 장기적인 접촉이 우수하다. 나. 250[mg]이하로 가볍다.

다. 작아서 사용이 편리하다. 라. 신뢰도가 높다.

70. 안구운동 측정방법이 아닌 것은?

가. 콘텍트렌즈법 나. 말초신경법

다. 전자측정법 라. 각막반사법

71. 다음 중 생체전기현상의 특수성이 아닌 것은?

가. 일과성 신호가 많다. 나. 재현성이 빈약하다.

다. 일반적으로 S/N비가 낮다. 라. 상대값보다 절대값이 중요하다.

72. 생체신호의 특성과 관계없는 것은?

가. 신호의 크기가 매우 작다.

나. 사람에 따라 개인차가 크다.

다. 주변 환경에 의한 잡음 발생이 쉽다.

라. 반복적이고 주기적인 특성을 가진다.

73. 생체신호 계측 시 고려사항이 아닌 것은?

가. 한 번에 한 가지 생체신호를 측정

나. 사용 센서의 무독성 및 계측기의 안전성 보장

다. 사용되는 계측기의 정확한 조작법 습득

라. 생체신호 계측에 적절한 환경유지

74. 골격근과 달리 심근만이 가지는 고유의 특성은 무엇인가?

가. 자동성

나. 흥분성

다. 전도성

라. 수축성

75. 압맥파의 측정 시 주로 사용되는 부위가 아닌 것은?

가. 경동맥

나. 대퇴동맥

다. 요골동맥

라. 대동맥

76. 다음 중 심전도 파형에 대한 설명으로 맞는 것은?

가. P파 : 심방의 재분극

나. QRS군 : 심방의 탈분극

다. T파 : 심실의 재분극

라. U파 : 심실의 탈분극

77. 뇌파 측정에 있어 단극유도법에 대한 설명으로 틀린 것은?

가. 활성전극 부위의 뇌활동 변화의 절대적인 값의 기록이 가능하다.

나. 전극부착거리의 정확성이 요구된다.

다. 뇌전체의 위상관계를 파악하는데 적합하다.

라. 잡음 혼입이 쉽다.

78. 생체신호용 변환기 사용 시 고려사항으로 맞지 않는 것은?

가. 환자에게 직접 접촉되므로 안전성이 중요하다.

나. 측정되는 신호의 정확성이 중요하다.

다. 환자의 움직임이나 심리상태에 따른 영향은 받지 않는다.

라. 매우 미약한 신호에 따른 잡음 발생에 주의한다.

정답

01	라	02	라	03	가	04	나	05	다	06	라	07	다	08	다
09	가	10	나	11	가	12	라	13	나	14	라	15	가	16	나
17	나	18	라	19	라	20	라	21	나	22	라	23	다	24	라
25	다	26	다	27	라	28	라	29	가	30	나	31	나	32	다
33	나	34	가	35	라	36	라	37	가	38	나	39	가	40	다
41	라	42	가	43	다	44	라	45	라	46	다	47	라	48	나
49	라	50	라	51	다	52	다	53	가	54	가	55	라	56	다
57	나	58	다	59	다	60	라	61	가	62	나	63	라	64	다
65	라	66	다	67	라	68	나	69	라	70	다	71	라	72	나
73	가	74	가	75	라	76	다	77	나	78	다				

[참고문헌]

1. 의용계측공학, 의공학 교육연구회 역편, 여문각, 1993
2. 의공학개론, 김남균 외 12인 공저, 여문각, 1995
3. 의료정보학, 김선일 외 5인 공저, 1995
4. 임상의료정보학 입문, 신영수 책임번역, 고려의학, 1997
5. 보건의료정보학, 대한의료정보학회 편, 현문사, 1999
6. 알기쉬운 의료기기학, 이정률, 여문각, 2012
7. 의용계측 설계, 이명호, 경문사 , 2001
8. 의용생체전자공학개론, 조진호외 3 2011
9. 의공학 개론, 김남균 여문각, 1995
10. 의용생체계측 개론, 김동욱외 4, 여문각, 2013
11. 디지털공학, 신화, 2011
12. Labview를 이용한 의용생체계측 시스템, 김희찬, 2012

■ **저자**

- 류근택 / 강동대학교 보건의료공학과 교수
- 임효순 / 삼성 서울병원 의공과 실장

의료 디지털공학 개론

인쇄 2015년 2월 10일
발행 2015년 2월 15일

저 자 류근택 · 임효순 공저
발행인 임 영 철
발행처 도서출판 신화전산기획
주소 / 서울특별시 성동구 행당동 19-55
전화 / (02) 833-5145~6
팩스 / (02) 848-2498
등록 / 301-2010-034
홈페이지 / www.shj.co.kr

※ 2013년도 강동대학교 교내학술연구비 지원으로 제작

값 20,000원 ISBN 978-89-5534-172-0 93560